设计师的

APP UI设计色彩搭配手册

刘文婷——编著

清華大學出版社
北京

内 容 简 介

本书是一本全面介绍APP UI设计的图书，其突出特点是知识易懂、案例趣味、动手实践、发散思维。

本书从学习APP UI设计的基础理论知识入手，循序渐进地为读者呈现一个个精彩实用的知识、技巧、色彩搭配方案、CMYK数值。本书共分为7章，内容分别为APP UI设计基础知识、认识色彩、APP UI设计基础色、APP UI中的元素构成、APP UI设计的版式、APP UI设计的风格、APP UI设计的经典技巧。在多个章节中安排了常用主题色、常用色彩搭配、配色速查、色彩点评、推荐色彩搭配等经典模块。这些模块在丰富本书结构的同时，也增强了本书的实用性。

本书内容丰富、案例精彩、APP UI设计新颖，适合喜爱UI设计、平面设计、网页设计等专业的初级读者学习使用，也可以作为大中专院校平面设计专业、平面设计专业培训机构的教材，还非常适合喜爱APP UI设计的读者朋友作为参考用书。

图书在版编目(CIP)数据

设计师的APP UI设计色彩搭配手册 / 刘文婷编著. —北京：清华大学出版社，2021.3
ISBN 978-7-302-57483-5

Ⅰ. ①设… Ⅱ. ①刘… Ⅲ. ①人机界面—色彩—设计—手册 Ⅳ. ①TP311.1-62

中国版本图书馆CIP数据核字(2021)第021540号

责任编辑： 韩宜波
封面设计： 杨玉兰
责任校对： 吴春华
责任印制： 丛怀宇

出版发行： 清华大学出版社
网　　址： http://www.tup.com.cn，http://www.wqbook.com
地　　址： 北京清华大学学研大厦 A 座　　**邮　　编：** 100084
社 总 机： 010-62770175　　**邮　　购：** 010-62786544
投稿与读者服务： 010-62776969，c-service@tup.tsinghua.edu.cn
质 量 反 馈： 010-62772015，zhiliang@tup.tsinghua.edu.cn
印 装 者： 小森印刷（北京）有限公司
经　　销： 全国新华书店
开　　本： 185mm×210mm　　**印　　张：** 9.3　　**字　　数：** 296 千字
版　　次： 2021 年 3 月第 1 版　　**印　　次：** 2021 年 3 月第 1 次印刷
定　　价： 69.80 元

产品编号：088127-01

PREFACE 前言

本书是从基础理论到高级进阶实战的APP UI设计书籍，以配色为出发点，讲述APP UI设计中配色的应用。书中包含了APP UI设计必学的基础知识及经典技巧。本书不仅有理论、精彩案例赏析，还有大量的色彩搭配方案、精确的CMYK色彩数值，让读者既可以作为赏析用书，又可作为工作案头的素材书籍。

本书共分8章，具体安排如下。

第1章为APP UI设计基础知识，介绍APP UI设计的概念、点线面、设计原则，是最简单、最基础的原理部分。

第2章为认识色彩，包括色相、明度、纯度、主色、辅助色、点缀色、色相对比、色彩的距离、色彩的面积、色彩的冷暖等。

第3章为APP UI设计基础色，包括红色、橙色、黄色、绿色、青色、蓝色、紫色、黑白灰等。

第4章为APP UI中的元素构成，包括标志、图案、字体、导航栏、搜索栏、主视图、图标、工具栏、标签栏、按钮等。

第5章为APP UI设计的版式，包括骨骼型、对称型、分割型、满版型、曲线形、倾斜型、中心型、三角形、并置型、中轴型、自由型等。

第6章为APP UI设计的风格，包括扁平化、数据可视化、图像化、极简化、卡片化、拟物化、大标题化、网格化、单色调、渐变色、多色彩、几何化、插画式、立体化等。

第7章为APP UI设计的经典技巧，精选了15个设计技巧进行介绍。

本书特色如下。

■ **轻鉴赏，重实践**

鉴赏类书只能看，看完自己还是设计不好，本书则不同，增加了多个动手模块，可以让读者边看边学边练。

■ **章节合理，易吸收**

第1~3章主要讲解APP UI设计的基本知识、基础色；第4~6章介绍元素构成、版式、风格；第7章以轻松的方式介绍15个设计技巧。

■ **设计师编写，写给设计师看**

针对性强，而且知道读者的需求。

■ **模块超丰富**

常用主题色、常用色彩搭配、配色速查、色彩点评、推荐色彩搭配在本书都能找到，可以一次满足读者的求知欲。

■ **本书是系列图书中的一本**

在本系列图书中读者不仅能系统学习APP UI设计的基本知识，而且有更多的设计专业知识供读者选择。

本书希望通过对知识的归纳总结、趣味的模块讲解，打开读者的思路，避免一味地照搬书本内容，促使读者自行多做尝试、多理解，以增强读者动脑、动手的能力并激发读者的学习兴趣，开启设计的大门，帮助读者迈出第一步，圆读者一个设计师的梦！

本书由淄博职业学院的刘文婷老师编著，其他参与编写的人员还有董辅川、王萍、李芳、孙晓军、杨宗香等。

由于作者水平有限，书中难免存在错误和不妥之处，敬请广大读者批评指正。

编　者

CONTENTS 目录

第1章 APP UI设计基础知识

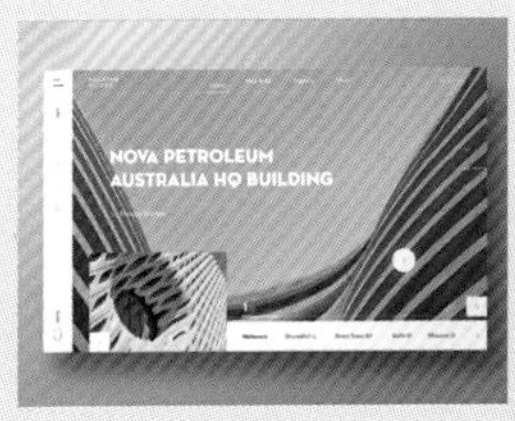

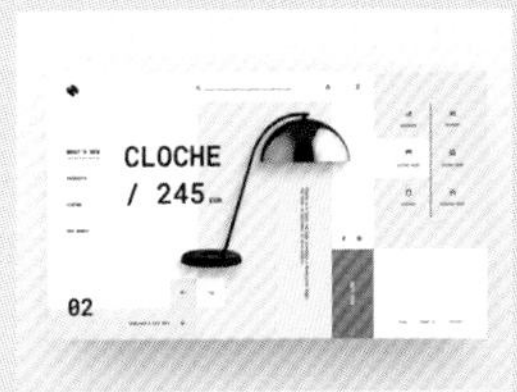

第2章 认识色彩

第3章
APP UI设计基础色

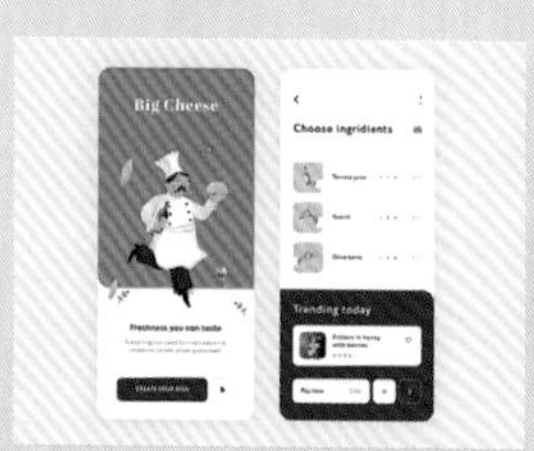

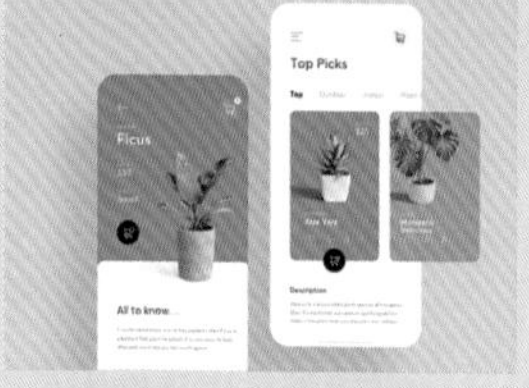

第4章
APP UI中的元素构成

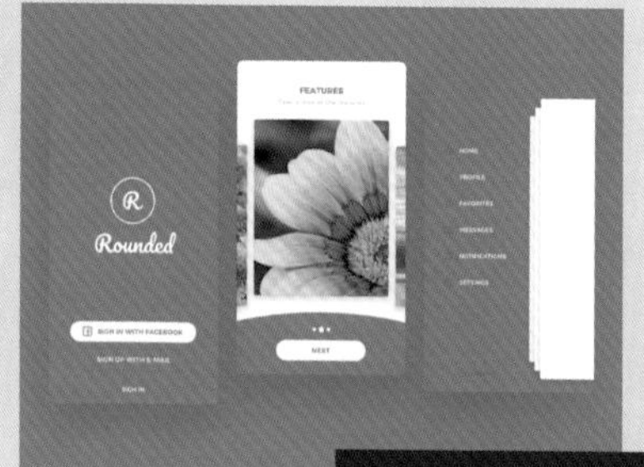

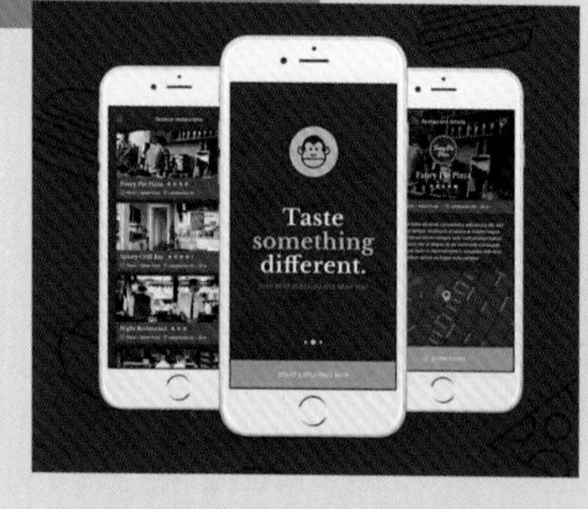

第5章

APP UI 设计的版式

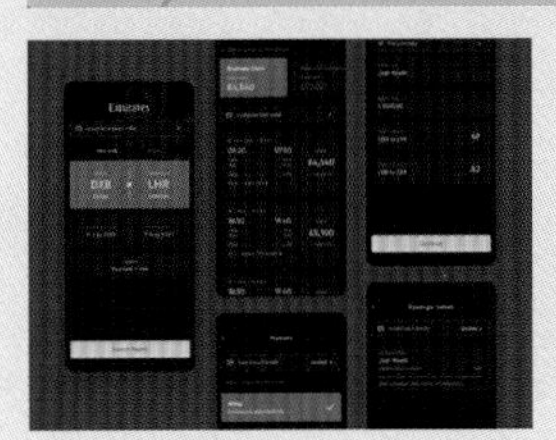

第6章

APP UI 设计的风格

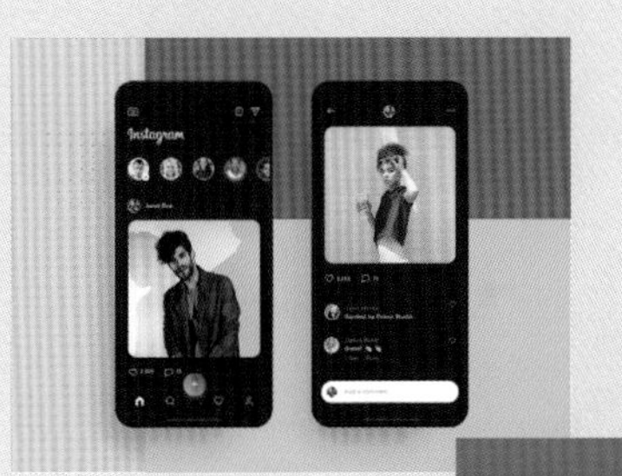

第7章 APP UI设计的经典技巧

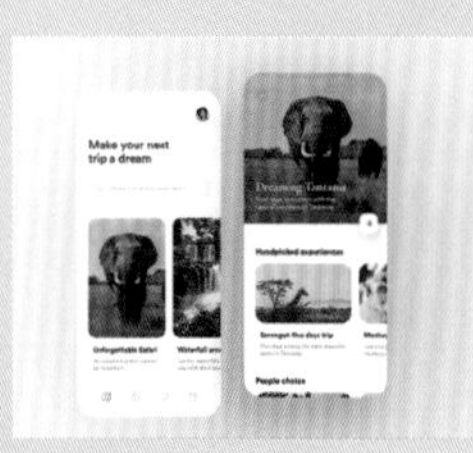

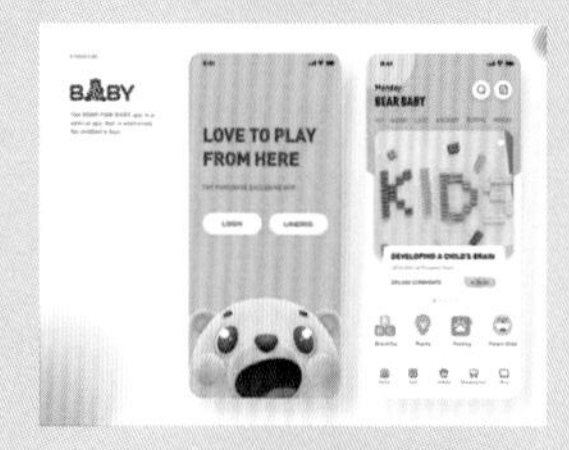

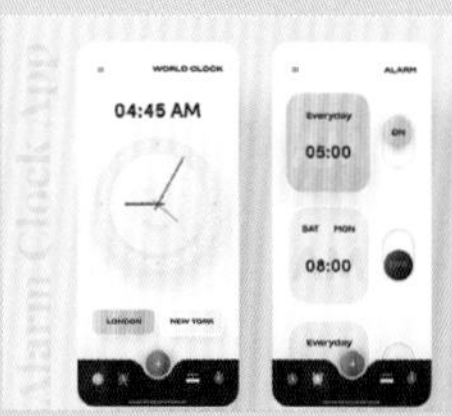

第1章

APP UI设计基础知识

随着智能手机的迅速普及，各种各样的APP UI设计应运而生。一个优秀的APP UI设计，不仅可以为用户带来良好的阅读体验，同时对品牌宣传也有积极的推动作用。

APP UI设计的应用范围比较广泛，不同的机构以及公司具有不同的设计理念和设计需求，因此要根据实际情况进行合理的设计。

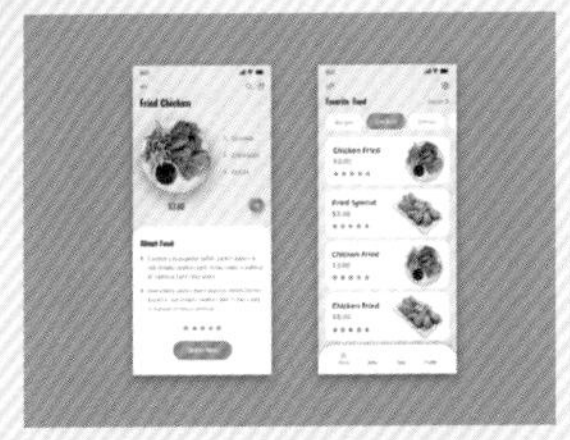

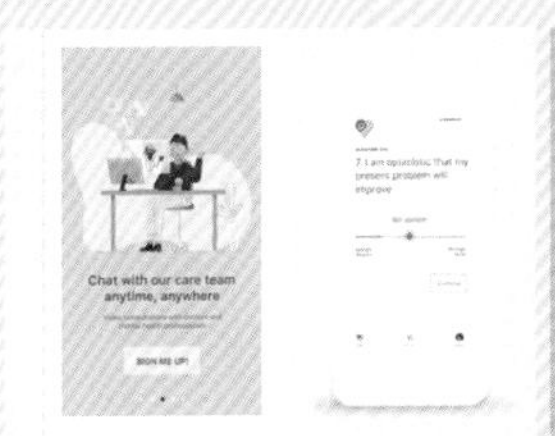

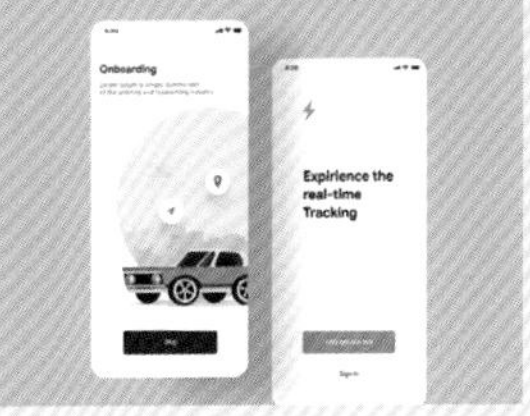

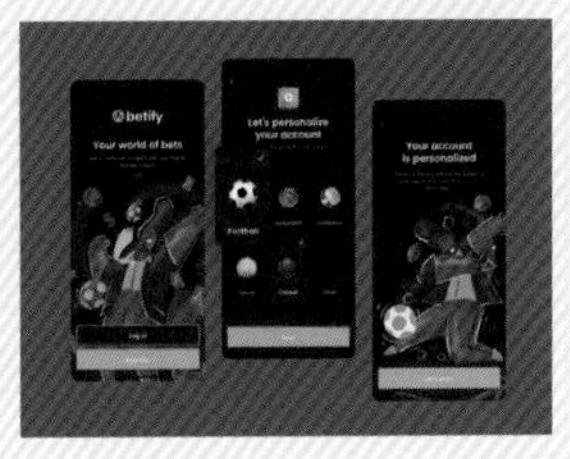

1.1 APP UI设计的概念

APP主要是指安装在智能手机上的软件。通过安装不同的手机软件，不仅可以完善手机的功能，而且也可以为用户带去独特的视觉体验效果。

UI即用户界面（User Interface），是指对软件的人机交互、操作逻辑、界面美观等的整体设计，它包含的范围更加广阔。一个好的UI设计可以让冰冷的软件变得充满人情味，拉近与用户的距离；同时还可以凸显出软件整体的操作性能，促进品牌的宣传与推广。

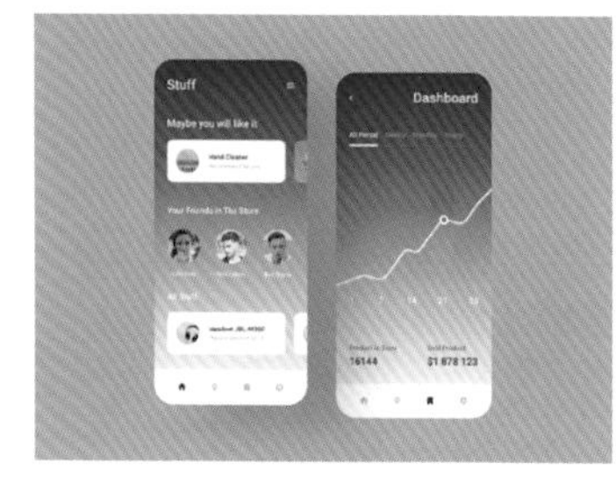

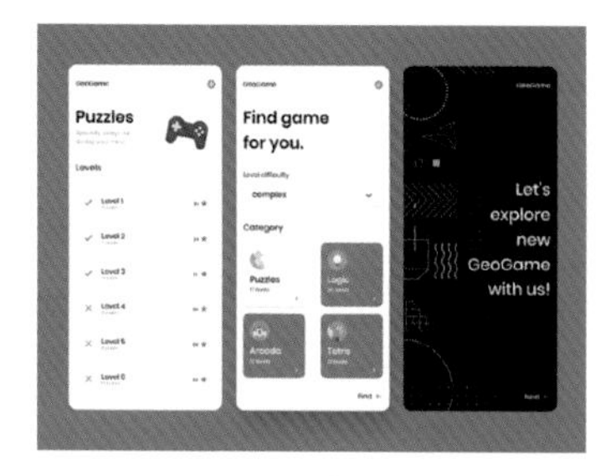

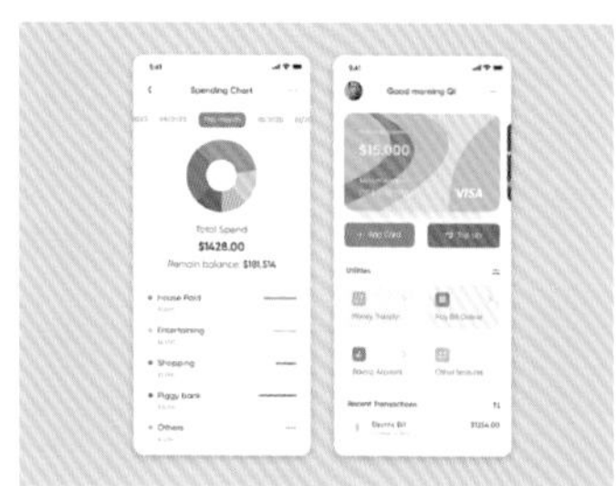

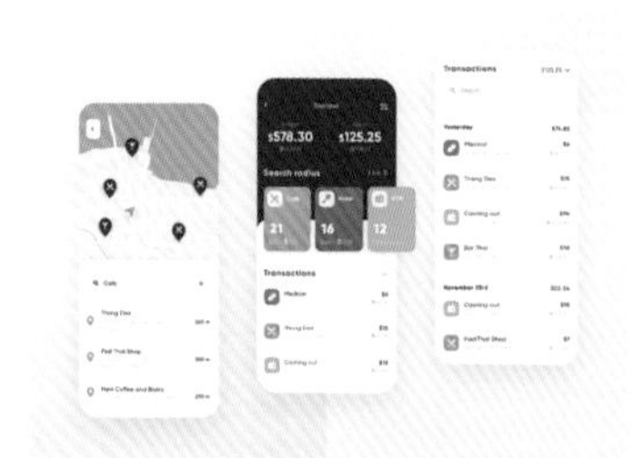

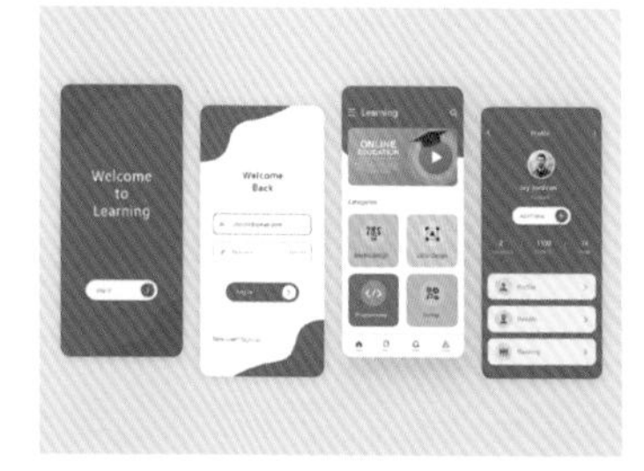

1.2 APP UI设计的点线面

无论什么样的设计都离不开点、线、面这三大构图要素，APP UI的设计也不例外。点构成线，线构成面，三者之间相辅相成。无论设计内容是复杂或者简单，它内在的构图要素不会改变。

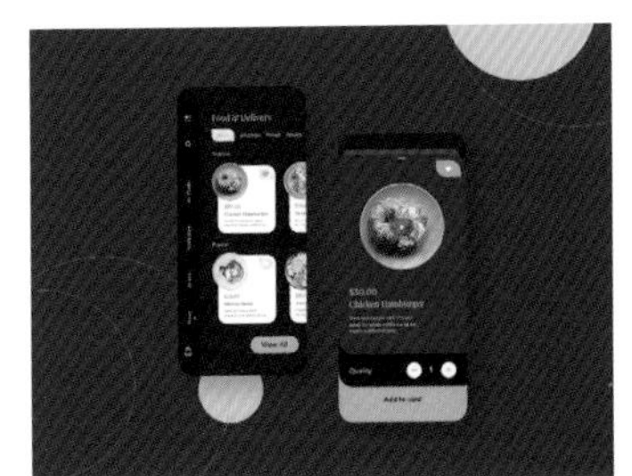

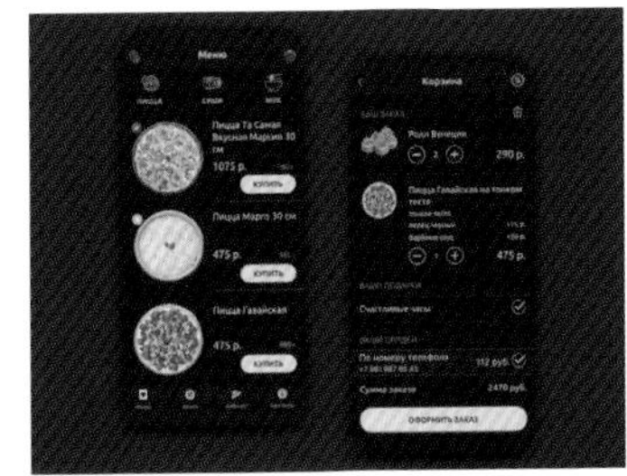

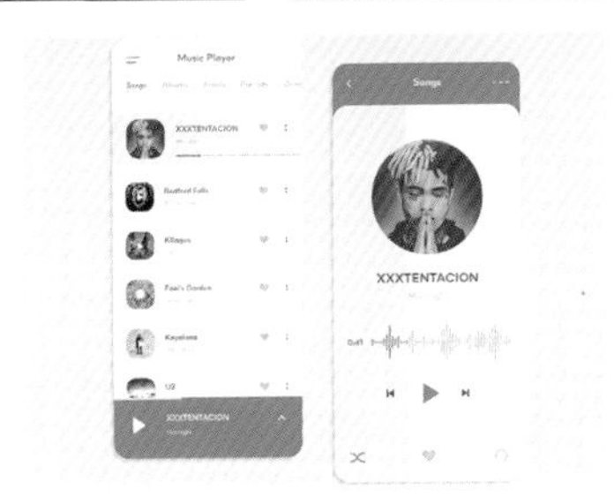

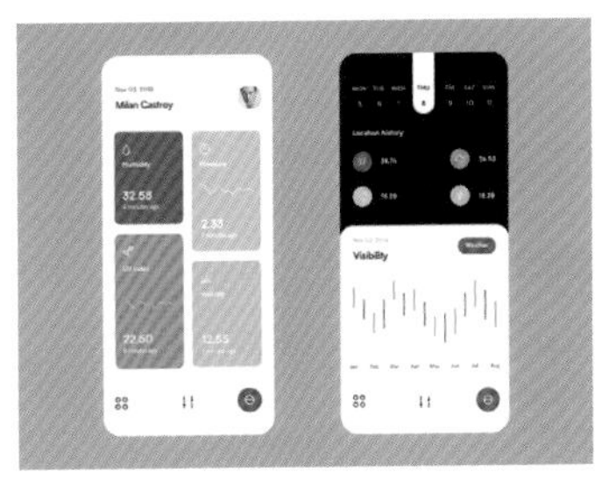

1.2.1 点

点作为最基础的版面构成主要元素，是没有大小、方向、形状等属性的，要根据所处的环境以及所呈现的场景来确定。

在设计中一个几何图形、人物或者风景图像，甚至简单的文字等均可称为点。一个简单的点，不仅可以将重要信息着重突出，成为版面的焦点所在，而且也可以为用户带去不同的心理感受。

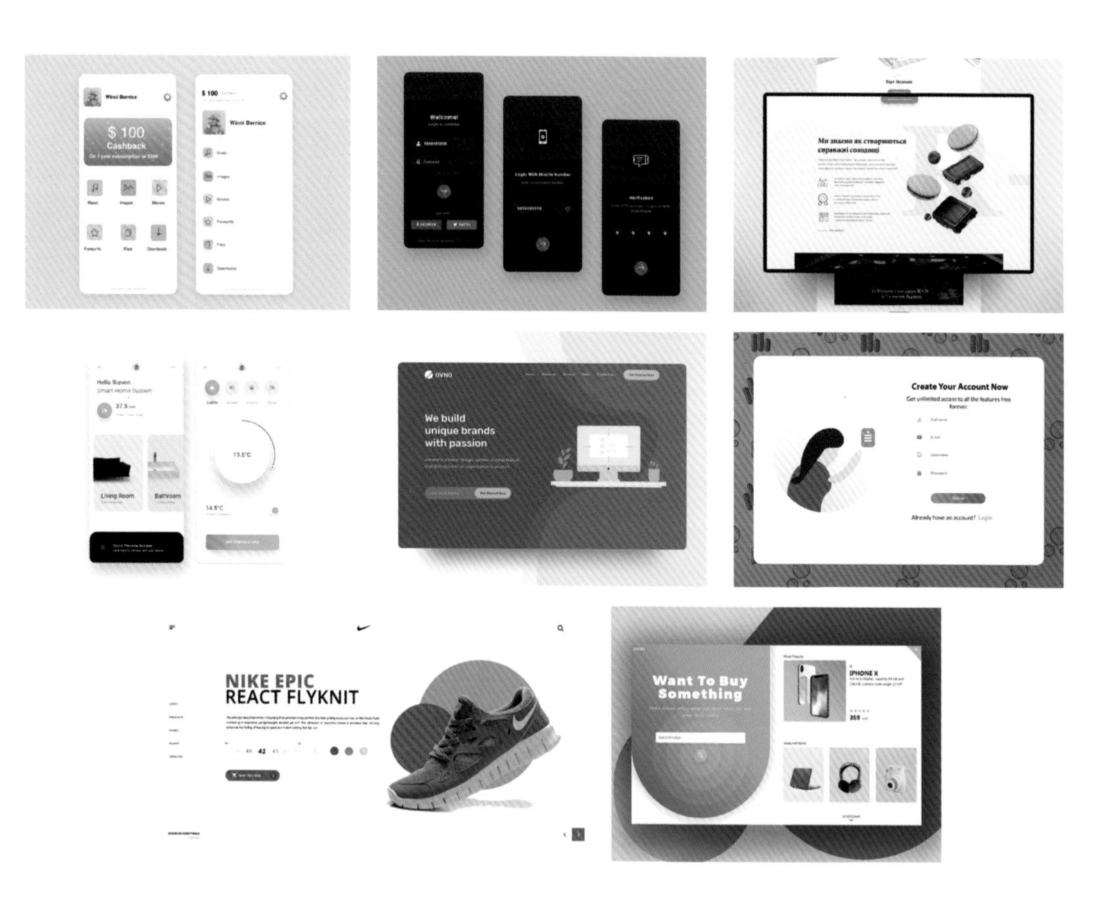

APP UI设计中点怎么运用呢?

在APP UI设计中的点，可以是任何形式。比如说，在文字下方添加一个几何图形作为呈现载体，这样具有很强的视觉聚拢感，对用户具有积极的引导作用。点是比较灵活的，没有固定的使用方法，只要不影响整个版面的信息传达即可。

这是一款指纹和键盘输入的UI设计。将正圆形的指纹在版面中间偏上部位呈现，极具视觉聚拢感，同时对用户具有很好的引导作用。界面以白色作为背景的主色调，给人以简洁、大方的印象。少量橙色的运用，则为版面增添了一抹亮丽的色彩。

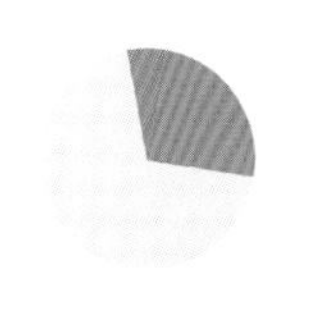

CMYK：19,0,1,0
CMYK：0,71,50,0
CMYK：70,17,0,0

推荐配色方案

CMYK：56,64,0,0　CMYK：47,0,7,0
CMYK：85,58,47,3　CMYK：0,62,42,0

CMYK：62,10,5,0　CMYK：100,76,20,0
CMYK：2,80,75,0　CMYK：76,78,78,55

这是一款网页的UI设计。将立体化的几何图形作为展示主图，在看似凌乱的摆放中给人以很强的科技感。版面以紫色作为背景的主色调，让整体的格调氛围更加浓厚。立体图形中青色到紫色的渐变，可以给人留下理性、专业的印象。

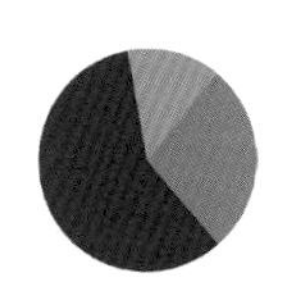

CMYK：96,98,4,0
CMYK：57,51,0,0
CMYK：73,6,6,0

推荐配色方案

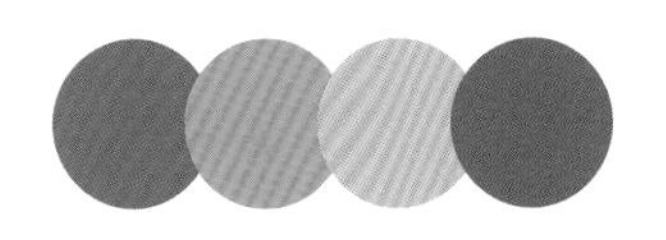

CMYK：77,44,0,0　CMYK：0,61,0,0
CMYK：29,22,0,0　CMYK：60,53,97,7

CMYK：72,44,0,0　CMYK：33,21,11,0
CMYK：7,3,60,0　CMYK：65,75,0,0

1.2.2 线

线是点的移动所产生的轨迹。其作为APP UI设计中的另外一个主要元素，对版面构成具有非常重要的作用。

线可以是具体的直线，也可以是曲线，还可以是一行文字、一个长条矩形等。在设计中合理地运用线这一元素，可以将版面进行分割，给人留下统一和谐的印象。

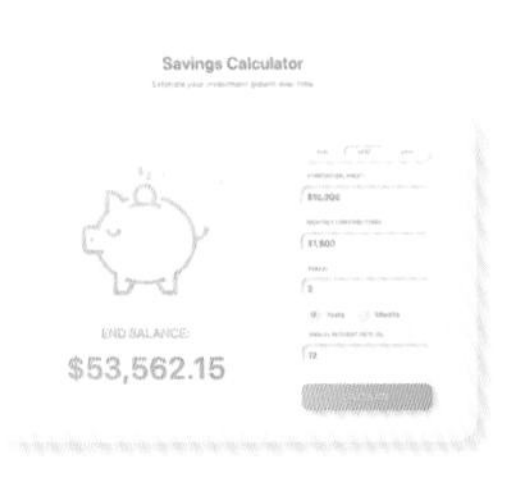

APP UI设计中的线怎么运用呢?

在APP UI设计中，线的运用是非常灵活的。比如，可以运用文字构成的“线”将信息直接传递出来，同时在横排与竖排的变化中，丰富版面内容。同时也可以添加一些线条元素，增强整体的细节效果。

这是一款APP的订单UI设计。将由简单线条构成的地图作为展示主图，使用户对订单状态有一个非常清晰直观的了解。界面中红色的运用，为单调的白色背景增添了一抹亮丽的色彩，而且以适中的明度给人以雅致、亲和之感。

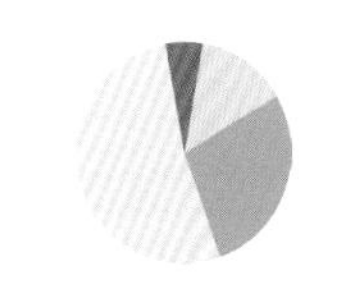

CMYK：9,11,14,0
CMYK：0,56,32,0
CMYK：13,2,73,0
CMYK：47,67,76,5

推荐配色方案

CMYK：82,76,67,40　CMYK：0,52,28,0
CMYK：57,0,20,0　CMYK：32,27,24,0

CMYK：0,60,34,0　CMYK：99,96,75,69
CMYK：26,13,38,0　CMYK：37,71,6,0

这是一款网页的UI设计。采用倾斜型的构图方式，将由简单几何图形构成的图案作为展示主图在版面右侧呈现。在大小不一的变化中，丰富了整体的细节效果。版面中各种色彩的运用，在鲜明的颜色对比中可以给人留下活跃、饱满的印象。

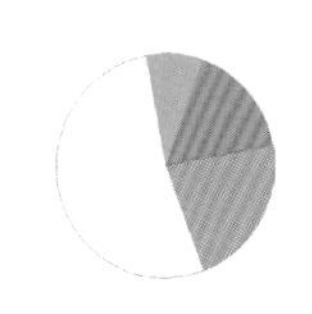

CMYK：0,0,0,0
CMYK：64,14,0,0
CMYK：0,75,44,0
CMYK：0,55,47,0

推荐配色方案

CMYK：97,67,0,0　CMYK：0,74,9,0
CMYK：0,29,76,0　CMYK：0,79,48,0

CMYK：45,60,50,0　CMYK：11,29,98,0
CMYK：0,76,60,0　CMYK：85,84,82,71

1.2.3 面

面是点或线密集到一定程度形成的，相对于单纯的点或者线来说，面具有更强烈的视觉冲击力。由于面的大小、位置、空间、形态等的不同，会给受众以不同的视觉感受。

在一个设计中，没有单独的点、线或面，三者是相辅相成，相互穿插在一起的。只有这样才会使版面的整体视觉效果更加丰富，将更多的信息传递出来。

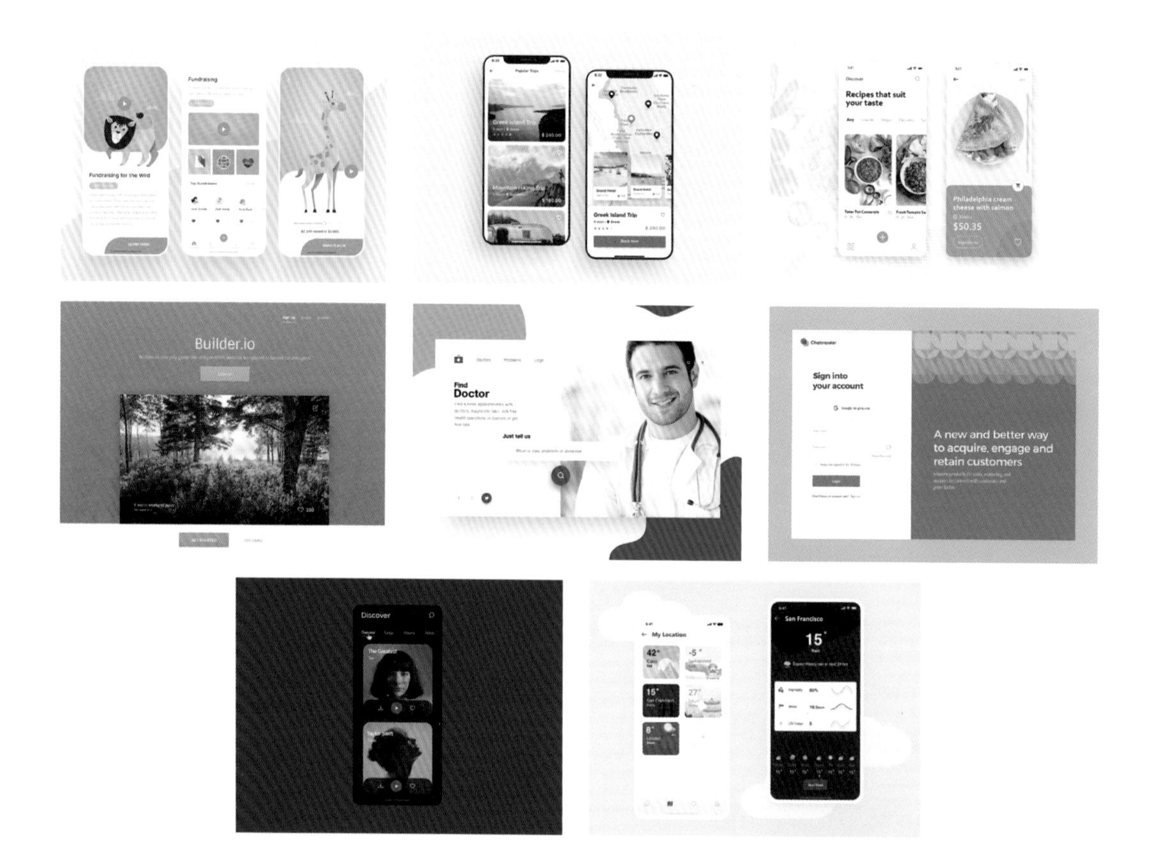

APP UI设计中的面怎么运用呢？

在APP UI设计中的面，具有其独特的多样性。比如，大色块具有更强的视觉吸引力与稳定性，而小色块则可以丰富版面的细节效果。特别是通过面的虚实，可以增强整体的空间立体感，给受众以不一样的视觉体验。

这是一款家具网页的UI设计。运用一个矩形作为呈现载体，具有很强的视觉聚拢感。版面中直线的添加，丰富了整体的细节效果。界面以浅色作为背景主色调，少量橙色以及水墨蓝的运用，在颜色一深一浅中凸显出家具的精致与温馨。

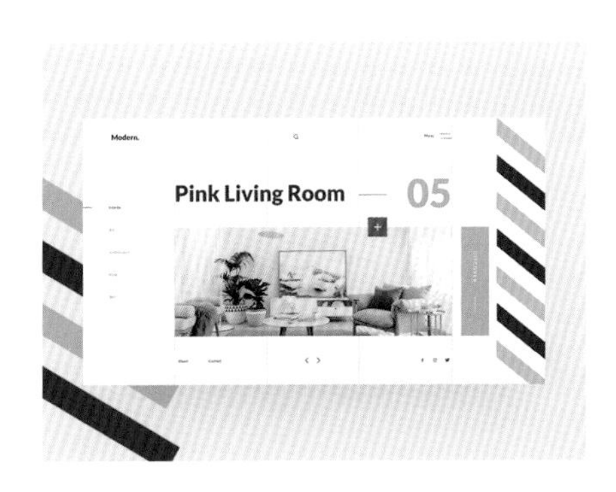

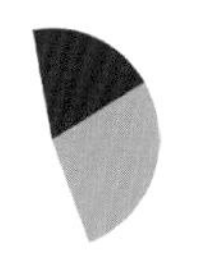

CMYK：3,3,5,0
CMYK：1,50,44,0
CMYK：100,96,51,15

推荐配色方案

CMYK：12,9,12,0　CMYK：84,69,0,0
CMYK：27,56,42,0　CMYK：36,30,20,0

CMYK：93,88,89,80　CMYK：41,38,35,0
CMYK：3,41,48,0　CMYK：0,75,53,0

这是一款日程APP的UI设计。将相同尺寸的圆角矩形色块作为文字呈现载体，在浅色背景的衬托下十分醒目，为用户阅读提供了便利。红色、蓝色、紫色渐变色的运用，以适中的明度给人以醒目、活跃的视觉感受。

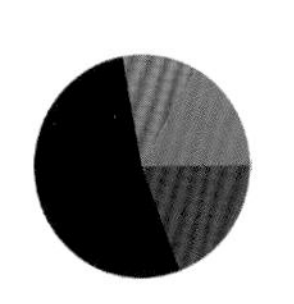

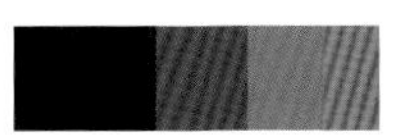

CMYK：95,91,82,76
CMYK：68,84,0,0
CMYK：76,36,0,0
CMYK：0,84,33,0

推荐配色方案

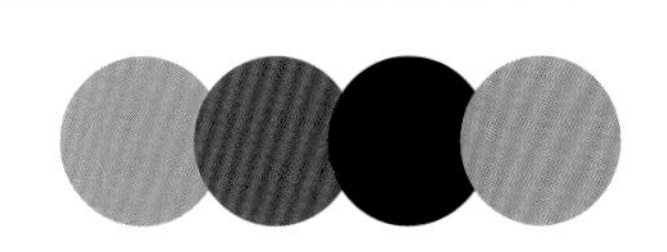

CMYK：18,41,81,0　CMYK：9,94,100,0
CMYK：93,88,89,80　CMYK：44,31,46,0

CMYK：64,56,51,1　CMYK：9,32,88,0
CMYK：77,18,7,0　CMYK：93,89,87,79

1.3 APP UI设计的原则

在进行APP UI设计时要遵循一定的原则与规范，因为这些设计不仅要满足用户的使用需求，同时还要为企业创造利润。

常见的设计原则有商业性原则、艺术性原则、实用性原则、趣味性原则等。不同的设计原则有不同的设计需求，但总体来说还是相互关联、相辅相成的。

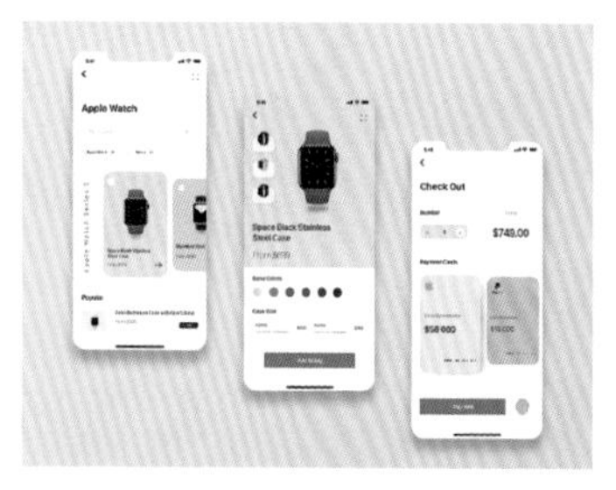

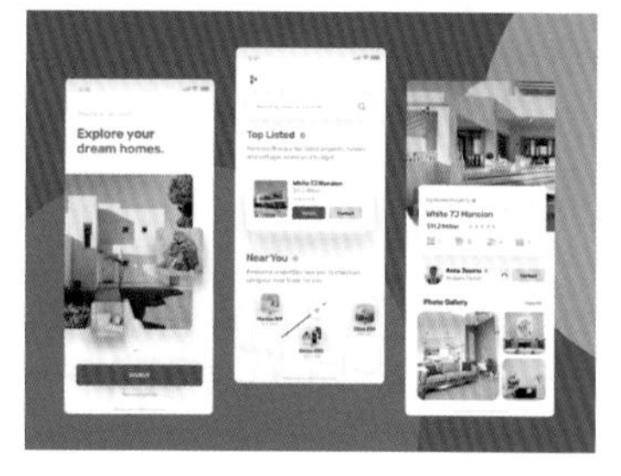

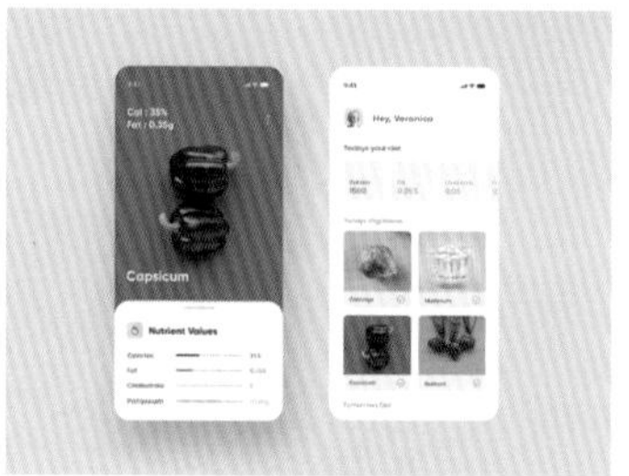

1.3.1 商业性原则

商业性原则，就是在进行APP UI设计时要从市场的角度出发，结合用户的实际需求、对产品的认可度、心理感受等。同时还要有利于企业的经营，最大限度地促进品牌的宣传与推广。

这是一款汽车网页的UI设计。采用分割型的构图方式，将汽车在界面左侧部位呈现，直接表明了网页的宣传内容。不同明度的灰色的运用，尽显汽车的高端与奢华，十分引人注目。少量明度偏高的橙色的点缀，为版面增添了些许的活跃与动感。

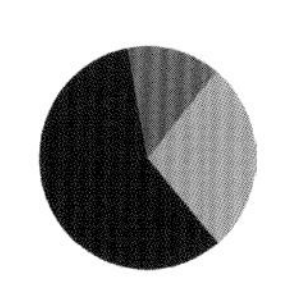

CMYK：85,84,80,67
CMYK：44,32,21,0
CMYK：0,86,100,0

推荐配色方案

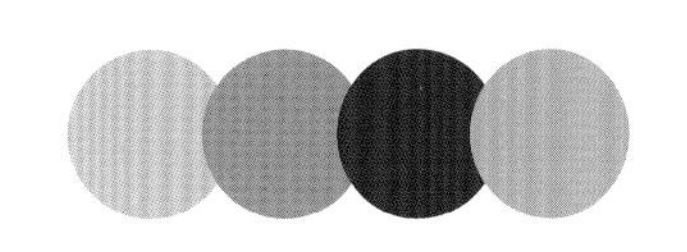

CMYK：27,19,11,0 CMYK：15,48,100,0
CMYK：95,79,53,19 CMYK：8,41,33,0

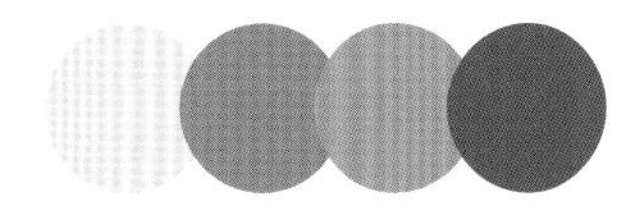

CMYK：4,11,11,0 CMYK：27,49,13,0
CMYK：30,33,53,0 CMYK：69,57,56,5

这是一款美食APP的登录UI设计。采用分割型的构图方式，将美食图像在版面上半部分呈现，可以极大限度地刺激受众味蕾，激发其购买欲望。版面中少量绿色的点缀，凸显出食物的新鲜与健康，非常容易获得用户信赖。

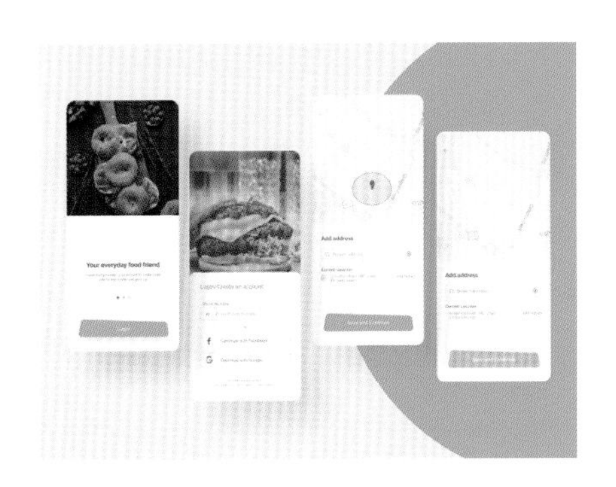

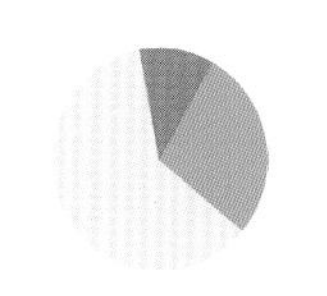

CMYK：12,7,5,0
CMYK：70,0,60,0
CMYK：9,60,96,0

推荐配色方案

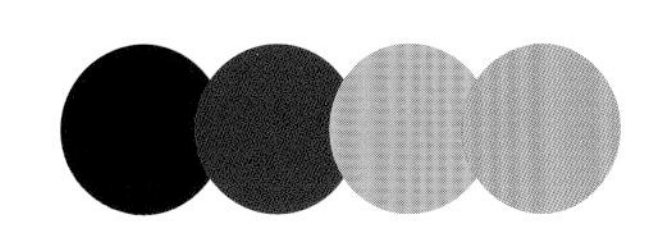

CMYK：93,87,89,80 CMYK：20,100,98,0
CMYK：0,41,98,0 CMYK：51,11,27,0

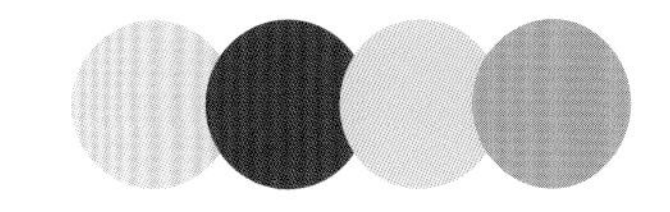

CMYK：21,13,0,0 CMYK：76,69,62,24
CMYK：40,0,8,0 CMYK：0,49,76,0

1.3.2 艺术性原则

所谓艺术性原则，就是在进行APP UI设计时要为用户带去美的享受，使其过目不忘。随着人们生活水平的提高，在购买产品时除了考虑实用性之外，也更加追求整体的视觉效果。

这是一款电商网页的UI设计。采用分割型的构图方式，将产品在界面左侧呈现，直接表明了网页的宣传内容。产品周围树叶、果实等装饰性元素的添加，凸显出产品的精致与时尚，为用户带去美的享受。

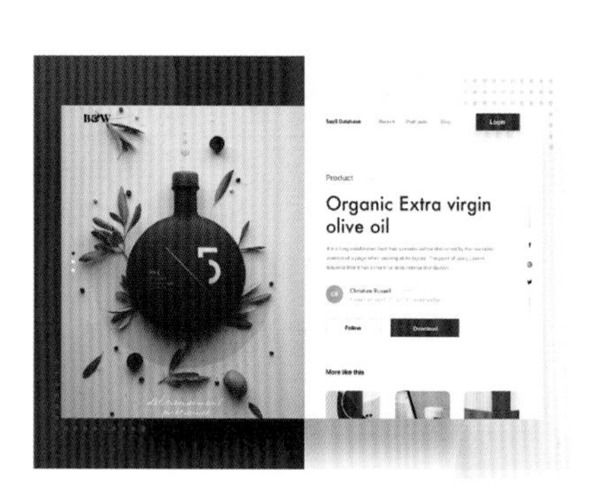

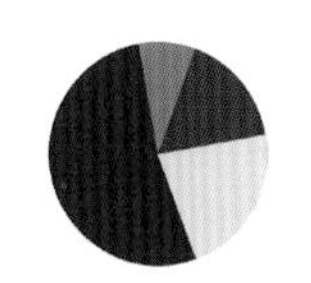

CMYK：95,96,0,0
CMYK：16,11,5,0
CMYK：84,76,52,16
CMYK：66,33,61,0

推荐配色方案

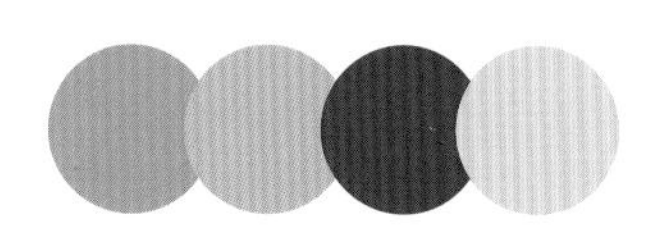

CMYK：6,40,93,0　CMYK：33,20,6,0
CMYK：98,71,9,0　CMYK：5,10,57,0

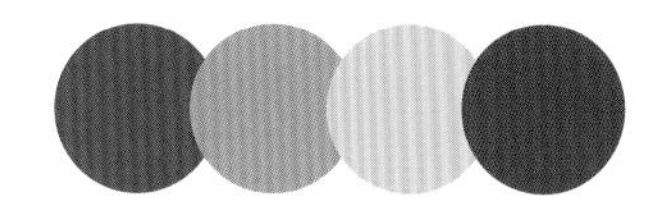

CMYK：82,64,0,0　CMYK：44,31,0,0
CMYK：0,24,20,0　CMYK：81,60,64,17

这是一款音乐APP的UI设计。运用圆角矩形作为图像呈现载体，极具视觉聚拢感。版面中青色、蓝色、粉色等颜色，以适中的明度和纯度在渐变过渡中营造了浓浓的艺术氛围。同时在白色背景的衬托下，十分引人注目。

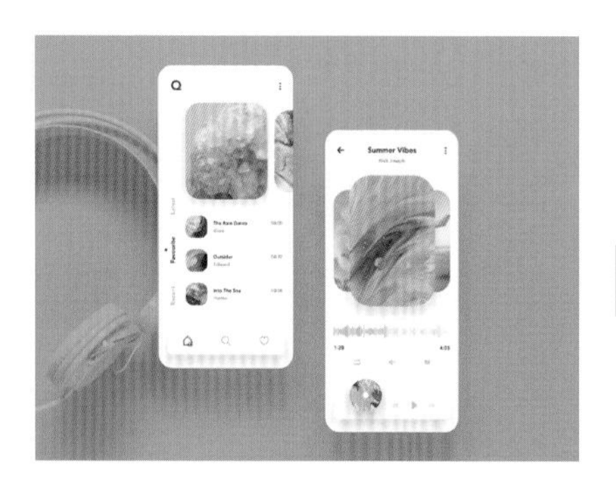

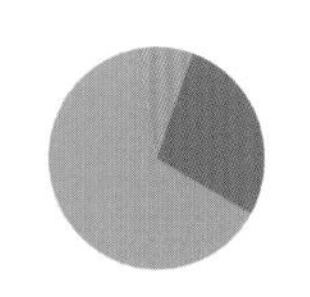

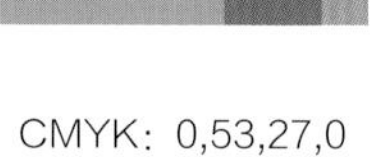

CMYK：0,53,27,0
CMYK：75,43,0,0
CMYK：55,18,3,0

推荐配色方案

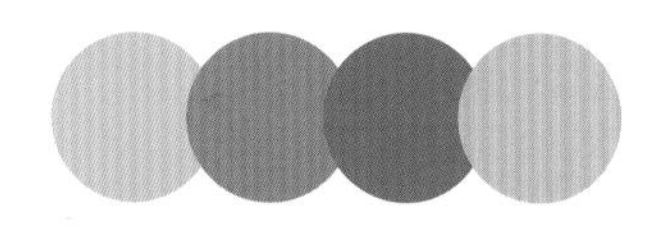

CMYK：37,8,9,0　CMYK：20,58,17,0
CMYK：78,45,0,0 CMYK：4,29,43,0

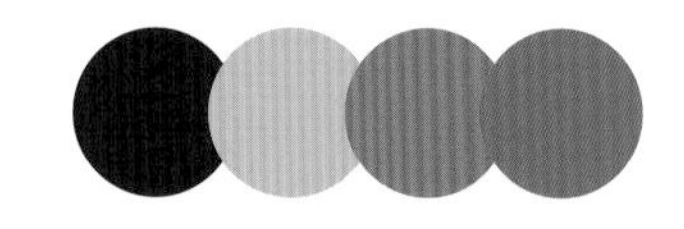

CMYK：99,100,47,4　CMYK：0,33,62,0
CMYK：0,71,45,0　CMYK：80,32,44,0

1.3.3 实用性原则

APP UI的设计除了有利于企业获得利润之外，最重要的就是要满足用户需求。因此在进行相关的设计时，要遵循实用性原则。只有在用户使用过程中为其带去便利，才会获得一定的品牌效应，进而为企业创造更多的利润。

这是一款电动车APP的UI设计。将电动车作为展示主图在版面中间部位呈现，十分醒目。其中配备的地图，非常方便用户对电动车进行定位，再也没有找不到车的烦恼了。明度偏高的蓝色的运用，给人以醒目、理性的感受。

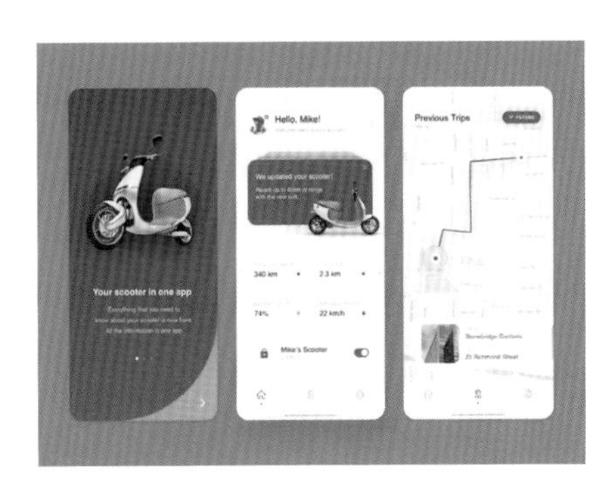

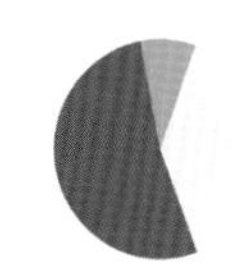

CMYK：82,62,0,0
CMYK：6,5,1,0
CMYK：0,54,98,0

推荐配色方案

CMYK：64,50,0,0　CMYK：20,16,14,0
CMYK：61,18,15,0　CMYK：3,34,64,0

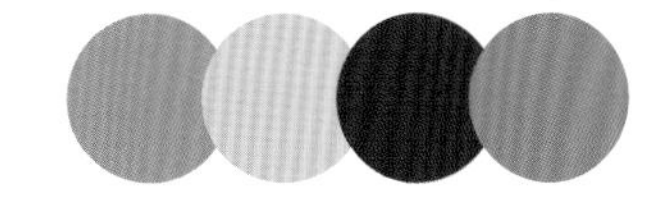

CMYK：44,40,0,0　CMYK：0,24,71,0
CMYK：82,77,72,50　CMYK：71,23,0,0

这是一款租房APP的UI设计。采用满版型的构图方式，将房屋室内以及周边环境作为展示主图，给用户以直观的感受，使其对房子一目了然。其中以圆角矩形作为载体呈现的文字，具有很好的解释说明作用，为用户阅读与理解提供了便利。

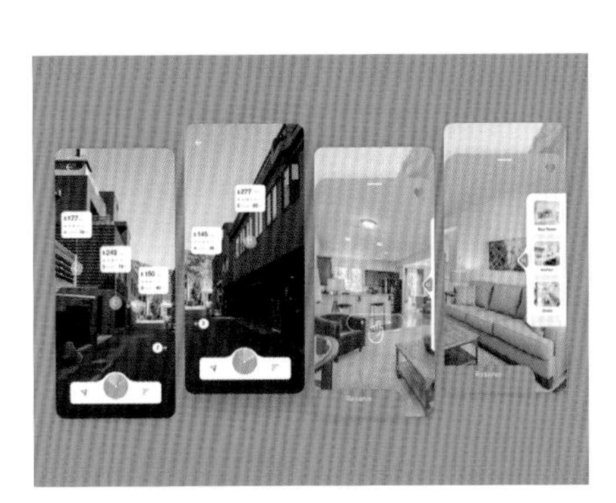

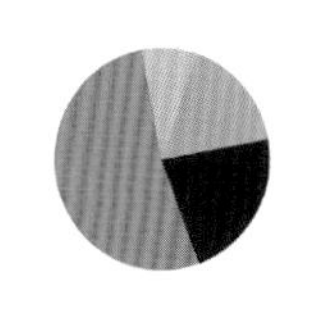

CMYK：0,73,49,0
CMYK：100,93,67,56
CMYK：29,35,39,0
CMYK：39,11,22,0

推荐配色方案

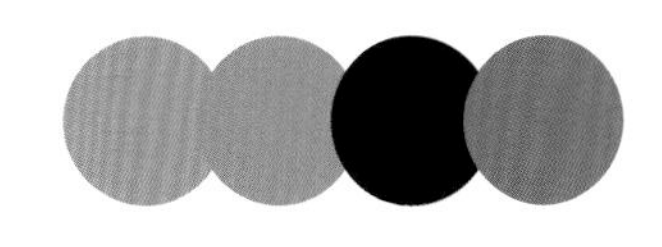

CMYK：47,30,19,0　CMYK：19,49,65,0
CMYK：97,90,82,75　CMYK：62,42,95,1

CMYK：52,68,12,0　CMYK：0,53,18,0
CMYK：55,5,23,0　CMYK：0,11,78,0

1.3.4 趣味性原则

随着社会的迅速发展，人们工作与生活的压力也在日益增大，因此一些具有创意感与趣味性的产品更容易获得受众青睐。所以在进行APP UI设计时，要遵循一定的趣味性原则，从用户需求角度出发，使整体设计更加人性化。

这是一款APP的引导页设计。将插画人物场景作为界面展示主图，以极具创意与趣味性的方式表明了生活的不同状态，使用户一目了然。黄色、绿色、蓝色等色彩的运用，在鲜明的颜色对比中给人留下了活跃、积极的印象。

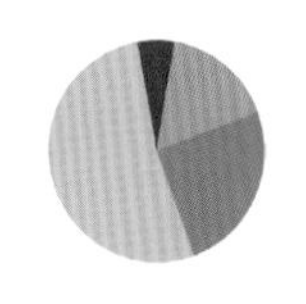

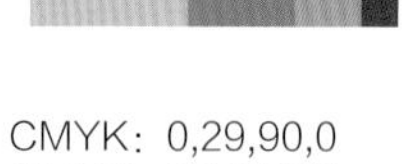

CMYK：0,29,90,0
CMYK：65,41,0,0
CMYK：60,7,76,0
CMYK：9,100,100,0

推荐配色方案

CMYK：100,89,22,0　CMYK：65,41,0,0
CMYK：20,11,13,0　CMYK：8,21,20,0

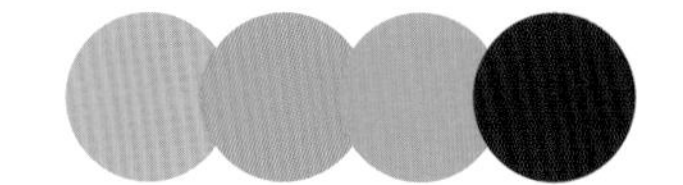

CMYK：0,40,87,0　CMYK：62,0,45,0
CMYK：0,53,27,0　CMYK：71,85,86,63

这是一款服务订阅APP的UI设计。将订阅服务以插画的形式进行呈现，相对于实物拍摄来说，具有更强的趣味性与代入感。界面以黑色、白色作为背景主色调，无彩色的运用给人以整洁、稳重的感受，可以拉近产品与用户的距离。

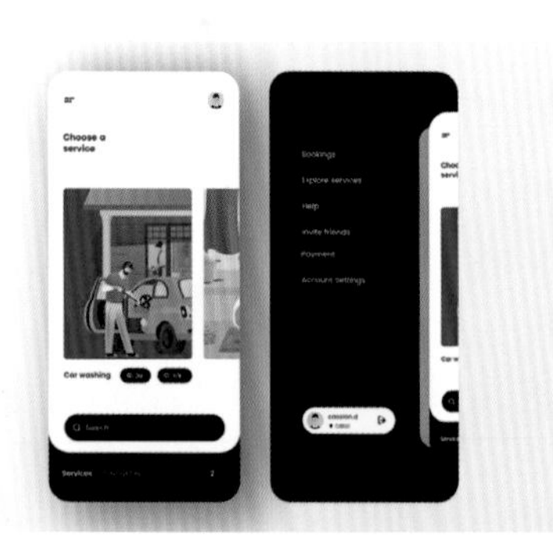

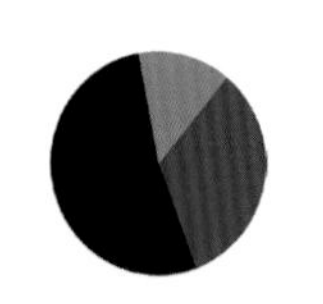

CMYK：97,92,80,74
CMYK：93,78,0,0
CMYK：71,34,0,0

推荐配色方案

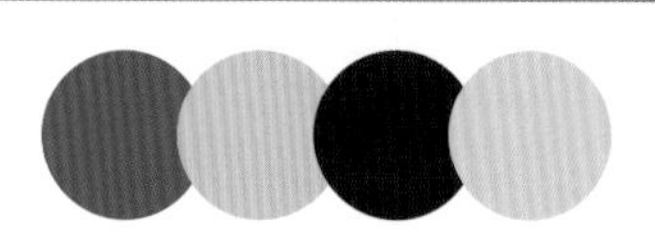

CMYK：80,67,0,0　CMYK：0,25,78,0
CMYK：69,88,100,64　CMYK：19,16,15,0

CMYK：15,22,21,0　CMYK：84,63,0,0
CMYK：0,81,27,0　CMYK：80,79,76,59

第2章

认识色彩

色彩由光引起，由三原色构成，在太阳光分解下可呈现出红、橙、黄、绿、青、蓝、紫等色彩。它在APP UI设计中的重要程度不可言喻，一方面可以吸引观者的注意力，抒发人的情感；另一方面通过各种颜色的搭配调和，可以呈现出特定群体的用色特征。例如，儿童广告多以鲜艳明亮的色调为主；女性化妆品会以典雅高贵的色调呈现；而老年用品广告则会选择较为厚重、柔和的颜色。因此掌握好色彩的运用是APP UI设计中的关键环节，具有十分重要的作用。

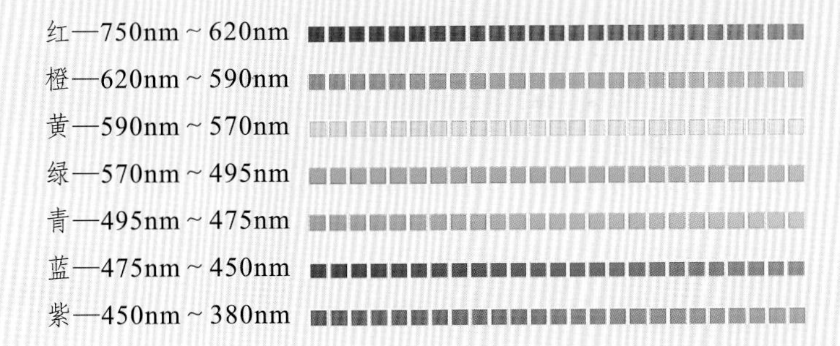

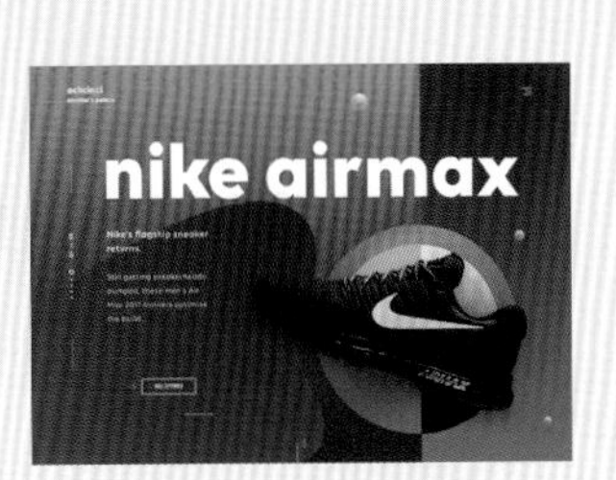

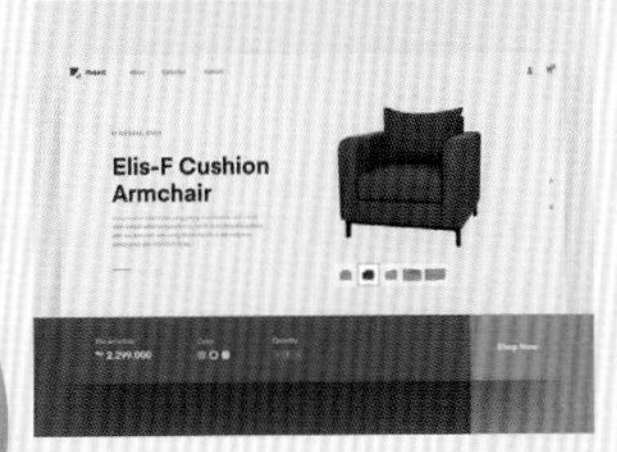

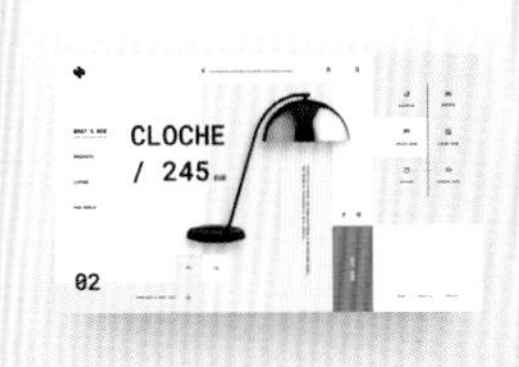

2.1 色相、明度、纯度

色相是色彩的首要特征，由原色、间色和复色构成，是色彩的基本相貌。从光学意义上讲，色相的差别是由光波波长的长短产生的。

- 任何黑白灰以外的颜色都有色相。
- 色彩的成分越多，它的色相越不鲜明。
- 日光通过三棱镜可分解出红、橙、黄、绿、青、紫6种色相。

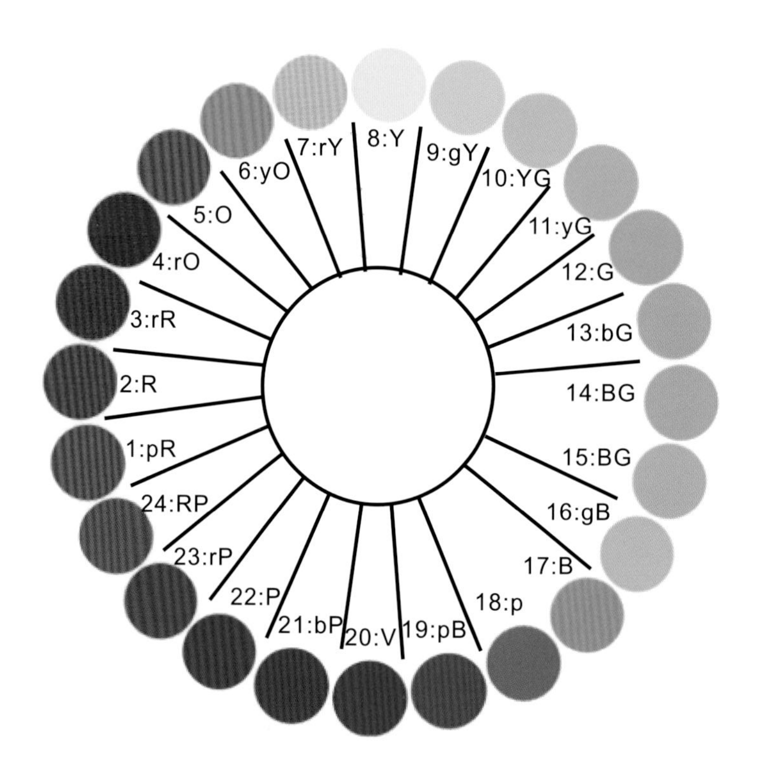

明度是指色彩的明亮程度，是彩色和非彩色的共有属性，通常用0%~100%的百分比来度量。

例如：

- 蓝色里不断加黑色，明度就会越来越低，而低明度的暗色调，会给人一种沉着、厚重、忠实的感觉。
- 蓝色里不断加白色，明度就会越来越高，而高明度的亮色调，会给人一种清新、明快、华美的感觉。

■ 在加色的过程中，中间颜色的明度是比较适中的，而这种中明度色调多给人以安逸、柔和、高雅的感觉。

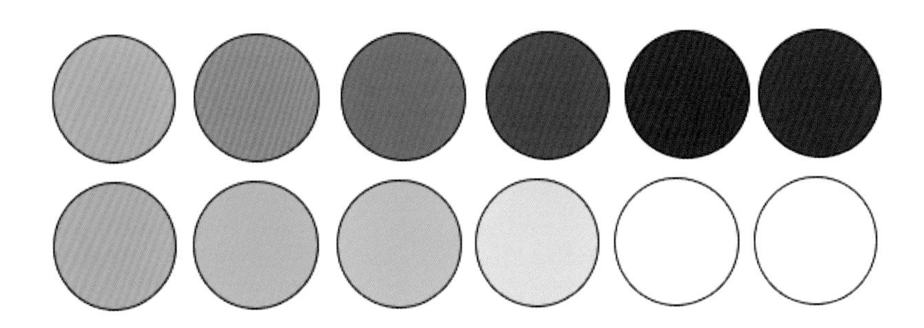

纯度是指色彩中所含有色成分的比例，比例越大，纯度越高，通常又称为色彩的彩度。

■ 高纯度的颜色会使人产生一种强烈、鲜明、生动的感觉。
■ 中纯度的颜色会使人产生一种适当、温和、平静的感觉。
■ 低纯度的颜色会使人产生一种细腻、雅致、朦胧的感觉。

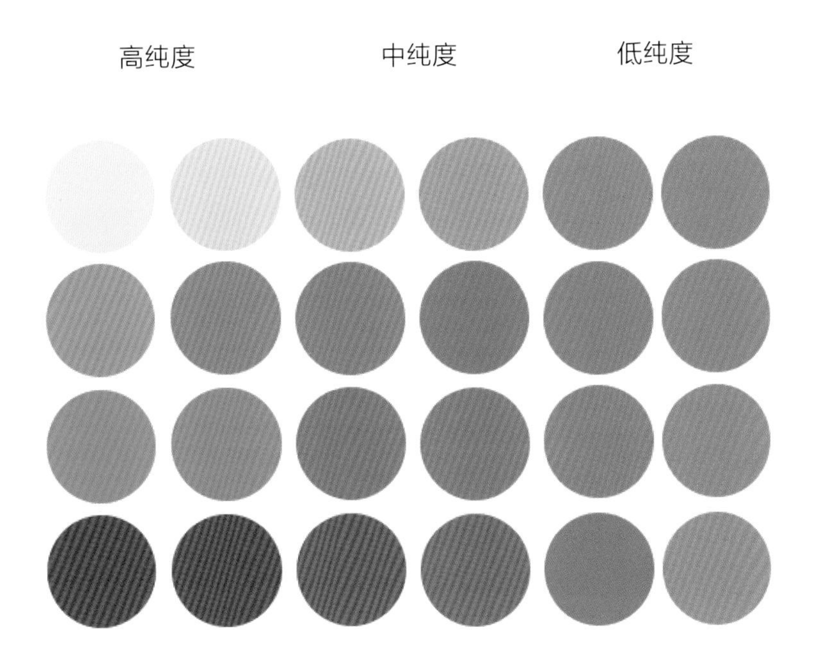

2.2 主色、辅助色、点缀色

主色、辅助色、点缀色是APP UI设计中不可缺少的色彩构成元素，主色决定着整个界面的基调，而辅助色和点缀色都将围绕主色展开。

2.2.1 主色

主色好比人的面貌，是区分人与人的重要因素。同时担任画面主角，占据画面的大部分面积，对整个APP UI的风格起着决定性作用。

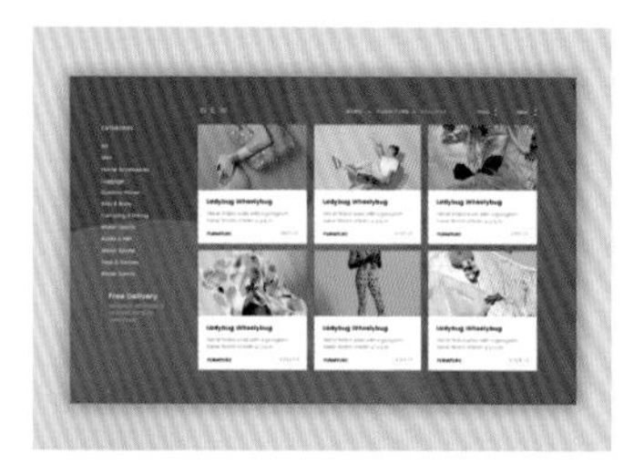

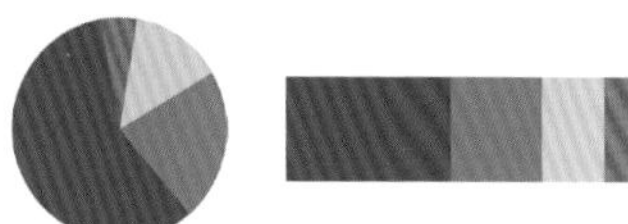

CMYK：83,71,0,0　CMYK：80,28,5,0
CMYK：7,11,96,0　CMYK：0,80,11,0

这是一款卡片式的UI设计。整体运用网格化的设计方式，将图像和文字均以相同大小的矩形作为呈现载体，极具视觉聚拢感。界面以蓝紫色为主，给人留下了青春、活力的印象。同时在红色、黄色、绿色等色彩的鲜明对比中，让这种氛围更加浓厚。

推荐配色方案

CMYK：0,18,64,0　CMYK：40,5,0,0
CMYK：11,84,71,0　CMYK：74,60,0,0

CMYK：100,98,61,36　CMYK：80,28,5,0
CMYK：0,38,49,0　CMYK：0,80,11,0

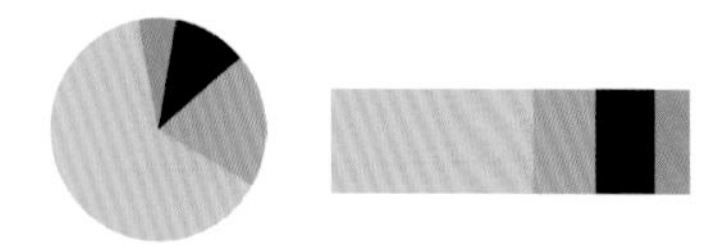

CMYK：0,23,85,0　CMYK：55,11,44,0
CMYK：93,88,89,80　CMYK：42,45,0,0

这是一款APP引导页的UI设计。将简笔插画作为展示主图，在界面中间部位呈现，极具创意感与趣味性。整个界面以明度和纯度适中的橙色为主，给人以满满的活力感。特别是少量无彩色的运用，很好地增强了版面的视觉稳定性。

推荐配色方案

CMYK：78,63,35,0　CMYK：56,15,40,0
CMYK：13,55,0,0　CMYK：0,22,86,0

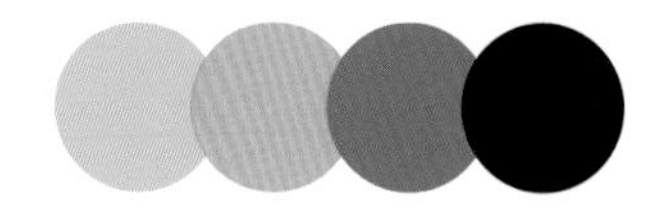

CMYK：49,0,16,0　CMYK：0,38,86,0
CMYK：82,46,0,0　CMYK：93,88,89,80

2.2.2 辅助色

辅助色在画面中的面积仅次于主色，最主要的作用就是突出主色及其具有的优点，同时也让界面的色彩更加丰富。

这是一款PC端的注册登录界面设计。采用分割型的构图方式，将整个界面划分为均等的两部分，为用户阅读提供了便利。整个界面以黑色为主，给人留下了稳重、精致的印象。少量浅棕色作为辅助色，以适中的亮度为版面增添了些许柔和感，具有很好的中和作用。

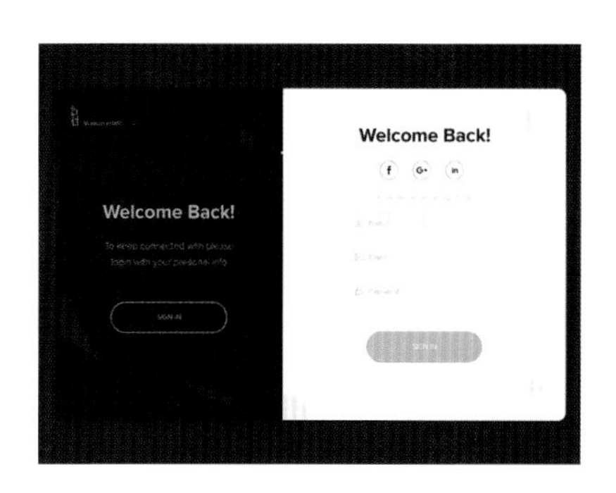

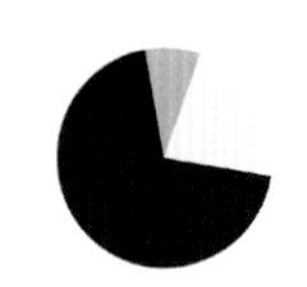

CMYK：93,88,89,80
CMYK：0,5,7,0
CMYK：13,38,47,0

推荐配色方案

CMYK：13,38,47,0 CMYK：60,4,35,0
CMYK：93,88,89,80 CMYK：9,44,98,0

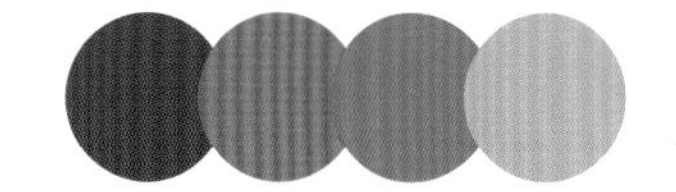

CMYK：76,70,67,33 CMYK：4,82,54,0
CMYK：84,27,58,0 CMYK：13,38,47,0

这是一款学校教育APP的UI设计。采用几何图形作为图像和文字呈现载体，将重要信息凸显出来，对用户阅读与理解具有积极的引导作用。整个界面以白色为背景色，给人留下了纯净、安全的印象，刚好与学校教育的特性相吻合。以粉色作为辅助色，打破了纯色背景的枯燥感，同时也凸显出儿童的天真、活泼与烂漫。

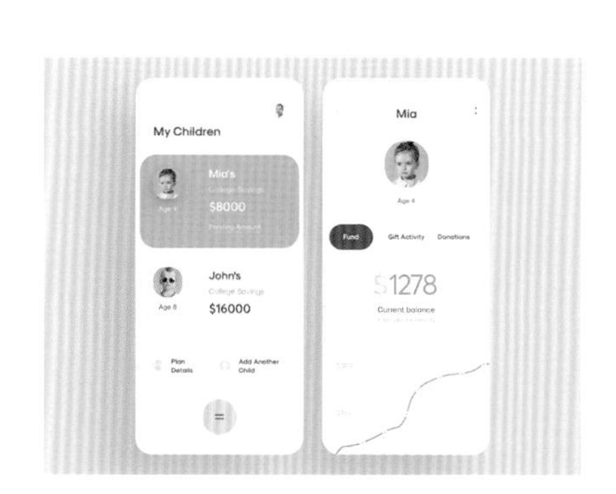

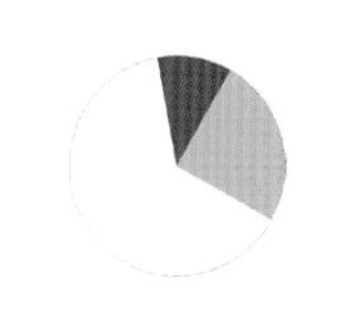

CMYK：0,0,0,0
CMYK：0,47,19,0
CMYK：79,80,3,0

推荐配色方案

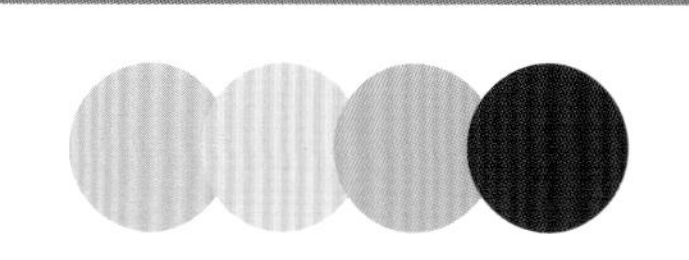

CMYK：4,32,16,0 CMYK：0,17,53,0
CMYK：53,8,9,0 CMYK：59,91,100,51

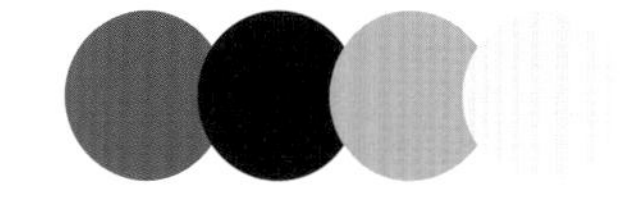

CMYK：88,56,4,0 CMYK：100,97,62,53
CMYK：0,47,19,0 CMYK：5,3,24,0

2.2.3 点缀色

点缀色主要具有衬托主色与承接辅助色的作用，通常在设计中占据很小一部分，不仅能够对主色与辅助色搭配进行很好的诠释，同时还可以让界面更加完善具体。

这是一款国外美食APP的UI设计。将产品图像作为展示主图，直接在界面中最显眼的部位呈现，使用户一目了然。整个版面以午夜蓝为主色调，凸显出产品的醇香与浓厚。浅灰色为辅助色，让各种信息得以清楚地凸显。作为点缀色的红色，使原本暗沉的版面瞬间鲜活起来，同时对用户也有很好的引导效果。

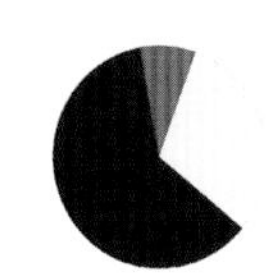

CMYK：99,97,62,44
CMYK：4,3,0,0
CMYK：0,82,38,0

推荐配色方案

CMYK：99,97,62,44　CMYK：22,29,55,0
CMYK：0,32,96,0　CMYK：0,82,38,0

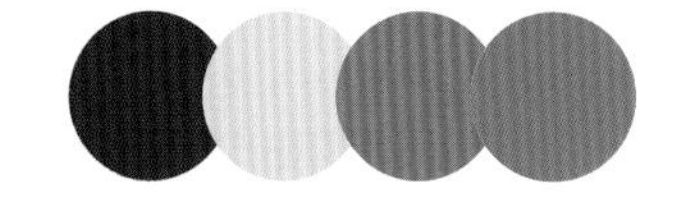

CMYK：82,79,59,30　CMYK：11,11,12,0
CMYK：0,71,89,0　CMYK：67,20,98,0

这是一款甜品美食网页的UI设计。将产品在界面左侧呈现，极大限度地刺激了受众味蕾，激发其购买欲望。在左侧整齐排列的文字，将信息直接传达。版面以纯度偏低的淡黄色为主，给人一种清新、舒畅的感受。特别是少量绿色的点缀，营造了满满的生机感，好像所有的烦恼与不快都一扫而光了。

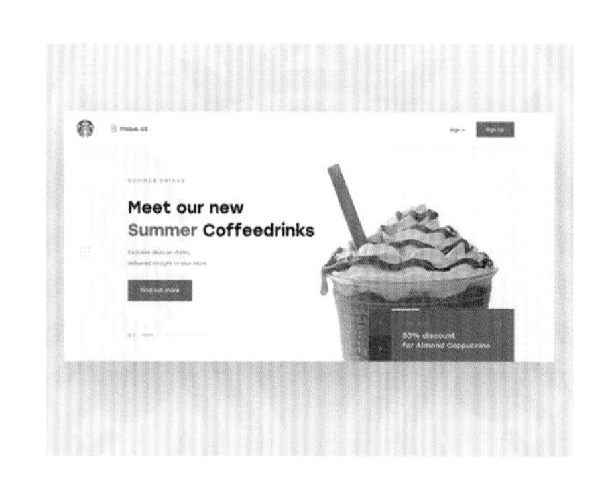

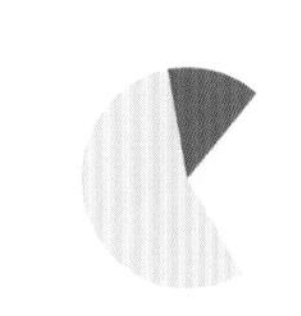

CMYK：4,10,15,0
CMYK：1,3,5,0
CMYK：80,31,71,0

推荐配色方案

CMYK：93,88,89,80　CMYK：87,53,78,16
CMYK：20,30,31,0　CMYK：27,76,100,0

CMYK：31,22,20,0　CMYK：80,31,71,0
CMYK：7,34,94,0　CMYK：73,30,26,2

2.3 色相对比

色相对比是两种以上的色彩搭配时，由于色相差别而获得的一种色彩对比效果，其色彩对比强度取决于色相之间在色环上的角度，角度越小，对比相对越弱。进行设计时，要注意根据两种颜色在色相环内相隔的角度定义是哪种对比类型。定义是比较模糊的，比如相隔15° 角的为同类色对比、30° 角的为邻近色对比，那么20° 角就很难定义，所以概念不应死记硬背，要多理解。其实20° 角的色相对比与30° 角或15° 角的区别都不算大，色彩感受也非常接近。

2.3.1 同类色对比

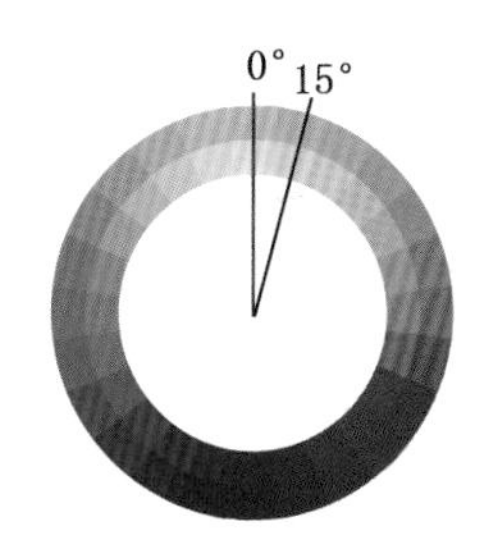

- 同类色对比是指在24色色相环中，在色相环内相隔15° 角左右的两种颜色相对比。
- 同类色对比较弱，给人的感觉是单纯、柔和的，无论总的色相倾向是否鲜明，整体的色彩基调容易统一协调。

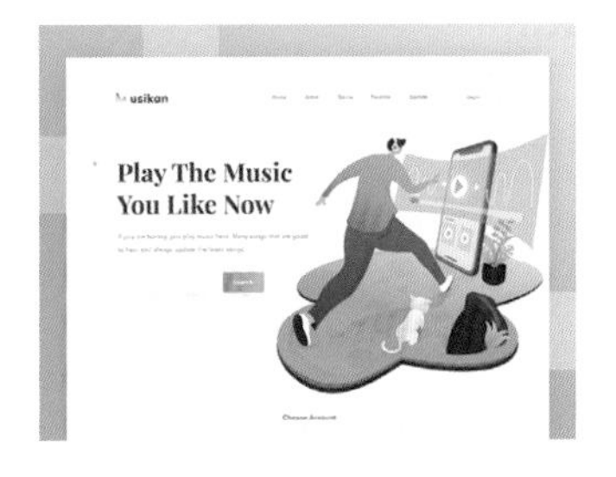

这是一款以插画为背景的网页设计。将正在运动的插画人物作为展示主图，让版面具有很强的节奏韵律感。界面以绿色为主，在不同明纯度的变化中，给人以健康、活力的视觉感受。同类色的运用，让画面尽显统一与和谐。

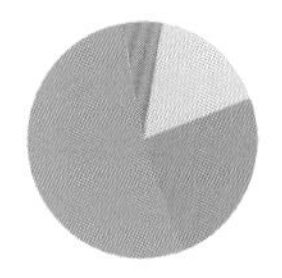

CMYK：68,0,46,0　CMYK：71,0,73,0
CMYK：29,0,37,0　CMYK：0,62,50,0

这是照相APP的UI设计。照相机镜头中的图像以红色为主，在不同明纯度的变换中，尽显建筑的空间立体感。同类色的搭配，虽然少了一些颜色的跳跃感，但能够让人心境平和，舒缓各种压力。

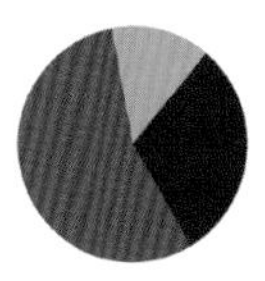

CMYK：20,96,49,0　CMYK：58,100,77,47
CMYK：0,59,27,0

2.3.2 邻近色对比

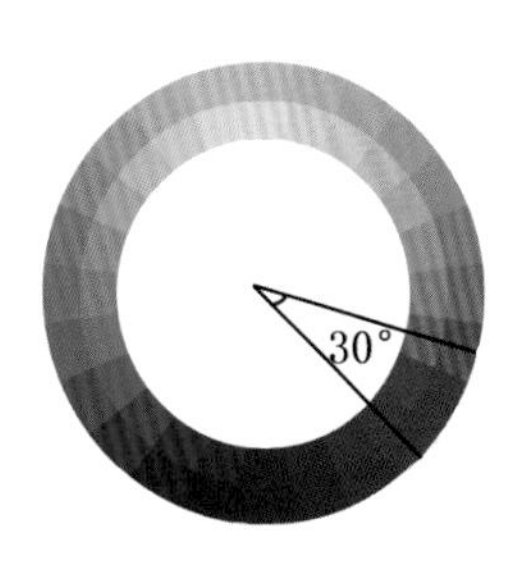

- 邻近色对比是在色相环内相隔30°角左右的两种颜色相对比，且这两种颜色组合搭配在一起，会让整体画面获得协调统一的效果。
- 如红、橙、黄以及蓝、绿、紫都分别在邻近色的范围内。

这是PC端注册和登录界面设计。采用分割型的构图方式，将急速滑滑板的人物图像在左侧呈现，让整个界面极具视觉动感。同时蓝色到紫色渐变色的运用，在邻近色的过渡中给人以炫酷、时尚之感。右侧以骨骼型呈现的文字，对用户注册与登录具有很好的引导作用。

CMYK：77,68,0,0　CMYK：35,77,0,0
CMYK：46,38,31,0

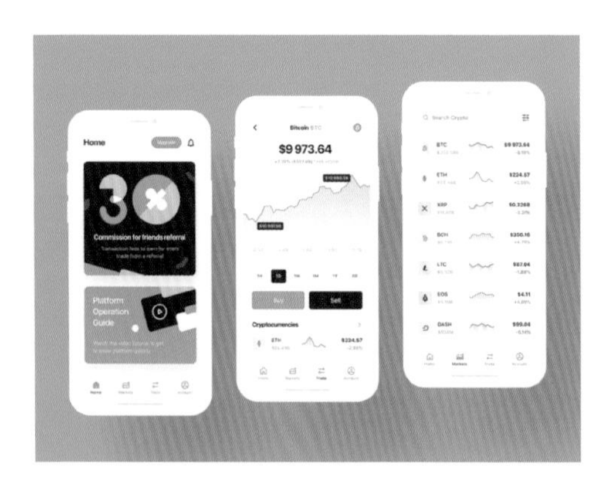

这是一款移动APP的UI设计。采用数据可视化的设计方式，将折线图作为界面展示对象，让用户对各种数据变化有一种直观醒目的感受。界面以白色为背景色，将版面内容进行清楚的凸显。少量绿色与黄绿色的运用，在邻近色的对比中，丰富了版面的色彩感。黑色的运用，很好地稳定了视觉效果。

CMYK：76,4,67,0　CMYK：100,82,69,52
CMYK：22,4,75,0

2.3.3 类似色对比

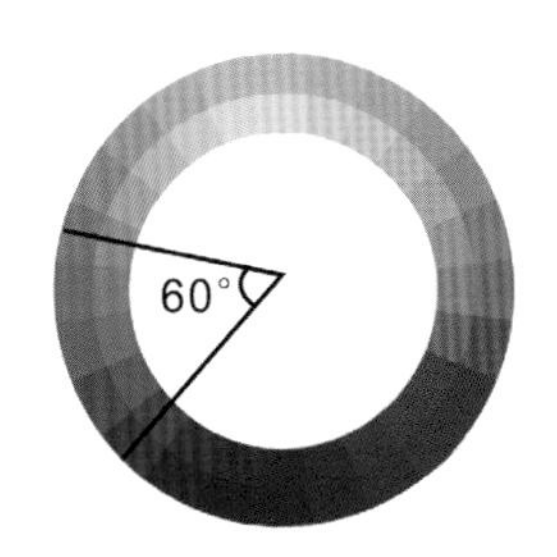

- 在色环中相隔60° 角左右的颜色对比为类似色对比。
- 例如红和橙、黄和绿等均为类似色。
- 类似色由于色相对比不强，给人一种舒适、温馨、和谐但并不单调的感觉。

这是一款以运动为主题的网页界面设计。将正在运动的插画人物图案作为展示主图，直接表明了网页的宣传内容。版面整体以粉色为主，从侧面凸显出网页针对的人群对象。同时少量橙色、黄色等色彩的运用，在类似色的对比中，丰富了整体的色彩质感。

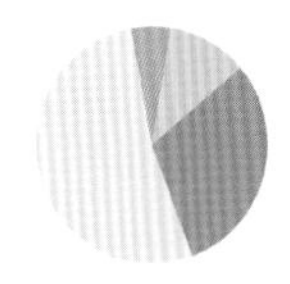

CMYK：0,16,7,0　CMYK：7,62,0,0
CMYK：0,23,78,0　CMYK：58,14,0,0

这是一款移动APP的UI设计。将不同场景的插画人物作为展示主图，在界面顶部呈现，这样可以与用户产生一定的互动，使其具有较强的代入感。版面整体以黑色为主，少量红色、橙色等色彩的运用，在邻近色的对比中打破了纯色背景的枯燥感，同时也让整体的色彩更加丰富。

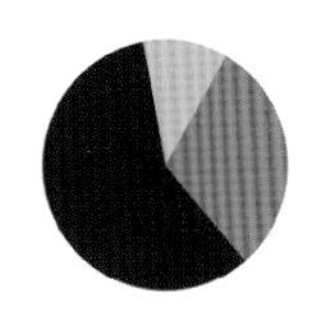

CMYK：97,94,77,72　CMYK：0,82,13,0
CMYK：0,37,97,0

2.3.4 对比色对比

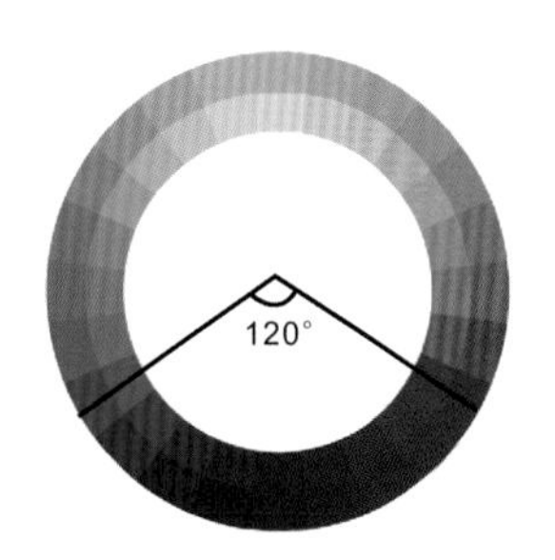

- 当两种或两种以上颜色在色相环中相隔120° 角且小于150° 角的范围时，属于对比色关系。
- 如橙与紫、红与蓝等色组，对比色给人一种强烈、明快、醒目、具有冲击力的感觉，容易引起视觉疲劳和精神亢奋。

这是一款手表网页的UI设计。采用分割型的构图方式，将整个版面划分为不均等的几个部分，让其具有些许的动感气息。产品以水墨蓝为主，凸显出佩戴者的沉稳气质。同时少量红色、黄色等色彩的运用，在对比之中又增添了些许的活跃感。

CMYK：16,4,0,0　CMYK：3,76,42,0
CMYK：100,93,62,33　CMYK：6,0,47,0

这是一款卡片式的UI设计。将卡通插画人物作为界面展示主图，通过不同的穿衣打扮直接表明了天气状况，使用户一目了然。界面以纯度偏低、明度适中的青色和橙色为主，在对比中丰富了整体的色彩感。

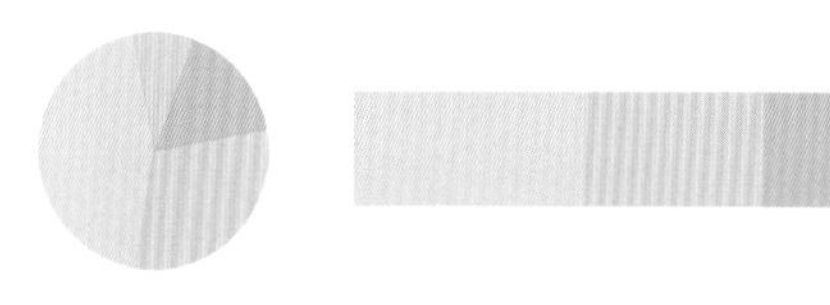

CMYK：22,0,10,0　CMYK：2,19,31,0
CMYK：41,5,4,0　CMYK：9,3,64,0

2.3.5 互补色对比

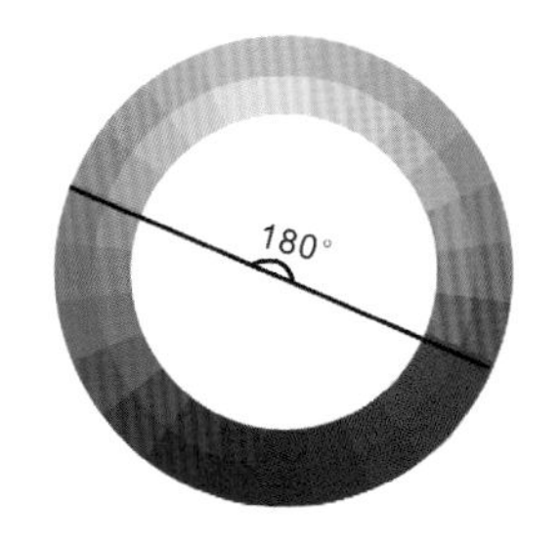

- 在色环中相差180°度左右的两种色彩为互补色。这两种色彩搭配可以获得最强烈的刺激效果，对人的视觉具有最强的吸引力。
- 其效果最强烈、刺激属于最强对比。如红与绿、黄与紫、蓝与橙的对比。

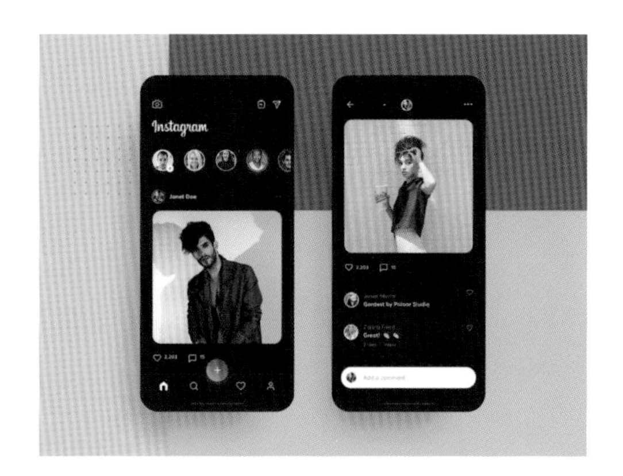

这是一款移动APP的UI设计。运用圆角矩形作为图像呈现载体，具有很强的视觉聚拢感。背景中紫色、黄色的运用，在互补色的对比中，给人留下前卫、时尚的印象，刚好与APP主题相吻合。同时适当黑色的运用，增强了版面的视觉稳定性。

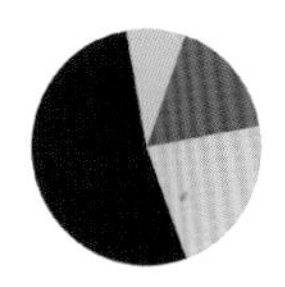

CMYK：98,93,80,74 CMYK：2,23,96,0
CMYK：57,75,0,0 CMYK：53,0,15,0

这是一款以插画为背景的网页UI设计。将闲暇舒适的室内插画图案作为界面展示主图，极具视觉冲击力，让受众有一种身临其境之感。界面中绿色和红色的运用，在互补色的鲜明对比中，为版面增添了些许活跃气息，十分引人注目。

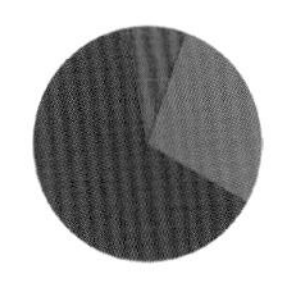

CMYK：70,76,55,16 CMYK：79,34,51,0
CMYK：0,91,83,0

2.4 色彩的距离

色彩的距离可以使人感觉进退、凹凸、远近的不同，一般暖色系和明度高的色彩具有前进、凸出、接近的效果，而冷色系和明度较低的色彩则具有后退、凹进、远离的效果。在平面广告中常利用色彩的这些特点改变空间的大小和高低。

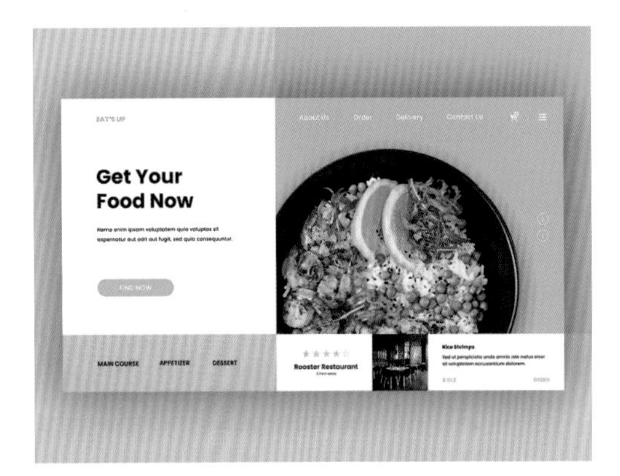

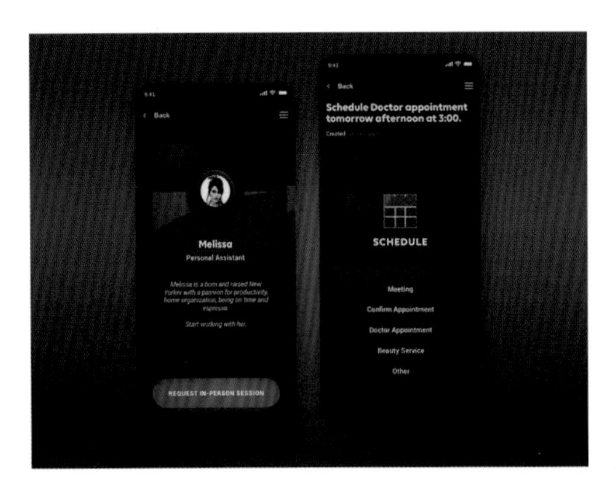

这是一款移动APP的UI设计。将文字以骨骼型进行呈现，一方面为用户阅读提供了便利，另一方面让界面十分整洁统一。版面以黑色为主，大面积的运用给人一种较强的距离感。同时少量紫色的点缀，让这种氛围更加浓厚。

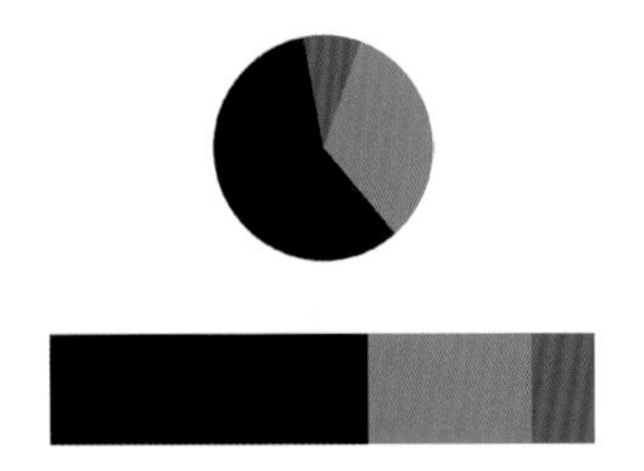

CMYK：93,83,91,77　CMYK：57,48,40,0
CMYK：76,72,0,0

2.5 色彩的面积

色彩的面积是指在同一画面中因颜色所占的面积大小而产生的色相、明度、纯度等画面效果。色彩面积的大小会影响观众的情绪反应，当强弱不同的色彩并置在一起的时候，若想看到较为均衡的画面效果，可以通过调整色彩的面积大小来达到目的。

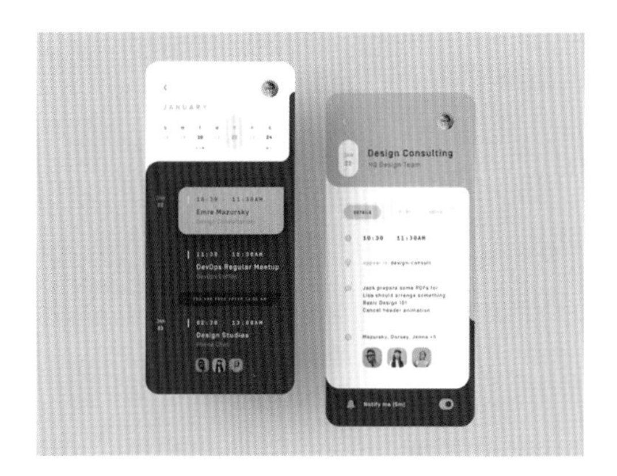

这是一款银行APP的UI设计。运用不同的颜色色块将版面进行划分，打破了纯色背景的枯燥感。界面以白色和青色为主，给人以冷静、理智的感受，刚好与APP性质相吻合。少量黑色、深蓝色的点缀，让这种氛围更加浓厚。

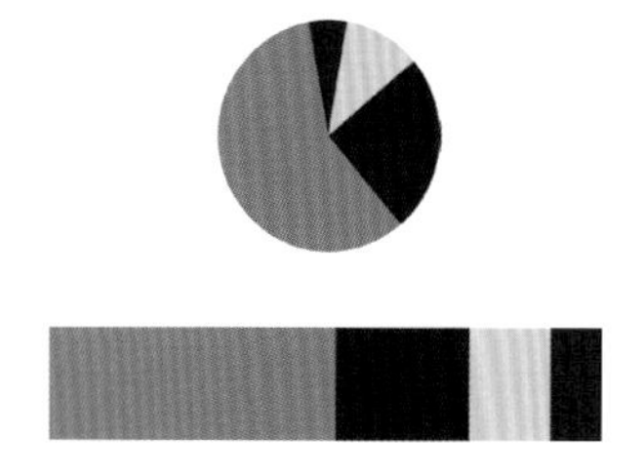

CMYK：69,27,48,0　CMYK：85,81,80,66
CMYK：0,27,18,0　CMYK：100,97,49,4

2.6 色彩的冷暖

色彩的冷暖是相互依存的两个方面，一般而言，暖色光可使物体受光部分色彩变暖，背光部分则相对呈现冷光倾向。冷色光刚好与其相反。例如红、橙、黄通常使人联想到丰收的果实和赤日炎炎的太阳，因此有温暖的感觉，称之为暖色，蓝色、青色常使人联想到蔚蓝的天空和广阔的大海，有冷静、沉着之感，因此称之为冷色。

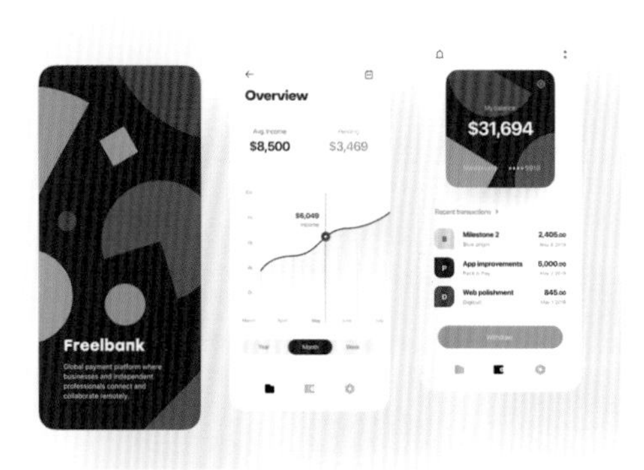

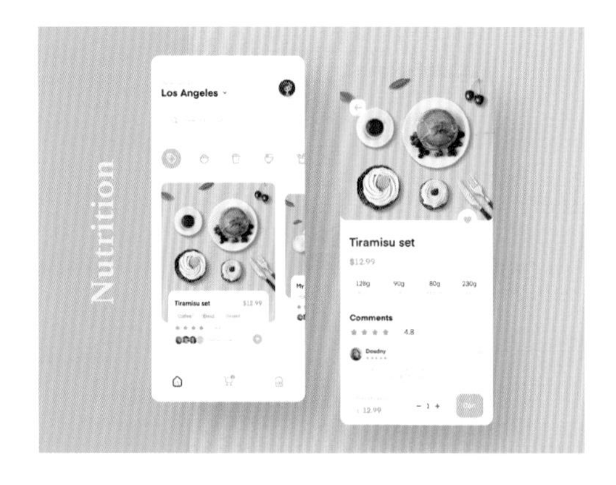

这是一款手机APP的UI设计。将美食图像作为展示主图，直接表明了APP的介绍内容。同时刺激受众味蕾，激发其购买欲望。界面以白色为主，给人以安全、健康的感受。橙色的运用，一方面拉近了与受众的距离，另一方面凸显出产品的美味与诱人。

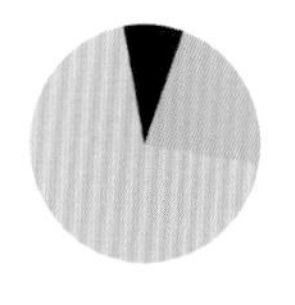

CMYK：4,20,51,0　CMYK：44,2,21,0
CMYK：100,100,60,56

第3章 APP UI设计基础色

APP UI设计的基础色可分为红、橙、黄、绿、青、蓝、紫、黑、白、灰。各种色彩都有其属于自己的特点，给人的感觉也都是不相同的，有的会让人兴奋、有的会让人忧伤、有的会让人感到充满活力，还有的则会让人感到神秘莫测。合理应用和搭配色彩，可以使其与消费者产生心理互动，拉近与消费者的距离。

- 色彩是结合生活、生产，经过提炼、概括出来的。它能与消费者迅速产生共鸣，并且不同的色彩有着不同的启发和暗示。多数情况下可以促进产品的消费与推广，使人们对生活中事物的感受不再单调。
- 色彩的应用丰富了人们的生活，恰当的色彩具有美化和装饰作用，是信息传达方式中最具有吸引力的。
- 不同的色彩可以互相调配，无限可能的颜色调配让APP UI设计的配色更富于变化。对APP UI设计而言，整体色彩的应用应重点考虑色相、明度、纯度之间的调和与搭配。

3.1 红色

3.1.1 认识红色

红色：红色是最引人注目的颜色。提到红色，常让人联想到燃烧的火焰、涌动的血液、诱人的舞会、香甜的草莓等。无论与什么颜色一起搭配，都会显得格外抢眼。因其具有超强的表现力，所以抒发的情感较为强烈。

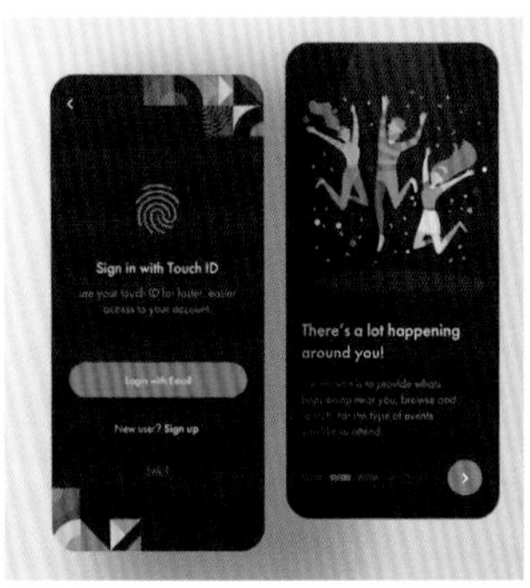

洋红色
RGB=207,0,112
CMYK=24,98,29,0

胭脂红色
RGB=215,0,64
CMYK=19,100,69,0

玫瑰红色
RGB= 30,28,100
CMYK=11,94,40,0

朱红色
RGB=233,71,41
CMYK=9,85,86,0

鲜红色
RGB=216,0,15
CMYK=19,100,100,0

山茶红色
RGB=220,91,111
CMYK=17,77,43,0

浅玫瑰红色
RGB=238,134,154
CMYK=8,60,24,0

火鹤红色
RGB=245,178,178
CMYK=4,41,22,0

鲑红色
RGB=242,155,135
CMYK=5,51,41,0

壳黄红色
RGB=248,198,181
CMYK=3,31,26,0

浅粉红色
RGB=252,229,223
CMYK=1,15,11,0

勃艮第酒红色
RGB=102,25,45
CMYK=56,98,75,37

威尼斯红色
RGB=200,8,21
CMYK=28,100,100,0

宝石红色
RGB=200,8,82
CMYK=28,100,54,0

灰玫红色
RGB=194,115,127
CMYK=30,65,39,0

优品紫红色
RGB=225,152,192
CMYK=14,51,5,0

3.1.2 红色搭配

色彩调性：甜美、内敛、热血、欢快、兴奋、雅致、警示、时尚。

常用主题色：

CMYK：9,64,30,0

CMYK：6,84,48,0

CMYK：2,97,79,0

CMYK：6,39,0,0

CMYK：8,61,57,0

CMYK：40,100,91,5

常用色彩搭配

CMYK：28,100,54,0
CMYK：50,18,16,0

宝石红搭配纯度偏高的青灰色，在颜色的冷暖对比中，可以给人留下稳重、雅致的印象。

CMYK：3,31,26,0
CMYK：12,10,43,0

壳黄红纯度偏低，搭配明度适中的淡黄色，可以给人一种柔和、亲切之感。

CMYK：17,77,43,0
CMYK：80,36,34,0

山茶红独具女性稳重、优雅的特性。搭配深青色，可让整体透露出干练的气息。

CMYK：24,98,29,0
CMYK：4,41,22,0

洋红色搭配火鹤红，在同类色的对比中，可以给人一种统一、和谐的视觉感受。

配色速查

纯真

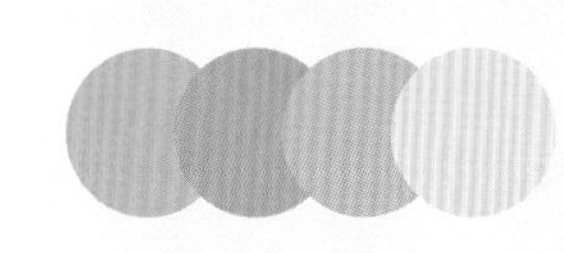

CMYK：2,47,21,0
CMYK：34,37,25,0
CMYK：53,13,11,0
CMYK：2,18,53,0

内敛

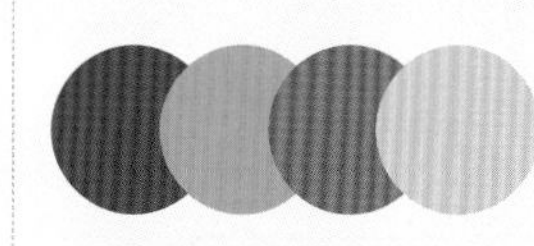

CMYK：78,78,13,0
CMYK：0,59,38,0
CMYK：24,77,0,0
CMYK：8,29,30,0

欢快

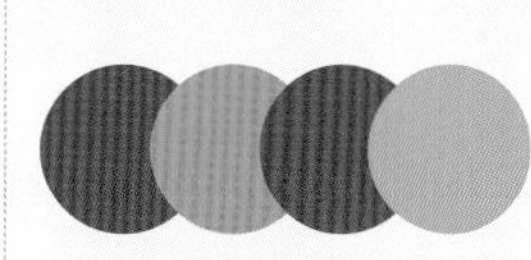

CMYK：35,87,53,0
CMYK：6,57,13,0
CMYK：20,90,67,0
CMYK：6,10,25,0

雅致

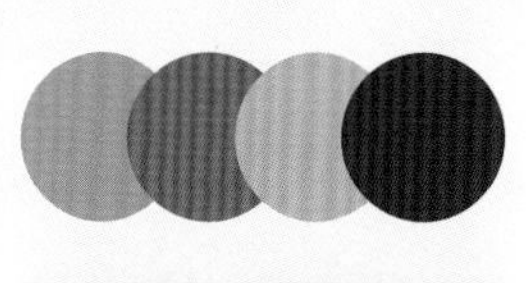

CMYK：12,57,24,0
CMYK：34,76,47,0
CMYK：35,27,17,0
CMYK：86,81,54,22

这是一款APP引导页设计。将造型独特的插画人物作为展示主图，极具视觉冲击力。周围飘动小元素的添加，让引导页具有很强的视觉动感气息。

色彩点评

- 引导页以红色为主，明度和纯度适中，给人留下活跃、积极的视觉印象，十分引人注目。
- 少量黑色的运用，很好地中和了色彩的跳跃感，增强了视觉稳定性。

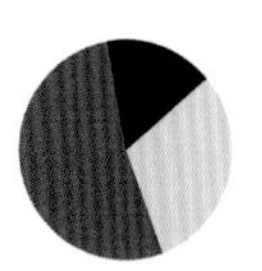

CMYK：1,93,100,0　CMYK：16,16,20,0
CMYK：93,88,89,80

推荐色彩搭配

C：93	C：0	C：4	C：31
M：89	M：95	M：14	M：24
Y：87	Y：61	Y：13	Y：22
K：79	K：0	K：0	K：0

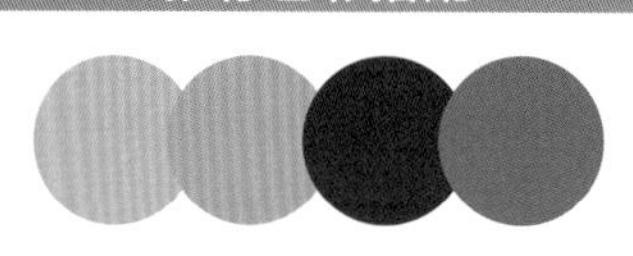

C：3	C：26	C：3	C：79
M：29	M：27	M：100	M：42
Y：95	Y：78	Y：100	Y：0
K：0	K：0	K：0	K：0

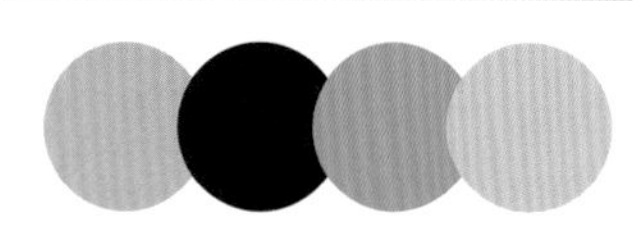

C：4	C：100	C：75	C：26
M：41	M：95	M：1	M：18
Y：11	Y：71	Y：36	Y：18
K：0	K：65	K：0	K：0

这是一款食谱小部件的UI设计。采用分割型的构图方式，将食物在左侧进行呈现，直接表明了宣传内容，同时刺激受众味蕾，激发其进行制作的欲望。

在右侧整齐排列的文字将信息直接传达，而且界面中适当留白的运用，为受众阅读提供了便利。

色彩点评

- 整个UI以浅色为主，将深色的食物醒目地凸显出来。
- 红色的运用，一方面刺激受众味蕾；另一方面增强了界面的活跃度。

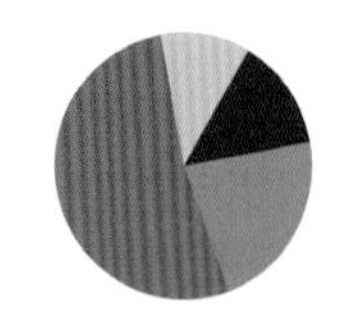

CMYK：4,79,44,0　CMYK：20,55,64,0
CMYK：38,100,100,5　CMYK：20,22,16,0

推荐色彩搭配

C：70	C：16	C：2	C：75
M：44	M：17	M：78	M：66
Y：100	Y：20	Y：34	Y：53
K：4	K：0	K：0	K：9

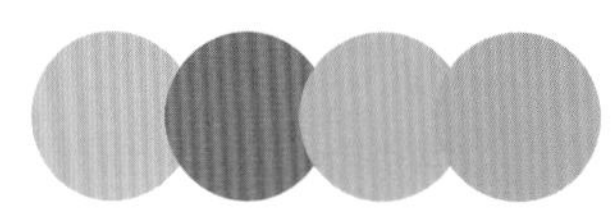

C：0	C：0	C：4	C：21
M：28	M：78	M：41	M：35
Y：65	Y：56	Y：11	Y：33
K：0	K：0	K：0	K：0

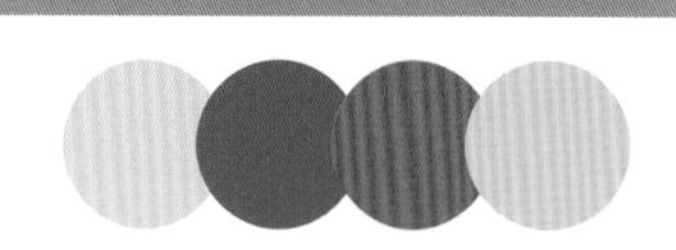

C：18	C：91	C：0	C：0
M：13	M：45	M：82	M：28
Y：14	Y：64	Y：60	Y：17
K：0	K：4	K：0	K：0

3.2 橙色

3.2.1 认识橙色

橙色：橙色兼具红色的热情和黄色的开朗，常能让人联想到丰收的季节、温暖的太阳以及成熟的橙子，是繁荣与骄傲的象征。但它同红色一样不宜过多使用，对神经紧张和易怒的人来讲，因为橙色很容易使他们产生烦躁感，所以并不是一种合适的颜色。

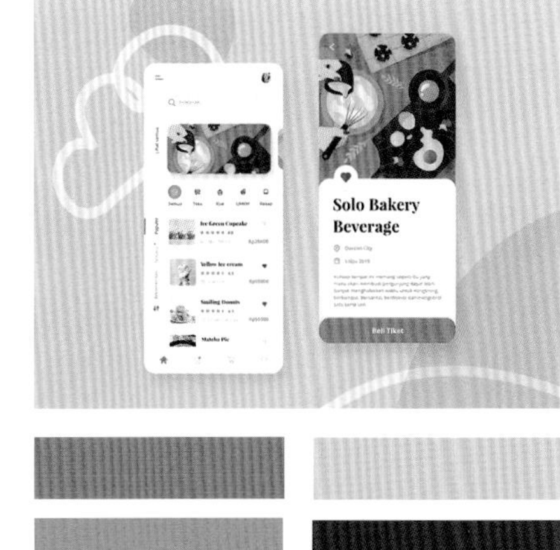

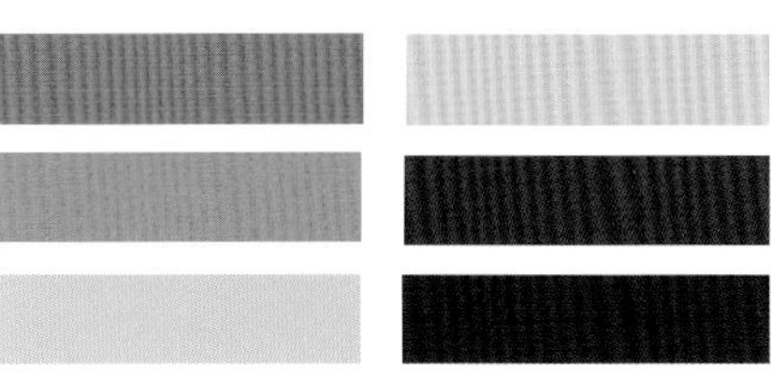

橘色
RGB=235,97,3
CMYK=9,75,98,0

柿子橙色
RGB=237,108,61
CMYK=7,71,75,0

橙色
RGB=235,85,32
CMYK=8,80,90,0

阳橙色
RGB=242,141,0
CMYK=6,56,94,0

橘红色
RGB=238,114,0
CMYK=7,68,97,0

热带橙色
RGB=242,142,56
CMYK=6,56,80,0

橙黄色
RGB=255,165,1
CMYK=0,46,91,0

杏黄色
RGB=229,169,107
CMYK=14,41,60,0

米色
RGB=228,204,169
CMYK=14,23,36,0

驼色
RGB=181,133,84
CMYK=37,53,71,0

琥珀色
RGB=203,106,37
CMYK=26,69,93,0

咖啡色
RGB=106,75,32
CMYK=59,69,98,28

蜂蜜色
RGB= 250,194,112
CMYK=4,31,60,0

沙棕色
RGB=244,164,96
CMYK=5,46,64,0

巧克力色
RGB=85,37,0
CMYK=60,84,100,49

重褐色
RGB=139,69,19
CMYK=49,79,100,18

3.2.2 橙色搭配

色彩调性：活跃、丰收、温暖、古典、辉煌、热情、消沉、郁闷。

常用主题色：

CMYK:6,40,79,0

CMYK:3,61,86,0

CMYK:5,42,57,0

CMYK:40,71,100,3

CMYK:23,50,94,0

CMYK:6,74,92,0

常用色彩搭配

CMYK：5,46,64,0
CMYK：3,49,27,0

沙棕色搭配浅红色，明度较低的色彩，多给人一种柔和、亲肤之感。

CMYK：7,71,75,0
CMYK：41,9,3,0

柿子橙具有较高的明度，搭配纯度适中的灰色，具有很好的中和作用。

CMYK：14,23,36,0
CMYK：54,11,28,0

米色搭配青色，在颜色的冷暖对比中，可以给人留下清新、舒畅的视觉印象。

CMYK：60,84,100,49
CMYK：0,46,91,0

巧克力色搭配橙黄色，在不同明纯度的变化中，让版式具有很强的视觉层次感。

配色速查

丰收

CMYK：3,27,71,0
CMYK：1,42,73,0
CMYK：34,65,100,0
CMYK：82,76,65,38

跳跃

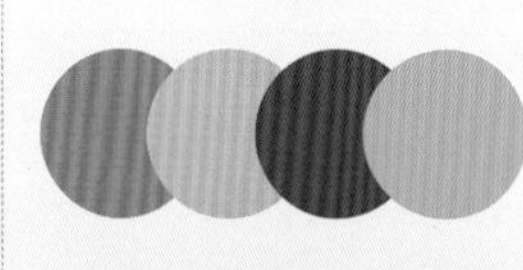

CMYK：0,67,63,0
CMYK：3,35,79,0
CMYK：44,87,4,0
CMYK：57,6,61,0

温暖

CMYK：4,26,50,0
CMYK：5,38,72,0
CMYK：6,51,93,0
CMYK：41,65,100,2

古典

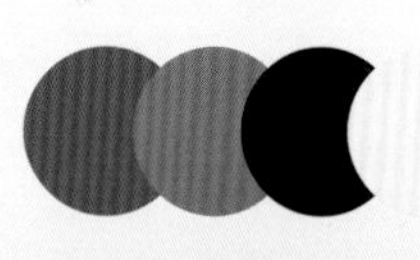

CMYK：51,72,86,15
CMYK：29,63,100,0
CMYK：93,88,89,80
CMYK：9,7,7,0

这是美食餐厅的UI设计。将食物直接作为展示主图，直接表明了餐厅的经营种类。白色边框的添加，让界面极具视觉聚拢感与立体层次感。

色彩点评

- 界面以橙色系的木质纹理桌面为背景，尽显食品的美味与诱人。适当白色的添加，让这种氛围更加浓厚。
- 少量黑色和深红色的点缀，凸显出餐厅具有的格调与特色。

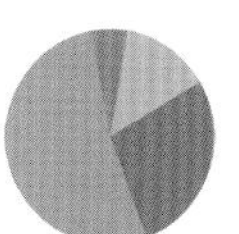

CMYK：13,49,64,0　CMYK：33,64,79,0
CMYK：0,44,47,0　CMYK：63,33,78,0

推荐色彩搭配

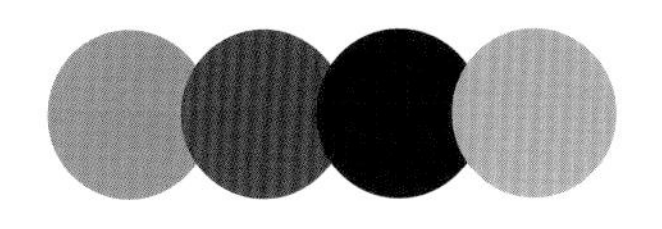

C：35 M：51 Y：62 K：0　C：44 M：93 Y：87 K：12　C：93 M：88 Y：89 K：80　C：7 M：44 Y：60 K：0

C：13 M：42 Y：80 K：0　C：73 M：15 Y：91 K：0　C：67 M：5 Y：33 K：1　C：55 M：50 Y：0 K：0

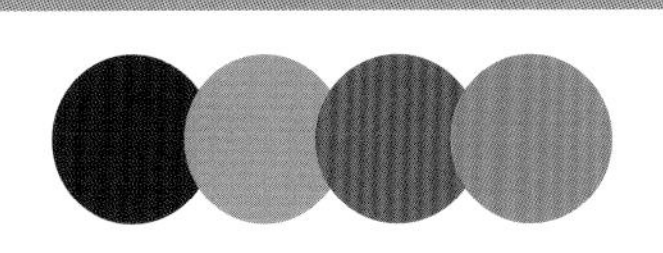

C：89 M：86 Y：91 K：77　C：3 M：58 Y：95 K：0　C：22 M：84 Y：100 K：0　C：67 M：31 Y：41 K：0

这是一款旅游APP的UI设计。采用满版型的构图方式，将旅游景点作为展示主图，给受众直观醒目的视觉印象。白色虚线线路的添加，让旅游路线一目了然。

文字介绍区域采用骨骼型的构图方式，将风景图像和文字整齐排列，尽显界面的简洁与统一。

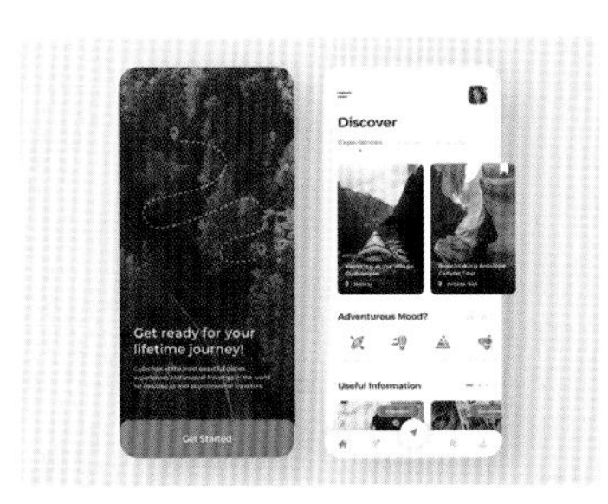

色彩点评

- 界面以橙色系的风景本色为主，在不同明纯度的变化中，给人很强的层次立体感。
- 白色的运用，提高了界面的亮度，为信息传达提供了便利。

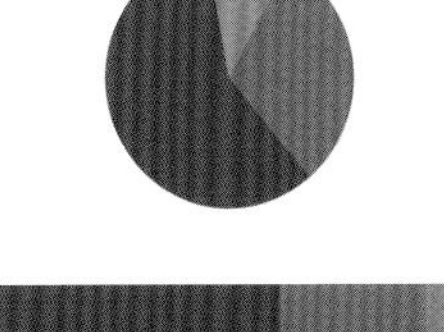

CMYK：49,83,94,20　CMYK：36,65,100,1
CMYK：0,67,96,0

推荐色彩搭配

C：0 M：79 Y：81 K：0　C：0 M：64 Y：82 K：0　C：82 M：53 Y：53 K：3　C：17 M：13 Y：9 K：0

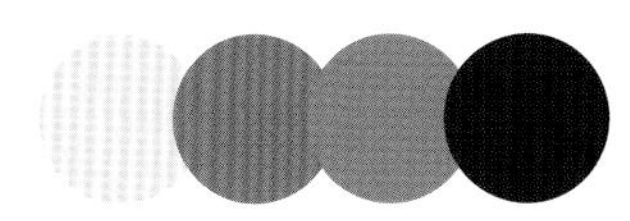

C：2 M：11 Y：9 K：0　C：11 M：70 Y：71 K：0　C：18 M：58 Y：100 K：0　C：91 M：89 Y：88 K：79

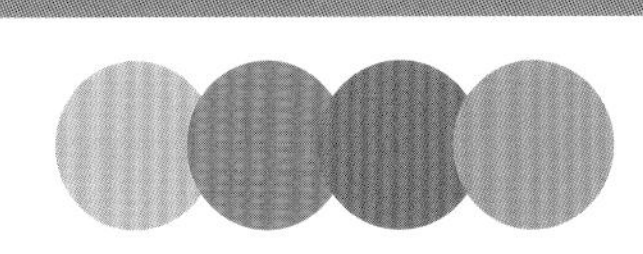

C：29 M：24 Y：22 K：0　C：0 M：64 Y：82 K：0　C：16 M：67 Y：60 K：0　C：58 M：17 Y：24 K：0

3.3 黄色

3.3.1 认识黄色

黄色：黄色是所有颜色中光感最强、最活跃的颜色，拥有宽广的象征领域。明亮的黄色会让人联想到太阳、光明、权力和黄金，但它时常也会使人产生负面情绪，是烦恼、苦恼的催化剂，会给人留下嫉妒、猜疑、吝啬等印象。

黄色
RGB=255,255,0
CMYK=10,0,83,0

铬黄色
RGB=253,208,0
CMYK=6,23,89,0

金色
RGB=255,215,0
CMYK=5,19,88,0

香蕉黄色
RGB=255,235,85
CMYK=6,8,72,0

鲜黄色
RGB=255,234,0
CMYK=7,7,87,0

月光黄色
RGB=155,244,99
CMYK=7,2,68,0

柠檬黄色
RGB=240,255,0
CMYK=17,0,84,0

万寿菊黄色
RGB=247,171,0
CMYK=5,42,92,0

香槟黄色
RGB=255,248,177
CMYK=4,3,40,0

奶黄色
RGB=255,234,180
CMYK=2,11,35,0

土著黄色
RGB=186,168,52
CMYK=36,33,89,0

黄褐色
RGB=196,143,0
CMYK=31,48,100,0

卡其黄色
RGB=176,136,39
CMYK=40,50,96,0

含羞草黄色
RGB=237,212,67
CMYK=14,18,79,0

芥末黄色
RGB=214,197,96
CMYK=23,22,70,0

灰菊色
RGB=227,220,161
CMYK=16,12,44,0

3.3.2 黄色搭配

色彩调性： 鲜活、稳重、柔软、活力、阳光、警示、庸俗、廉价、吵闹。

常用主题色：

CMYK:5,19,88,0　CMYK:6,8,72,0　CMYK:5,42,92,0　CMYK:2,11,35,0　CMYK:31,48,100,0　CMYK:23,22,70,0

常用色彩搭配

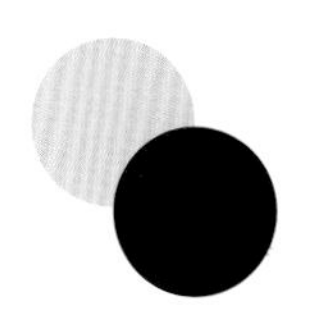

CMYK：7,7,87,0
CMYK：93,88,89,80

鲜黄搭配无彩色的黑色，给人活力满满的印象，同时又具有很强的稳定性。

CMYK：31,48,100,0
CMYK：14,18,79,0

黄褐色搭配含羞草黄，在同类色的对比中，给人一种统一和谐的视觉印象。

CMYK：4,3,40,0
CMYK：42,7,11,0

具有较高明度的香槟黄搭配青色，在对比之中具有柔软、亲肤的色彩特征。

CMYK：7,2,68,0
CMYK：45,0,51,0

月光黄搭配纯度较高的淡青色，在冷暖色调对比中营造了浓浓的田园氛围。

配色速查

稳重

CMYK：3,30,90,0
CMYK：49,36,34,0
CMYK：93,88,89,80
CMYK：83,38,72,1

柔软

CMYK：7,1,61,0
CMYK：4,31,89,0
CMYK：23,22,28,0
CMYK：0,37,35,0

协调

CMYK：6,25,82,0
CMYK：9,60,76,0
CMYK：1,31,44,0
CMYK：45,78,100,0

积极

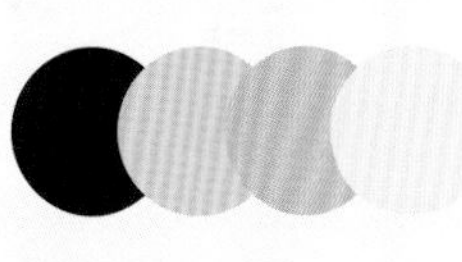

CMYK：85,80,79,66
CMYK：4,24,83,0
CMYK：26,23,23,0
CMYK：7,3,86,0

这是一款计算器的UI设计。采用分割型的构图方式，将设计作品划分为不均等的两部分，给人一种活跃、积极的视觉感受。

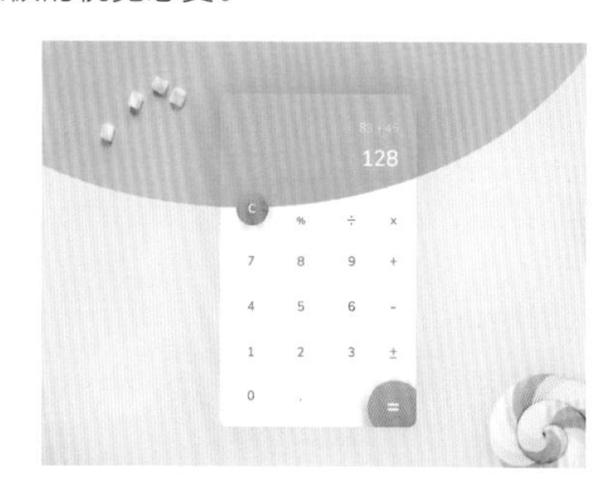

色彩点评

- 明度较高的黄色，具有醒目、鲜活的色彩特征。与少量红色相搭配，打破了计算机固有的枯燥感。
- 少量紫色的点缀，在鲜明的颜色对比中，增强了界面的稳定性。

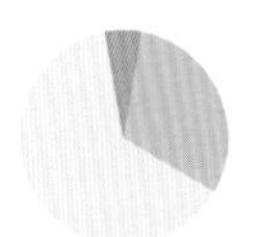

CMYK：3,0,55,0　　CMYK：0,38,18,0

CMYK：40,41,0,0

推荐色彩搭配

C：3	C：46	C：38	C：40
M：0	M：0	M：19	M：41
Y：55	Y：20	Y：10	Y：0
K：0	K：0	K：0	K：0

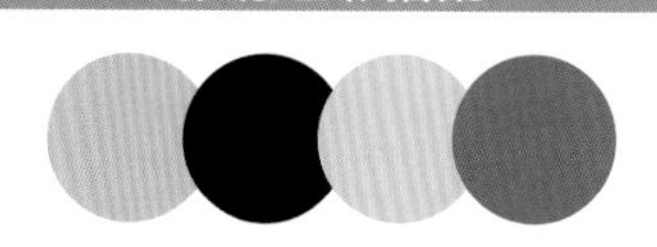

C：30	C：93	C：11	C：73
M：21	M：89	M：9	M：45
Y：19	Y：87	Y：96	Y：100
K：0	K：79	K：0	K：5

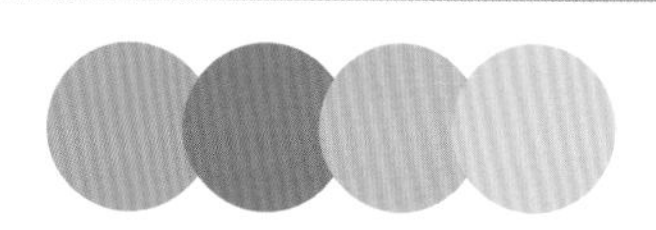

C：49	C：24	C：0	C：0
M：14	M：61	M：35	M：18
Y：88	Y：73	Y：64	Y：91
K：0	K：0	K：0	K：0

这是一款天气和气温的APP UI设计。将简笔插画作为展示主图，以简洁直观的方式将关于天气的各种数据进行呈现，十分醒目。

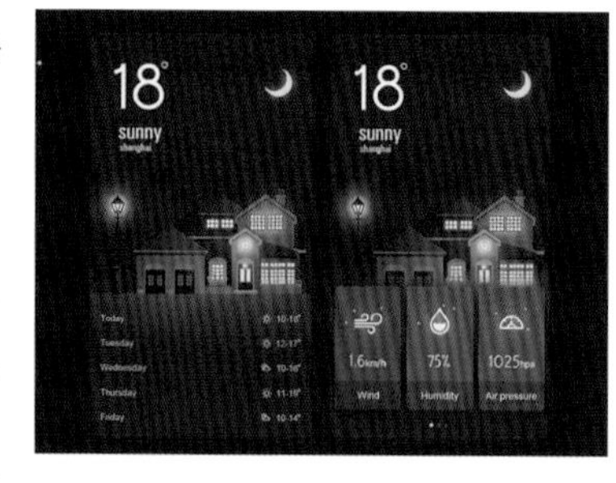

界面上下两端的文字，在主次分明之间将信息直接传达，同时也让细节效果更加丰富。

色彩点评

- 界面以纯度较高的深红色为主，与主题调性十分吻合。在不同明纯度的变化中，增强了整体的层次感和立体感。
- 少量黄色灯光的点缀，营造了家的温馨与柔和。

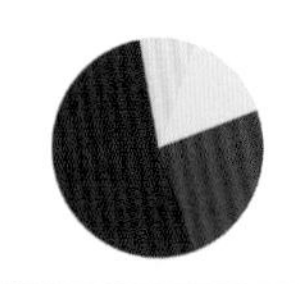

CMYK：73,100,53,22

CMYK：37,95,100,4

CMYK：9,0,90,0

CMYK：7,9,48,0

推荐色彩搭配

C：8	C：3	C：16	C：97
M：29	M：11	M：7	M：99
Y：97	Y：64	Y：7	Y：73
K：0	K：0	K：0	K：66

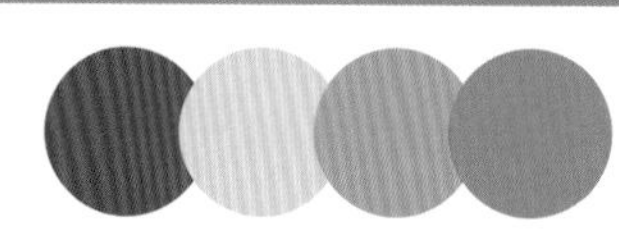

C：41	C：5	C：46	C：18
M：86	M：15	M：22	M：58
Y：39	Y：49	Y：73	Y：65
K：0	K：0	K：0	K：0

C：4	C：12	C：22	C：64
M：24	M：46	M：16	M：45
Y：90	Y：100	Y：17	Y：62
K：0	K：0	K：0	K：0

3.4 绿色

3.4.1 认识绿色

绿色：绿色是一种稳定的中性颜色，也是人们在自然界中看到的最多的色彩。提到绿色，可让人联想到酸涩的梅子、新生的小草、高贵的翡翠、碧绿的枝叶等。同时绿色也象征着健康，使人对健康的人生与生命的活力充满无限希望，给人留下一种安定、舒适、生生不息的印象。

黄绿色
RGB=216,230,0
CMYK=25,0,90,0

苹果绿色
RGB=158,189,25
CMYK=47,14,98,0

墨绿色
RGB=0,64,0
CMYK=90,61,100,44

叶绿色
RGB=135,162,86
CMYK=55,28,78,0

草绿色
RGB=170,196,104
CMYK=42,13,70,0

苔藓绿色
RGB=136,134,55
CMYK=46,45,93,1

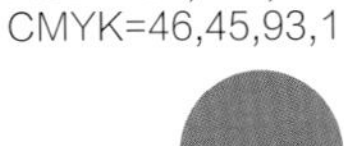

芥末绿色
RGB=183,186,107
CMYK=36,22,66,0

橄榄绿色
RGB=98,90,5
CMYK=66,60,100,22

枯叶绿色
RGB=174,186,127
CMYK=39,21,57,0

碧绿色
RGB=21,174,105
CMYK=75,8,75,0

绿松石绿色
RGB=66,171,145
CMYK=71,15,52,0

青瓷绿色
RGB=123,185,155
CMYK=56,13,47,0

孔雀石绿色
RGB=0,142,87
CMYK=82,29,82,0

铬绿色
RGB=0,101,80
CMYK=89,51,77,13

孔雀绿色
RGB=0,128,119
CMYK=85,40,58,1

钴绿色
RGB=106,189,120
CMYK=62,6,66,0

3.4.2 绿色搭配

色彩调性：生机、天然、和平、安全、简约、希望、沉闷、陈旧、健康。

常用主题色：

CMYK:47,14,98,0

CMYK:62,6,66,0

CMYK:82,29,82,0

CMYK:90,61,100,44

CMYK:37,0,82,0

CMYK:46,45,93,1

常用色彩搭配

CMYK：56,13,47,0
CMYK：89,51,77,13

青瓷绿搭配铬绿，在同类色的对比中，可使人产生一种统一和谐的视觉印象。

CMYK：46,45,93,1
CMYK：6,51,93,0

苔藓绿的明度较低，具有些许的沉闷感。搭配亮橙色，则可获得很好的中和效果。

CMYK：47,14,98,0
CMYK：7,3,86,0

苹果绿搭配鲜黄，较为活泼，散发着青春的气息，可提升整个设计作品的视觉吸引力。

CMYK：56,13,47,0
CMYK：9,50,0,0

青瓷绿搭配浅粉色，明度和纯度较为适中。在互补色的对比中，给人一种柔和之感。

配色速查

生机

CMYK：75,18,78,0
CMYK：59,18,55,0
CMYK：85,63,94,44
CMYK：42,29,35,0

简约

CMYK：66,24,45,0
CMYK：3,25,18,0
CMYK：79,74,72,47
CMYK：13,9,8,0

成熟

CMYK：89,55,59,8
CMYK：56,39,66,0
CMYK：96,79,69,49
CMYK：16,12,12,0

放心

CMYK：68,0,81,0
CMYK：84,36,78,1
CMYK：23,18,17,0
CMYK：82,77,75,55

这是一款国外美食APP的UI设计。将各种美食以圆角矩形作为呈现载体，具有很强的视觉聚拢感。在整齐有序的排列中，将信息直接传达，使受众一目了然。

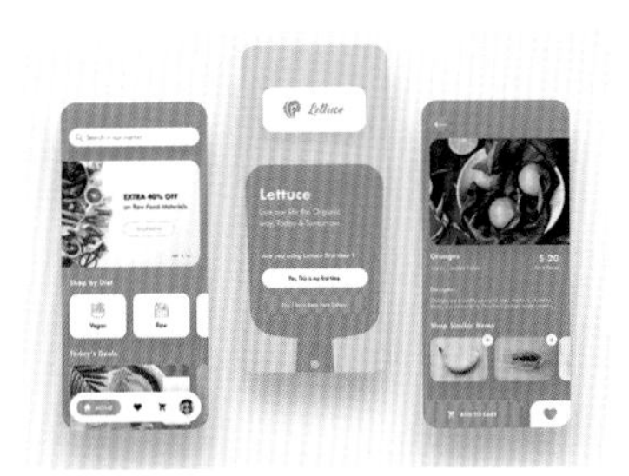

色彩点评

- 界面以纯度偏高的绿色为主色调，尽显产品的新鲜与健康。
- 橙色的运用，在与绿色的鲜明对比中，可以刺激受众味蕾，激发其购买欲望。

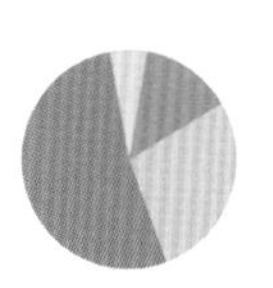

CMYK：60,27,72,0　CMYK：0,26,69,0
CMYK：0,62,71,0　CMYK：0,13,82,0

推荐色彩搭配

C：93	C：40	C：0	C：12
M：47	M：0	M：16	M：8
Y：100	Y：86	Y：72	Y：16
K：10	K：0	K：0	K：0

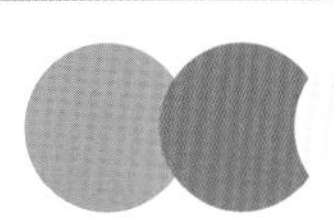

C：0	C：65	C：0	C：98
M：52	M：33	M：5	M：58
Y：96	Y：90	Y：16	Y：73
K：0	K：0	K：0	K：23

C：0	C：64	C：77	C：26
M：24	M：22	M：50	M：27
Y：67	Y：100	Y：100	Y：78
K：0	K：0	K：13	K：0

这是一个花店APP的移动引导页设计。将简笔画的人物以及花朵作为展示主图，直接表明了店铺的经营性质。简单的设计，让整体的细节感更加饱满。

界面中以骨骼型呈现的文字，给人统一有序的印象。周围适当留白的运用，让花店的格调得到淋漓尽致的凸显。

色彩点评

- 界面以明度较低的绿色为主，虽然少了一些活力与生机，但更独具雅致与个性。
- 少量红色的点缀，在与绿色的互补色对比中，营造了温馨、舒适的氛围。

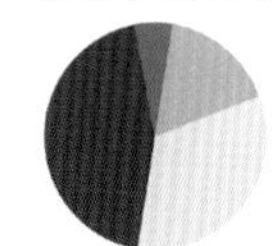

CMYK：89,75,57,24　CMYK：18,7,14,0
CMYK：9,44,35,0　CMYK：79,49,48,0

推荐色彩搭配

C：5	C：0	C：89	C：76
M：21	M：44	M：57	M：24
Y：21	Y：31	Y：64	Y：22
K：0	K：6	K：15	K：0

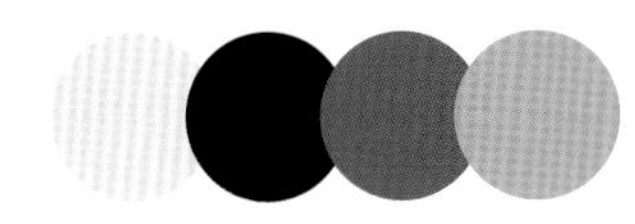

C：5	C：93	C：80	C：2
M：13	M：89	M：47	M：40
Y：13	Y：87	Y：100	Y：13
K：0	K：79	K：10	K：0

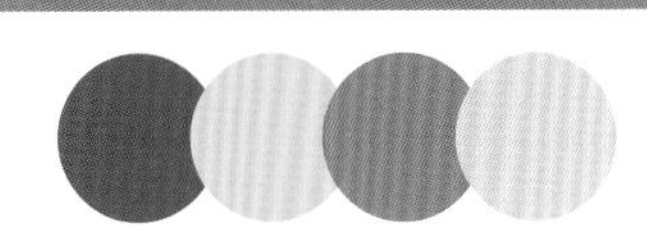

C：89	C：0	C：78	C：19
M：45	M：12	M：12	M：15
Y：83	Y：91	Y：44	Y：14
K：6	K：0	K：0	K：0

3.5 青色

3.5.1 认识青色

青色： 青色通常能给人一种冷静、沉稳的感觉，因此常被使用在强调效率和科技的APP UI设计中。色调的变化能使青色表现出不同的效果，当它和同类色或邻近色进行搭配时，会给人朝气十足、精力充沛的印象，和灰调颜色进行搭配时则会呈现出古典、清幽之感。

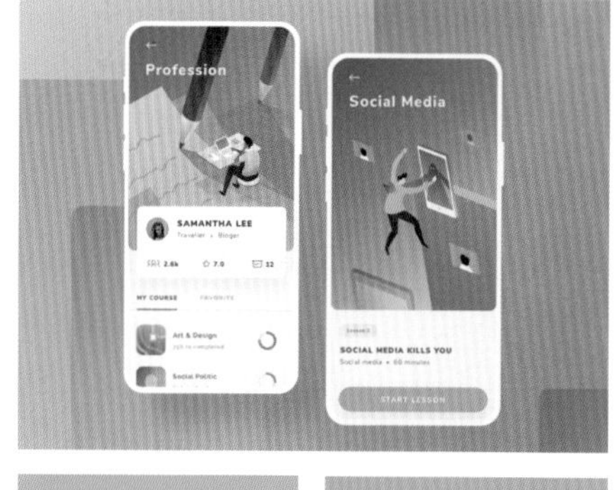

青色
RGB=0,255,255
CMYK=55,0,18,0

群青色
RGB=0,61,153
CMYK=99,84,10,0

瓷青色
RGB=175,224,224
CMYK=37,1,17,0

水青色
RGB=88,195,224
CMYK=62,7,15,0

铁青色
RGB=82,64,105
CMYK=89,83,44,8

石青色
RGB=0,121,186
CMYK=84,48,11,0

淡青色
RGB=225,255,255
CMYK=14,0,5,0

藏青色
RGB=0,25,84
CMYK=100,100,59,22

深青色
RGB=0,78,120
CMYK=96,74,40,3

青绿色
RGB=0,255,192
CMYK=58,0,44,0

白青色
RGB=228,244,245
CMYK=14,1,6,0

清漾青色
RGB=55,105,86
CMYK=81,52,72,10

天青色
RGB=135,196,237
CMYK=50,13,3,0

青蓝色
RGB=40,131,176
CMYK=80,42,22,0

青灰色
RGB=116,149,166
CMYK=61,36,30,0

浅葱色
RGB=210,239,232
CMYK=22,0,13,0

3.5.2 青色搭配

色彩调性：欢快、淡雅、安静、沉稳、广阔、科技、严肃、阴险、消极、沉静、深沉、冰冷。

常用主题色：

CMYK:55,0,18,0

CMYK:50,13,3,0

CMYK:37,1,17,0

CMYK:84,48,11,0

CMYK:62,7,15,0

CMYK:96,74,40,3

常用色彩搭配

CMYK：84,48,11,0
CMYK：58,0,53,0

青蓝色搭配绿松石绿，常令人联想到清透的湖水，给人一种清凉、安静之感。

CMYK：37,1,17,0
CMYK：20,12,13,0

瓷青色的纯度较低，具有清新、通透的色彩特征。搭配浅灰色，可让这种氛围更加浓厚。

CMYK：89,83,44,8
CMYK：0,0,100,0

铁青色搭配明亮的黄色，在一明一暗的鲜明对比中，具有很强的视觉冲击力。

CMYK：81,52,72,10
CMYK：6,55,73,0

清漾青搭配橙色，在颜色的冷暖对比中，可给人留下一种稳重却不失时尚的印象。

配色速查

清新

CMYK：21,0,8,0
CMYK：57,8,27,0
CMYK：25,33,34,0
CMYK：19,17,8,0

清爽

CMYK：52,5,27,0
CMYK：73,7,39,0
CMYK：78,21,48,0
CMYK：87,47,61,3

古朴

CMYK：71,30,35,0
CMYK：60,21,34,0
CMYK：74,79,46,8
CMYK：60,34,58,0

休闲

CMYK：73,7,38,0
CMYK：8,21,49,0
CMYK：85,50,52,2
CMYK：89,91,68,58

这是一款APP引导页的UI设计。运用简笔插画将引导页要呈现的内容进行简单明了的解释，使受众一目了然，具有很强的创意感与趣味性。

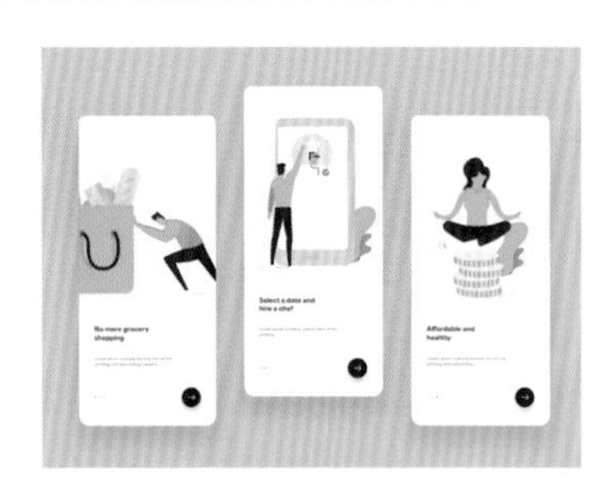

色彩点评

- 引导页界面以浅灰色为背景色，将界面内容进行清楚的凸显。
- 明度和纯度适中的青色，给人一种舒畅、简约的感受。少量黑色的点缀，增强了整体的视觉稳定性。

CMYK：4,3,3,0　CMYK：58,0,27,0
CMYK：22,16,5,0

推荐色彩搭配

C：100	C：67	C：25	C：0
M：89	M：12	M：18	M：44
Y：64	Y：40	Y：12	Y：13
K：45	K：0	K：0	K：0

C：100	C：67	C：11	C：7
M：96	M：0	M：76	M：35
Y：61	Y：18	Y：40	Y：90
K：30	K：0	K：0	K：0

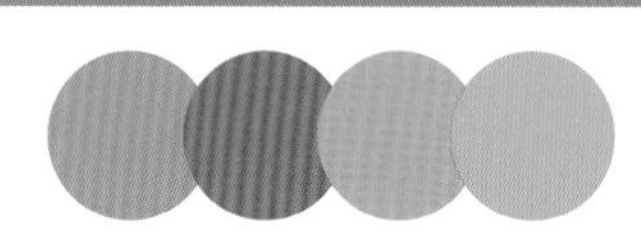

C：73	C：16	C：0	C：58
M：4	M：71	M：50	M：0
Y：29	Y：0	Y：84	Y：71
K：0	K：0	K：0	K：0

这是一款美食餐厅的UI设计。将美食以及各种食材作为展示主图，而且大小有序的摆放方式，增强了界面的视觉动感。

界面以深青色为主，较高的纯度尽显餐厅优雅、精致的格调。食材本色的运用，在对比中给人一种健康、安全的视觉印象，同时也增强了界面的色彩质感。

色彩点评

- 界面以深青色为主色调，较高的纯度尽显餐厅优雅、精致的格调。
- 食材本色的运用，在对比中给人健康、安全的视觉印象，同时也增强了界面的色彩质感。

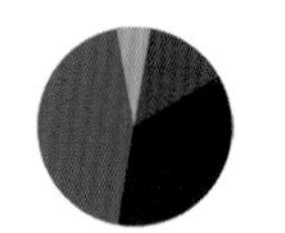

CMYK：85,60,54,8　CMYK：93,88,89,80
CMYK：22,100,100,0 CMYK：50,18,81,0

推荐色彩搭配

C：86	C：63	C：58	C：44
M：63	M：22	M：44	M：89
Y：56	Y：31	Y：44	Y：100
K：13	K：0	K：0	K：11

C：27	C：82	C：44	C：7
M：16	M：55	M：79	M：21
Y：15	Y：60	Y：100	Y：35
K：0	K：7	K：9	K：0

C：0	C：26	C：78	C：85
M：12	M：15	M：12	M：58
Y：91	Y：13	Y：44	Y：0
K：0	K：0	K：0	K：0

3.6 蓝色

3.6.1 认识蓝色

蓝色：自然界中蓝色比较常见，很容易使人想到蔚蓝的大海、晴朗的天空，是自由祥和的象征。蓝色的注目性和识别性都不是很高，能给人一种高远、深邃之感。它作为一种冷色调，具有镇静安神、缓解紧张情绪的作用。

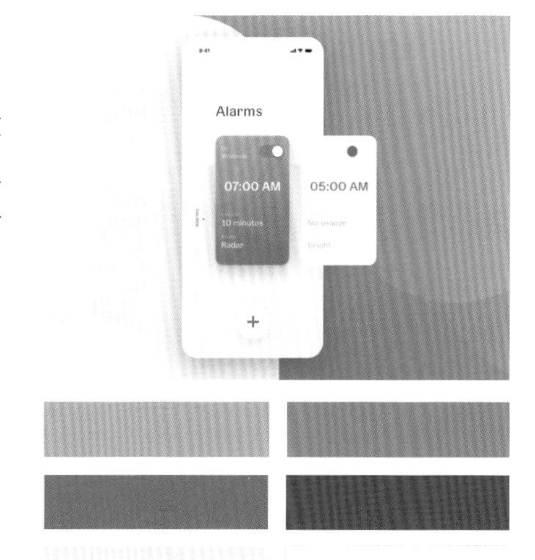

蓝色
RGB=0,0,255
CMYK=92,75,0,0

矢车菊蓝色
RGB=100,149,237
CMYK=64,38,0,0

午夜蓝色
RGB=0,51,102
CMYK=100,91,47,9

爱丽丝蓝色
RGB=240,248,255
CMYK=8,2,0,0

天蓝色
RGB=0,127,255
CMYK=80,50,0,0

深蓝色
RGB=1,1,114
CMYK=100,100,54,6

皇室蓝色
RGB=65,105,225
CMYK=79,60,0,0

水晶蓝色
RGB=185,220,237
CMYK=32,6,7,0

蔚蓝色
RGB=4,70,166
CMYK=96,78,1,0

道奇蓝色
RGB=30,144,255
CMYK=75,40,0,0

浓蓝色
RGB=0,90,120
CMYK=92,65,44,4

孔雀蓝色
RGB=0,123,167
CMYK=84,46,25,0

普鲁士蓝色
RGB=0,49,83
CMYK=100,88,54,23

宝石蓝色
RGB=31,57,153
CMYK=96,87,6,0

蓝黑色
RGB=0,14,42
CMYK=100,99,66,57

水墨蓝色
RGB=73,90,128
CMYK=80,68,37,1

3.6.2 蓝色搭配

色彩调性：沉静、大方、理智、雅致、科技、沉闷、死板、压抑。

常用主题色：

CMYK:92,75,0,0

CMYK:80,50,0,0

CMYK:96,87,6,0

CMYK:84,46,25,0

CMYK:32,6,7,0

CMYK:80,68,37,1

常用色彩搭配

CMYK：76,60,0,0
CMYK：7,2,70,0

皇室蓝搭配明度较高的黄色，可在鲜明的颜色对比中，给人留下醒目、活跃的视觉印象。

CMYK：84,46,25,0
CMYK：11,45,82,0

孔雀蓝搭配橙黄，可给人一种理性的感觉，整体配色舒适、和谐，严谨但不失透气性。

CMYK：64,38,0,0
CMYK：21,58,13,0

矢车菊蓝搭配纯度偏高的暗红色，整个配色冷静、理智，同时又不失时尚与雅致。

CMYK：100,100,54,6
CMYK：32,6,7,0

深蓝色搭配水晶蓝，在不同明纯度的对比中，可给人一种较强的层次感和立体感。

配色速查

大方

CMYK：90,80,38,3
CMYK：12,45,38,0
CMYK：16,12,12,0
CMYK：9,15,79,0

雅致

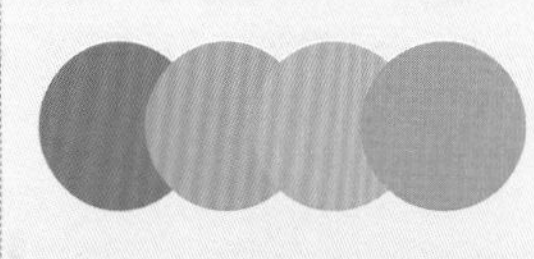

CMYK：68,37,0,0
CMYK：56,17,0,0
CMYK：29,23,22,0
CMYK：5,51,27,0

沉稳

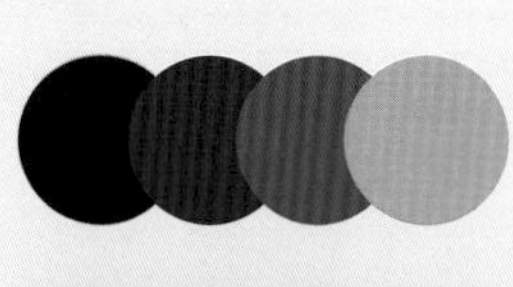

CMYK：100,100,57,28
CMYK：100,88,29,0
CMYK：90,67,0,0
CMYK：0,51,90,0

前卫

CMYK：89,76,0,0
CMYK：9,75,99,0
CMYK：81,96,0,0
CMYK：7,3,86,0

这是一款APP引导页的UI设计。将引导页内容以插画的形式进行呈现，获得了直观醒目的视觉效果。底部主次分明的文字，具有解释说明与丰富细节效果的双重作用。

色彩点评

- 界面以白色为背景色，让各种内容清楚地凸显出来，同时给人留下冷静、理智的印象。
- 不同明纯度蓝色的运用，尽显浓厚的学习氛围。少量橙色的点缀，为界面增添了活跃感。

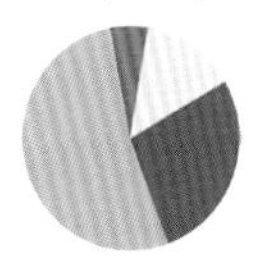

CMYK：42,17,0,0　CMYK：82,59,0,0
CMYK：1,9,24,0　CMYK：0,78,96,0

推荐色彩搭配

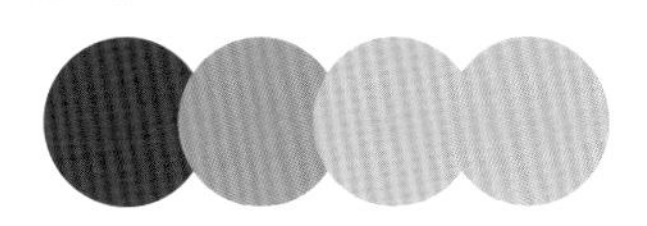

C：98	C：57	C：1	C：27
M：79	M：27	M：26	M：21
Y：16	Y：0	Y：97	Y：18
K：0	K：0	K：0	K：0

C：0	C：76	C：91	C：75
M：71	M：21	M：69	M：27
Y：40	Y：6	Y：0	Y：95
K：0	K：0	K：0	K：0

C：73	C：84	C：44	C：44
M：7	M：65	M：49	M：65
Y：0	Y：0	Y：61	Y：0
K：0	K：0	K：0	K：0

这是一款音乐APP UI的概念设计。将乐器以简笔插画的形式进行呈现，一方面直接表明了APP的主要内容；另一方面具有很强的创意感与趣味性。

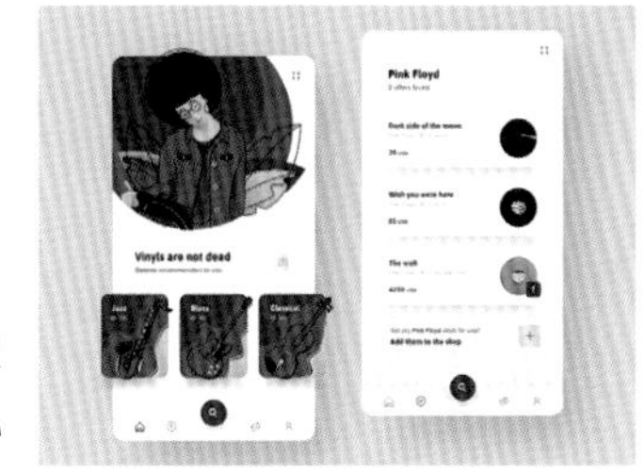

以骨骼型呈现的文字，将信息直接传达。同时也让界面秩序井然，使受众一目了然。

色彩点评

- 界面以蓝色为主色调，较高的明度营造出一种活跃、浪漫的视觉氛围，与主题格调十分吻合。
- 少量淡红色的点缀，在渐变过渡中中和了蓝色的跳跃感。

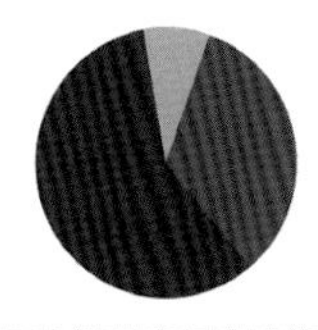

CMYK：92,88,0,0　CMYK：80,75,0,0
CMYK：1,51,28,0

推荐色彩搭配

C：2	C：29	C：98	C：0
M：26	M：24	M：93	M：26
Y：36	Y：15	Y：0	Y：95
K：0	K：0	K：0	K：0

C：92	C：0	C：33	C：84
M：87	M：70	M：38	M：65
Y：90	Y：82	Y：53	Y：0
K：79	K：0	K：0	K：0

C：61	C：91	C：0	C：19
M：0	M：69	M：12	M：19
Y：21	Y：0	Y：93	Y：18
K：0	K：0	K：0	K：0

3.7.1 认识紫色

紫色：在所有颜色中，紫色波长最短。明亮的紫色可以使人产生一种妩媚优雅的感觉，可以使多数女性充满雅致、神秘、优美的情调。紫色是大自然中少有的色彩，但在APP UI设计中经常被使用，会给受众留下高贵、奢华、浪漫的印象。

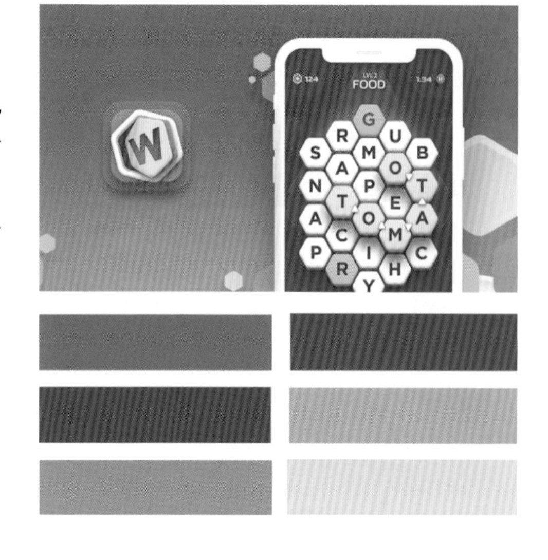

紫色
RGB=102,0,255
CMYK=81,79,0,0

淡紫色
RGB=227,209,254
CMYK=15,22,0,0

靛青色
RGB=75,0,130
CMYK=88,100,31,0

紫藤色
RGB=141,74,187
CMYK=61,78,0,0

木槿紫色
RGB=124,80,157
CMYK=63,77,8,0

藕荷色
RGB=216,191,206
CMYK=18,29,13,0

丁香紫色
RGB=187,161,203
CMYK=32,41,4,0

水晶紫色
RGB=126,73,133
CMYK=62,81,25,0

矿紫色
RGB=172,135,164
CMYK=40,52,22,0

三色堇紫色
RGB=139,0,98
CMYK=59,100,42,2

锦葵紫色
RGB=211,105,164
CMYK=22,71,8,0

淡紫丁香色
RGB=237,224,230
CMYK=8,15,6,0

浅灰紫色
RGB=157,137,157
CMYK=46,49,28,0

江户紫色
RGB=111,89,156
CMYK=68,71,14,0

蝴蝶花紫色
RGB=166,1,116
CMYK=46,100,26,0

蔷薇紫色
RGB=214,153,186
CMYK=20,49,10,0

3.7.2 紫色搭配

色彩调性：时尚、高贵、优雅、理智、敏感、内向、冰冷、严厉。

常用主题色：

CMYK:88,100,31,0

CMYK:62,81,25,0

CMYK:46,100,26,0

CMYK:40,52,22,0

CMYK:68,71,14,0

CMYK:22,71,8,0

常用色彩搭配

CMYK：61,78,0,0
CMYK：15,22,0,0

紫藤搭配淡紫色，在同类色的对比中，既具有视觉层次感，同时又不乏精致与高雅。

CMYK：62,81,25,0
CMYK：65,20,29,0

水晶紫纯度偏高，具有些许的忧郁。搭配亮度偏高的蓝色，具有很好的中和作用。

CMYK：22,71,8,0
CMYK：0,100,100,30

锦葵紫搭配青绿色，在颜色的鲜明对比中，可给人留下满满生机与活力的印象。

CMYK：46,100,26,0
CMYK：9,13,5,0

蝴蝶花紫明度偏低，可尽显女性的端庄与优雅。搭配亮黄色，可增添些许活跃感。

配色速查

时尚

CMYK：83,97,17,0
CMYK：67,76,0,0
CMYK：5,90,22,0
CMYK：3,32,90,0

活跃

CMYK：71,74,0,0
CMYK：59,36,0,0
CMYK：7,8,80,0
CMYK：43,0,93,0

理智

CMYK：7,28,51,0
CMYK：68,66,0,0
CMYK：70,31,49,0
CMYK：26,21,16,0

高贵

CMYK：29,51,4,0
CMYK：41,74,8,0
CMYK：56,100,13,0
CMYK：73,100,46,7

这是一款国外美食APP UI设计。将食品直接作为展示主图，可以最大限度地刺激受众味蕾，激发其购买欲望。主次分明的文字，将信息清楚地传递出来。

色彩点评

- 界面以黑色为背景色，给人以高端、稳重的视觉感受。少量紫色的点缀，让这种氛围更加浓厚。
- 白色的运用，提高了整体的亮度。同时食材的本色，可给人留下健康、新鲜的印象。

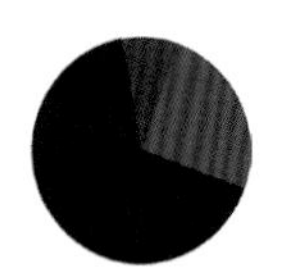

CMYK：93,89,88,80　CMYK：60,86,16,0
CMYK：70,100,38,2

推荐色彩搭配

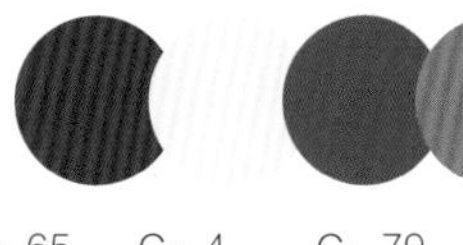
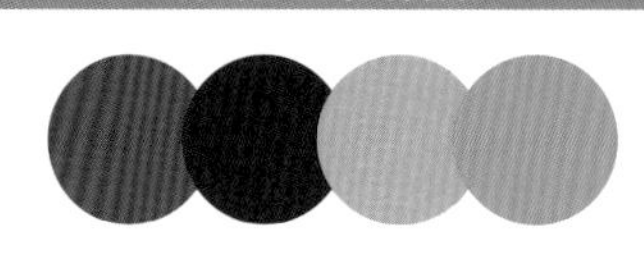
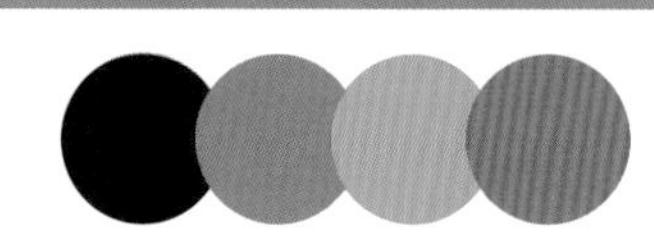

C：65	C：4	C：79	C：9	C：68	C：87	C：2	C：75	C：100	C：39	C：64	C：7
M：89	M：6	M：53	M：65	M：77	M：100	M：37	M：2	M：91	M：55	M：0	M：68
Y：31	Y：4	Y：100	Y：50	Y：0	Y：18	Y：100	Y：19	Y：73	Y：0	Y：47	Y：58
K：0	K：0	K：18	K：0	K：0	K：0	K：0	K：0	K：66	K：0	K：0	K：0

这是一款计算器的UI设计。采用分割型的构图方式，将设计作品划分为不均等的两部分，给人一种活跃、积极的视觉感受。

以骨骼型排列的数字，让整个界面秩序井然。周围适当留白的运用，为受众阅读提供了便利。

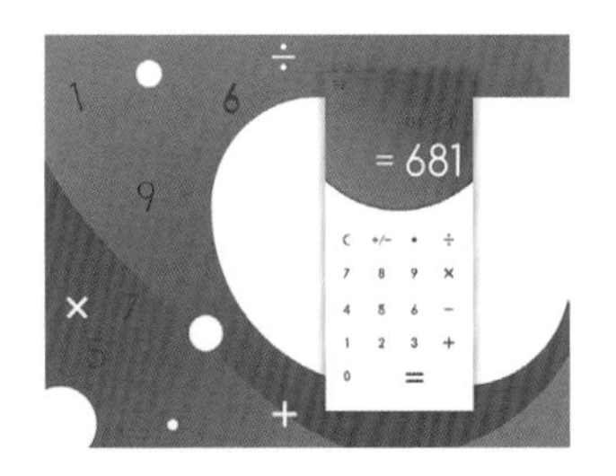

色彩点评

- 紫色渐变色运用，让界面具有很好的视觉过渡感，同时打破了纯色的枯燥与乏味。
- 白色的运用，一方面给人留下简洁、大方的印象；另一方面提高了整体的亮度。

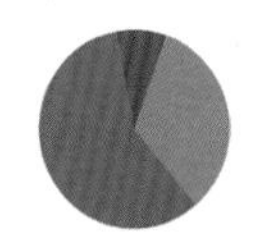

CMYK：74,57,0,0　CMYK：51,51,0,0
CMYK：82,67,0,0

推荐色彩搭配

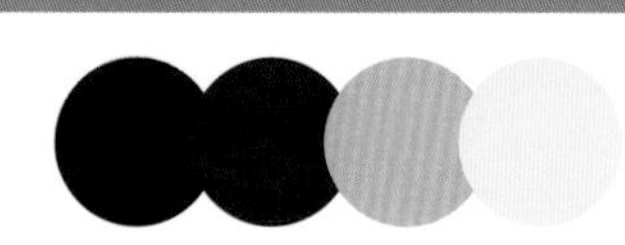

C：0	C：62	C：83	C：25	C：84	C：87	C：0	C：68	C：93	C：76	C：1	C：3
M：45	M：76	M：42	M：22	M：100	M：44	M：63	M：14	M：100	M：100	M：27	M：0
Y：63	Y：0	Y：16	Y：22	Y：28	Y：9	Y：53	Y：64	Y：60	Y：1	Y：97	Y：60
K：0	K：0	K：0	K：0	K：0	K：0	K：0	K：0	K：48	K：0	K：0	K：0

3.8 黑、白、灰

3.8.1 认识黑、白、灰

黑色：黑色是神秘又暗藏力量的色彩，往往用来表现庄严、肃穆与深沉的情感，常被人们称为“极色”。

白色：白色通常能让人联想到白雪、白鸽，能使空间增加宽敞感，白色是纯净、正义、神圣的象征，对易动怒的人可起调节作用。

灰色：灰色可以最大限度地满足人眼对色彩明度的舒适要求。它的注目性很低，与其他颜色搭配可获得很好的视觉效果，通常灰色会使人产生一种阴天、轻松、随意、驯服的感觉。

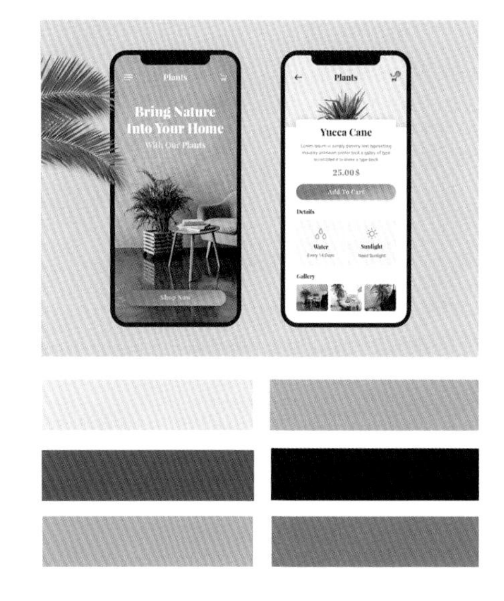

白色	月光白色	雪白色	象牙白色
RGB=255,255,255	RGB=253,253,239	RGB=233,241,246	RGB=255,251,240
CMYK=0,0,0,0	CMYK=2,1,9,0	CMYK=11,4,3,0	CMYK=1,3,8,0

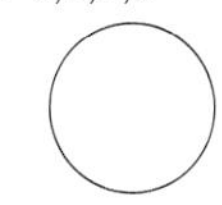

10%亮灰色	50%灰色	80%炭灰色	黑色
RGB=230,230,230	RGB=102,102,102	RGB=51,51,51	RGB=0,0,0
CMYK=12,9,9,0	CMYK=67,59,56,6	CMYK=79,74,71,45	CMYK=93,88,89,88

3.8.2 黑、白、灰搭配

色彩调性：简约、雅致、极简、品质、平凡、和平、沉闷、悲伤。

常用主题色：

CMYK:0,0,0,0　CMYK:2,1,9,0　CMYK:12,9,9,0　CMYK:67,59,56,6　CMYK:79,74,71,45　CMYK:93,88,89,88

常用色彩搭配

CMYK：3,82,23,0
CMYK：7,62,52,0

黑色搭配深红色，犹如一杯红葡萄酒，高贵而不失性感，可给人留下一种魅惑的视觉印象。

CMYK：67,59,56,6
CMYK：0,0,100,0

50%灰搭配亮黄色，可使整体在活跃动感之中，又具有稳重成熟的色彩特征。

CMYK：25,58,0,0
CMYK：79,96,74,67

10%亮灰搭配水墨蓝，在颜色的一深一浅对比中，多给人留下一种严谨、稳重的印象。

CMYK：11,66,4,0
CMYK：52,99,40,1

白色搭配浅杏黄，可在视觉上给人一种舒适、纯净的感受，让人身心放松。

配色速查

简约

CMYK：88,86,63,45
CMYK：15,12,11,0
CMYK：22,26,52,0
CMYK：0,87,44,0

雅致

CMYK：20,15,16,0
CMYK：54,42,39,0
CMYK：84,79,79,64
CMYK：70,33,82,0

极简

CMYK：75,69,66,29
CMYK：25,19,22,0
CMYK：45,38,38,0
CMYK：1,13,33,0

品质

CMYK：73,63,64,18
CMYK：81,36,31,0
CMYK：0,86,77,0
CMYK：93,88,89,80

这是一款移动应用的UI设计。将产品作为展示主图，直接表明了要宣传的主体对象。圆角矩形载体的添加，为整体赋予了很强的层次立体感。

色彩点评

- 界面以灰色为主色调，在不同明纯度的变化中，尽显产品的高端与时尚。
- 少量青色的点缀，打破了灰色的枯燥感。白色的文字将信息直接凸显出来，同时又提高了界面的亮度。

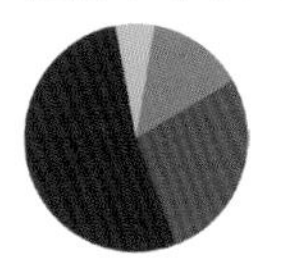

CMYK：91,85,9,55 CMYK：77,67,57,15
CMYK：61,50,44,0 CMYK：55,0,67,0

推荐色彩搭配

C：93	C：62	C：87	C：45
M：88	M：0	M：43	M：36
Y：89	Y：69	Y：21	Y：35
K：80	K：0	K：0	K：0

C：81	C：64	C：71	C：5
M：73	M：53	M：0	M：25
Y：64	Y：46	Y：32	Y：98
K：33	K：0	K：0	K：0

C：50	C：8	C：44	C：84
M：38	M：6	M：64	M：40
Y：36	Y：5	Y：100	Y：100
K：0	K：0	K：4	K：4

这是一款美食餐厅的UI设计。将各种食品在矩形载体四周呈现，在看似凌乱的摆放中，尽显产品的美味与精致。超出矩形的部分，具有很强的视觉延展性。

在界面中间部位呈现的文字，十分引人注目。适当留白的运用，让整体更具有呼吸顺畅之感。

色彩点评

- 界面以黑色为主色调，无彩色的运用，尽显餐厅格调的优雅，同时彰显就餐者身份的尊贵。
- 食物本色的运用，一方面丰富了界面的色彩质感，另一方面又凸显出食品的安全性。

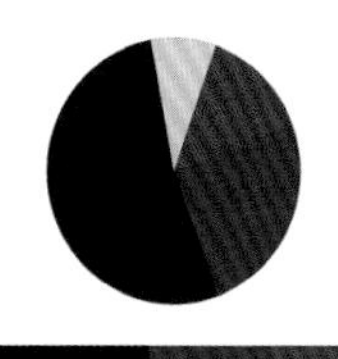

CMYK：98,89,85,78 CMYK：100,93,53,22
CMYK：47,93,100,23 CMYK：4,24,53,0

推荐色彩搭配

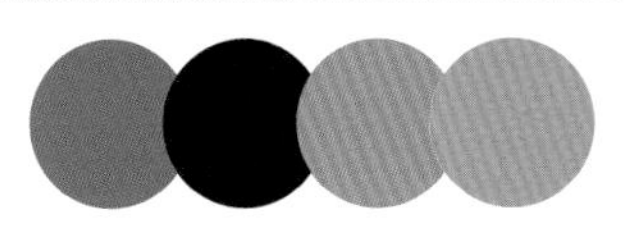

C：73	C：93	C：72	C：0
M：56	M：88	M：5	M：61
Y：45	Y：89	Y：47	Y：65
K：0	K：80	K：0	K：0

C：13	C：51	C：31	C：92
M：30	M：100	M：23	M：87
Y：61	Y：100	Y：25	Y：90
K：0	K：36	K：0	K：79

C：36	C：33	C：48	C：62
M：27	M：58	M：36	M：42
Y：27	Y：53	Y：96	Y：39
K：0	K：0	K：0	K：0

第4章

APP UI中的元素构成

一个APP UI，一般由多种元素构成，其中包括标志、图案、字体、导航栏、搜索栏、主视图、图标、工具栏、标签栏、按钮等。虽然不同的界面具有不同的设计要求与构成要素，但整体来说还是大同小异的。

- 标志，是所有构成元素中最重要的。因为标志不仅可以让用户对品牌产生直观的视觉印象，同时对品牌宣传也有非常重要的推动作用。
- 导航栏，对用户进行不同界面之间的切换具有积极的引导作用。
- 主视图，是界面主体对象的展示部分。相对于文字来说，图像具有更加直观的视觉冲击力与吸引力。

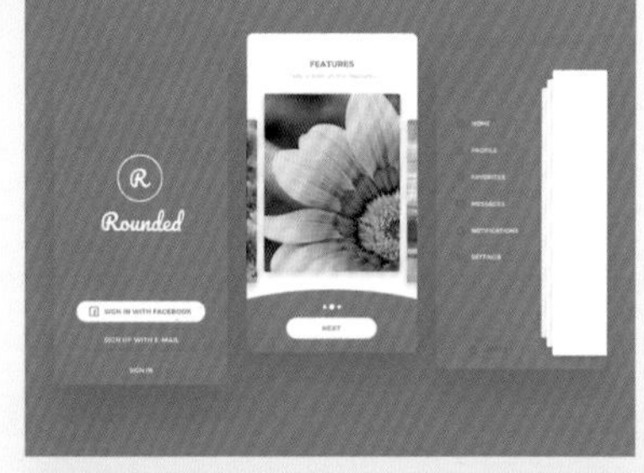

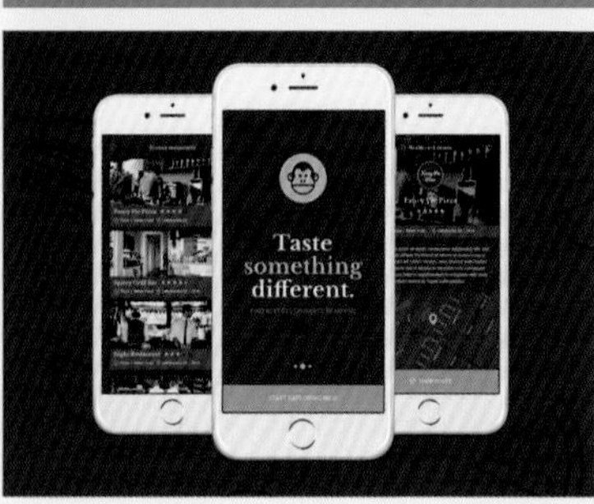

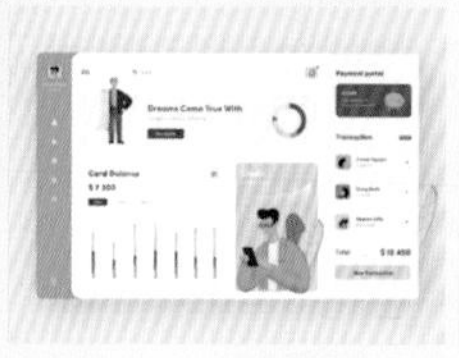

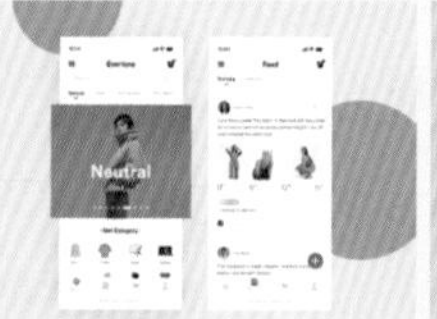

4.1 标志

色彩调性：醇厚、沉稳、素雅、冲击、独特、个性、温柔、枯燥。

常用主题色：

CMYK:22,89,82,0

CMYK:6,29,28,0

CMYK:69,54,70,9

CMYK:15,8,9,0

CMYK:20,97,39,0

CMYK:7,31,78,0

常用色彩搭配

CMYK：6,53,56,0
CMYK：66,34,32,0

橙色搭配青色，以适中的明度和纯度给人一种放松、平静的感受，深受人们喜爱。

CMYK：30,22,2,0
CMYK：12,23,62,0

纯度偏低的淡紫色搭配黄色，具有温柔、平和的色彩特征。

CMYK：32,75,71,0
CMYK：86,84,67,51

深红色多给人一种神秘、优雅的感受，搭配黑色让这种氛围更加浓厚。

CMYK：58,14,89,0
CMYK：90,76,7,0

绿色是一种极具生机与活力的色彩，搭配纯度偏高的蓝色，则具有些许的稳定性。

配色速查

醇厚

CMYK：95,92,57,36
CMYK：71,38,40,0
CMYK：11,8,35,0
CMYK：47,27,94,0

沉稳

CMYK：50,10,12,0
CMYK：38,90,78,3
CMYK：80,67,49,7
CMYK：3,19,25,0

素雅

CMYK：63,24,37,0
CMYK：48,24,9,0
CMYK：53,43,41,0
CMYK：15,10,11,0

冲击

CMYK：9,79,96,0
CMYK：41,0,94,0
CMYK：73,28,0,0
CMYK：93,88,89,80

这是一款电商购物车的UI设计。将产品作为界面展示主图，让用户可以直观地感受到产品的细节效果。主次分明的文字，让信息直接传达出来。在顶部呈现的标志，直接促进了品牌的宣传与推广。

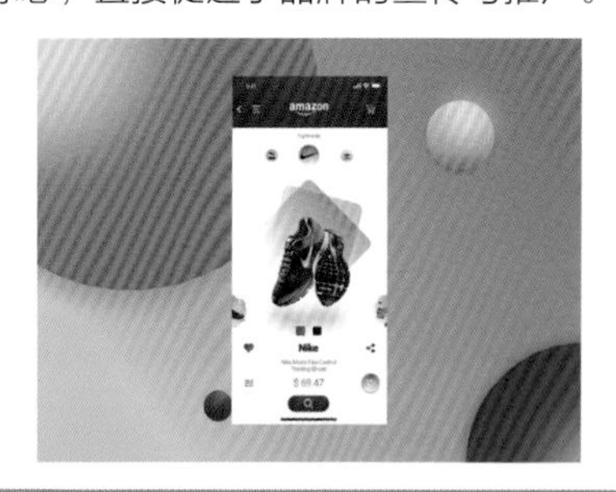

色彩点评

- 界面以白色为背景色，具有很好的视觉呈现效果，为用户阅读提供了便利。
- 产品本色的运用，将产品直观地呈现，同时又丰富了版面的色彩感。

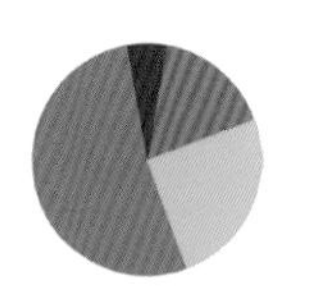

CMYK：48,60,0,0　　CMYK：56,0,4,0
CMYK：0,79,0,0　　CMYK：91,80,55,23

推荐色彩搭配

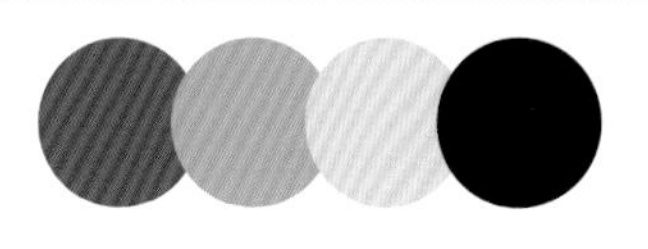

C：53	C：51	C：3	C：93	C：77	C：30	C：29	C：24	C：4	C：87	C：5	C：58
M：80	M：13	M：10	M：89	M：55	M：81	M：42	M：13	M：84	M：84	M：24	M：9
Y：18	Y：20	Y：53	Y：87	Y：0	Y：53	Y：0	Y：0	Y：0	Y：0	Y：95	Y：95
K：0	K：0	K：0	K：78	K：0	K：0	K：0	K：0	K：0	K：0	K：0	K：0

这是一款Email APP的UI设计。将标志在首页中间部位呈现，给用户留下了深刻印象。界面中大面积留白的运用，给人一种简洁、大方的感受。

以骨骼型呈现的内容，将信息直接传达，同时也让界面十分整齐统一。

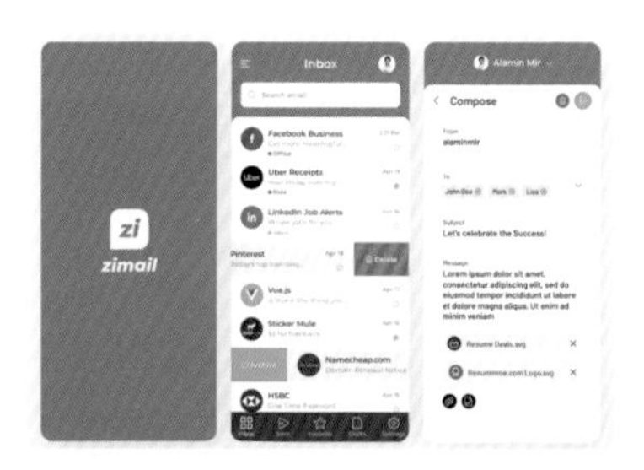

色彩点评

- 界面以蓝色为主色调，以适中的纯度和明度给人一种安全、理性的感受。
- 少量红色、绿色的点缀，将信息着重凸显出来，对用户具有很好的引导作用。

CMYK：75,51,0,0　　CMYK：91,92,49,18
CMYK：73,0,86,0

推荐色彩搭配

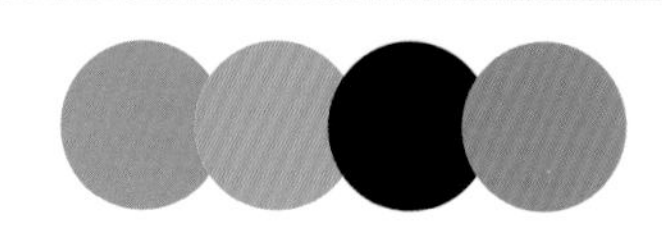

C：73	C：76	C：2	C：51	C：93	C：42	C：9	C：24	C：4	C：65	C：93	C：60
M：35	M：41	M：9	M：57	M：88	M：25	M：53	M：16	M：52	M：1	M：88	M：38
Y：0	Y：100	Y：93	Y：98	Y：89	Y：62	Y：69	Y：18	Y：96	Y：39	Y：89	Y：0
K：0	K：3	K：0	K：5	K：80	K：62	K：0	K：0	K：0	K：0	K：80	K：0

这是一款旅游网站的页面设计。将风景图像作为展示主图，给人一种心旷神怡的感受，好像所有的烦恼与不快都一扫而光。在顶部中间部位呈现的标志，对品牌宣传具有积极的推动作用。

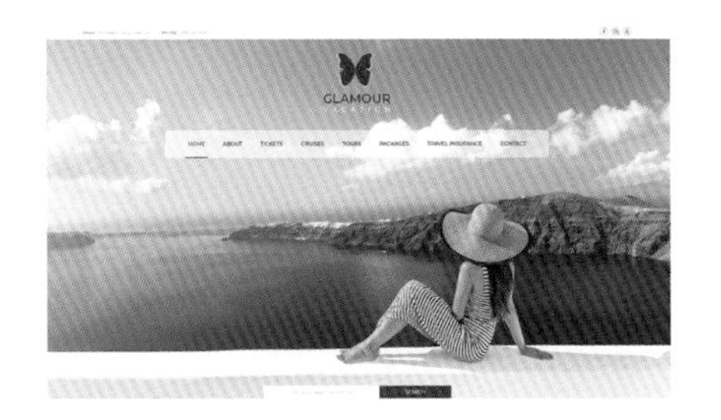

色彩点评

- 界面以蓝色为主色调，在不同明纯度的变化中，给人一种凉爽、舒适的感受。
- 少量红色的点缀，为版面增添了一抹亮丽的色彩，十分引人注目。

CMYK：78,31,0,0　CMYK：97,73,33,0
CMYK：25,100,18,0

推荐色彩搭配

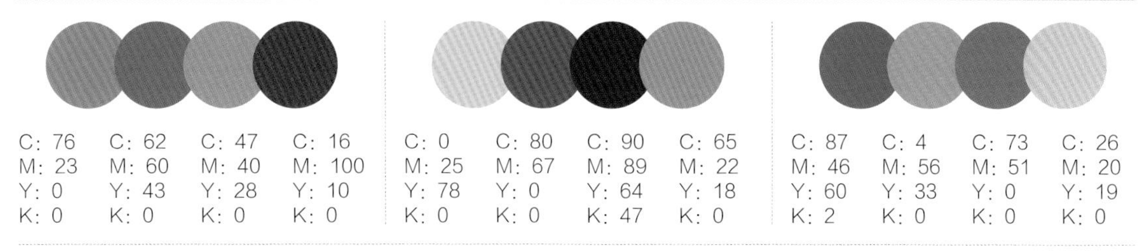

这是一款外卖APP的UI设计。将由简单线条构成的餐具作为标志图案，直接表明了APP的内容性质，具有很强的创意感与趣味性。

将美食图像以相同尺寸的圆角矩形进行呈现，既为用户选择提供了便利，同时又使界面更加整齐有序。

色彩点评

- 界面以无彩色的白色为主色调，给人一种健康、卫生的感受，同时又可将版面内容清楚直观地凸显出来。
- 少量红色的运用，打破了纯色背景的枯燥感，为版面增添了些许温暖与柔和。

CMYK：15,10,5,0　CMYK：93,88,89,80
CMYK：0,58,43,0　CMYK：49,20,80,0

推荐色彩搭配

C：97	C：0	C：19	C：57
M：64	M：65	M：16	M：29
Y：30	Y：55	Y：19	Y：73
K：0	K：0	K：0	K：0

C：0	C：42	C：100	C：35
M：73	M：13	M：91	M：35
Y：49	Y：24	Y：64	Y：36
K：0	K：0	K：33	K：0

C：27	C：2	C：16	C：64
M：20	M：72	M：41	M：47
Y：13	Y：31	Y：100	Y：100
K：0	K：0	K：0	K：4

4.2 图案

色彩调性： 韵味、个性、清新、原木、温馨、浪漫、神秘、古朴、淡雅。

常用主题色：

CMYK:35,68,28,0

CMYK:96,91,61,43

CMYK:77,21,34,0

CMYK:4,86,99,0

CMYK:7,3,86,0

CMYK:28,22,21,0

常用色彩搭配

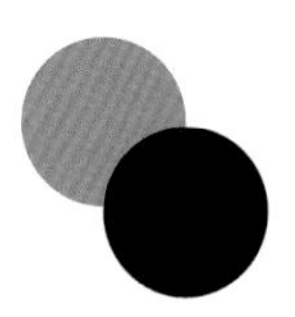

CMYK：7,58,17,0
CMYK：93,88,89,80

粉色多给人柔和、细腻的感受，搭配适当的黑色，具有提升气质的作用。

CMYK：80,28,45,0
CMYK：0,25,17,0

孔雀绿搭配壳黄红，在颜色的鲜明对比中，给人通透感的同时又有些许柔和感。

CMYK：12,21,80,0
CMYK：64,13,0,0

黄色搭配蓝色，纯度和明度较为适中，在对比中十分引人注目。

CMYK：36,43,0,0
CMYK：58,0,22,0

紫色多具有优雅、高贵的色彩特征，搭配明度偏高的青色，则更具活力、动感气息。

配色速查

韵味

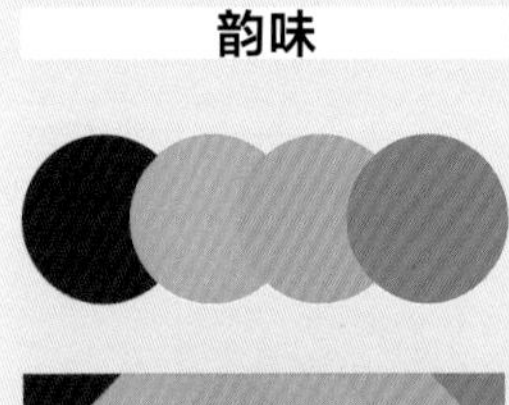

CMYK：87,75,67,42
CMYK：4,38,90,0
CMYK：34,27,25,0
CMYK：22,59,40,0

个性

CMYK：16,33,30,0
CMYK：31,98,64,0
CMYK：98,97,71,64
CMYK：89,69,0,0

清新

CMYK：21,16,15,0
CMYK：36,0,11,0
CMYK：2,16,0,0
CMYK：7,22,86,0

原木

CMYK：62,71,80,30
CMYK：49,60,69,3
CMYK：26,42,56,0
CMYK：4,12,18,0

这是一款打车APP的UI设计。以一片简笔树叶作为标志图案，以简单直观的方式给人一种安全、放心的感受。底部的无衬线字体文字，更加强化了界面的信息传递效果。

色彩点评

- 界面以白色为背景色，将版面内容清楚地凸显出来，可以给人一种清爽、醒目的感受。
- 绿色的运用，直接凸显出企业注重环保的经营理念，刚好与APP宣传主题相吻合。

CMYK：16,9,4,0　　CMYK：72,0,89,0
CMYK：93,88,89,80

推荐色彩搭配

C：56	C：51	C：24	C：93
M：20	M：0	M：80	M：88
Y：0	Y：36	Y：21	Y：89
K：0	K：0	K：78	K：80

C：72	C：50	C：5	C：25
M：0	M：24	M：91	M：22
Y：33	Y：100	Y：73	Y：19
K：0	K：0	K：0	K：0

C：56	C：25	C：85	C：4
M：7	M：19	M：100	M：96
Y：32	Y：15	Y：0	Y：12
K：0	K：0	K：0	K：0

这是一款读书APP 的UI设计。将打开书籍的简笔插画作为标志图案，直接表明了APP的内容性质，极具创意感与趣味性。

运用矩形作为文字呈现载体，具有很强的视觉聚拢感，同时也让版面更加统一、整齐。

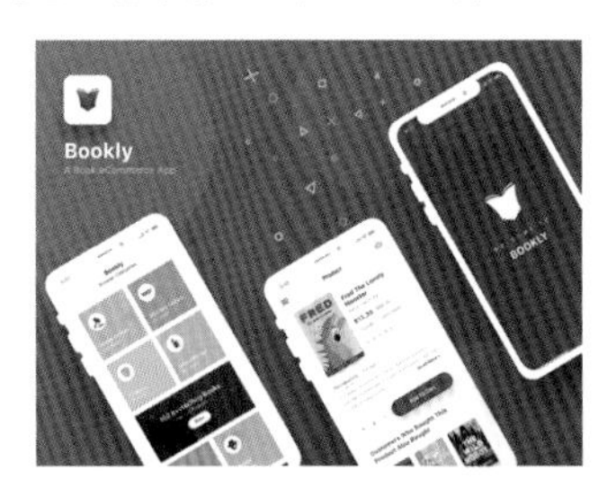

色彩点评

- 主界面以紫色为主色调，将标志清楚地凸显出来，同时能给人留下雅致、韵味十足的印象。
- 橙色、蓝色、黄色等色彩的运用，对用户阅读与理解具有很好的引导作用。

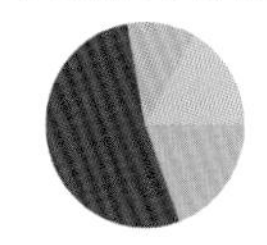

CMYK：71,73,0,0　　CMYK：0,39,53,0
CMYK：43,0,48,0　　CMYK：49,6,13,0

推荐色彩搭配

C：78	C：0	C：73	C：57
M：72	M：15	M：73	M：18
Y：37	Y：91	Y：0	Y：0
K：33	K：0	K：0	K：0

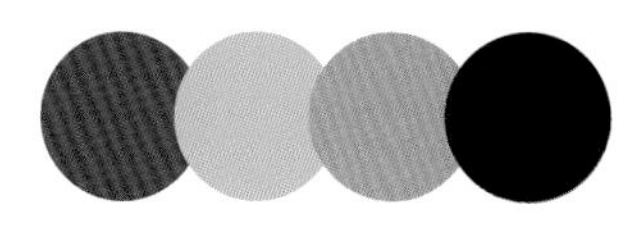

C：74	C：51	C：38	C：93
M：70	M：0	M：31	M：88
Y：0	Y：24	Y：24	Y：89
K：0	K：0	K：0	K：80

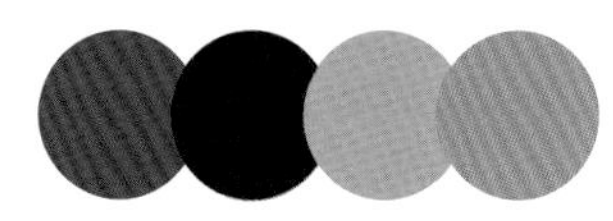

C：82	C：89	C：0	C：55
M：61	M：85	M：46	M：16
Y：0	Y：85	Y：82	Y：62
K：0	K：75	K：0	K：0

这是一款咖啡店铺APP的UI设计。将简笔插画的咖啡杯子作为标志图案，以简单直白的方式将信息传达出来，使用户一目了然。大面积留白的运用，让界面尽显简约与精致。

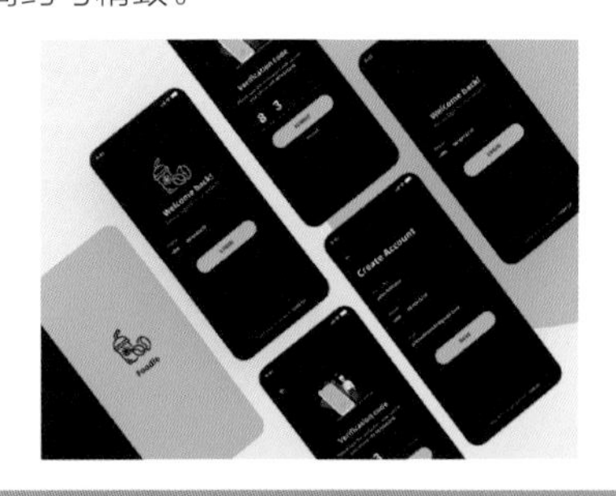

色彩点评

- 界面以黑色为主色调，无彩色的运用给人一种稳重、成熟的感受，同时将主体对象直接凸显出来。
- 少量白色的点缀，提高了版面的亮度。同时主次分明的文字，为用户阅读提供了便利。

CMYK：98,95,77,71　　CMYK：59,0,42,0
CMYK：0,0,0,0

推荐色彩搭配

C：88	C：93	C：2	C：62
M：68	M：91	M：20	M：2
Y：0	Y：85	Y：91	Y：43
K：0	K：77	K：0	K：0

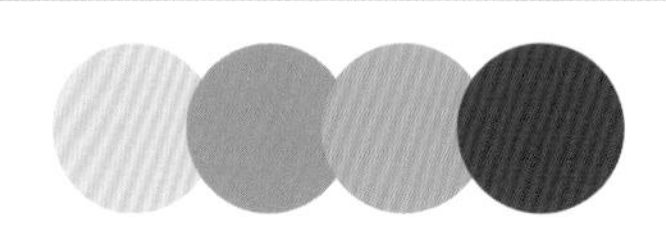

C：0	C：15	C：53	C：89
M：16	M：46	M：7	M：76
Y：47	Y：58	Y：53	Y：37
K：0	K：0	K：0	K：2

C：0	C：95	C：65	C：51
M：78	M：91	M：20	M：0
Y：42	Y：83	Y：0	Y：34
K：0	K：75	K：0	K：0

这是一款旅行APP的UI设计。标志图案由简单的图形与线条构成，以极具创意的方式表明了APP的宣传内容，十分引人注目。

采用满版型的构图方式，将风景图像作为展示主图，具有强烈的视觉冲击力，同时对品牌宣传也有积极的推动作用。

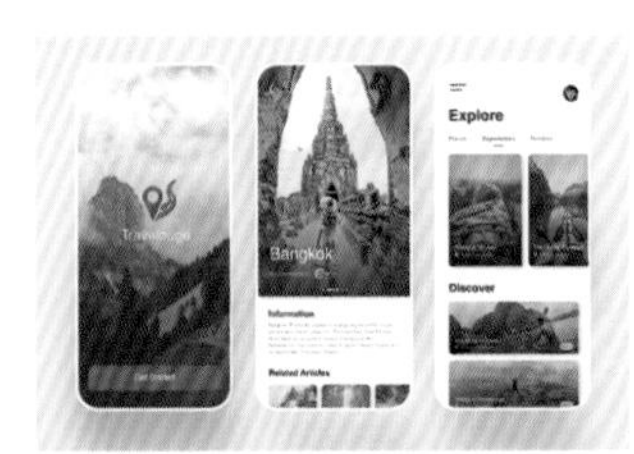

色彩点评

- 界面以白色作为背景的主色调，为用户营造了一个良好的阅读环境。
- 风景图像中的不同颜色，尽显大自然之美，给人一种放松、惬意的感受。

CMYK：5,12,13,0　　CMYK：69,53,56,3
CMYK：43,58,67,0　　CMYK：11,76,100,0

推荐色彩搭配

C：87	C：65	C：18	C：4
M：76	M：38	M：11	M：52
Y：84	Y：100	Y：11	Y：71
K：63	K：0	K：0	K：0

C：0	C：0	C：36	C：89
M：46	M：87	M：24	M：87
Y：62	Y：9	Y：22	Y：91
K：0	K：0	K：0	K：78

C：36	C：49	C：11	C：2
M：49	M：23	M：18	M：55
Y：2	Y：33	Y：32	Y：66
K：0	K：0	K：0	K：0

4.3 字体

色彩调性：高贵、闲适、愉悦、跳跃、灵活、沉淀、安静、协调。

常用主题色：

CMYK:81,40,2,0

CMYK:13,21,76,0

CMYK:76,35,38,0

CMYK:76,75,0,0

CMYK:73,0,91,0

CMYK:30,23,22,0

常用色彩搭配

CMYK：8,4,47,0
CMYK：90,57,68,18

淡黄色搭配墨绿色，该种颜色组合方式在柔和、细腻之中又不乏时尚气息。

CMYK：1,21,0,0
CMYK：100,95,18,0

浅粉色是极具女性特征的色彩，搭配明度和纯度适中的蓝色，增添了稳定性。

CMYK：14,11,13,0
CMYK：73,54,40,0

浅灰色搭配青灰色，给人一种雅致、朴素的感受，但又有些许压抑。

CMYK：70,0,48,0
CMYK：40,51,0,0

明度和纯度适中的绿色搭配紫色，在鲜明的颜色对比中十分引人注目。

配色速查

高贵

CMYK：83,100,8,0
CMYK：57,68,0,0
CMYK：54,94,20,0
CMYK：93,88,89,80

闲适

CMYK：2,6,29,0
CMYK：7,41,83,0
CMYK：5,84,55,0
CMYK：86,74,51,14

愉悦

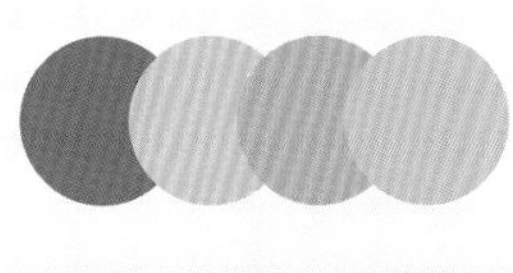

CMYK：65,58,0,0
CMYK：9,31,20,0
CMYK：24,28,63,0
CMYK：44,9,16,0

跳跃

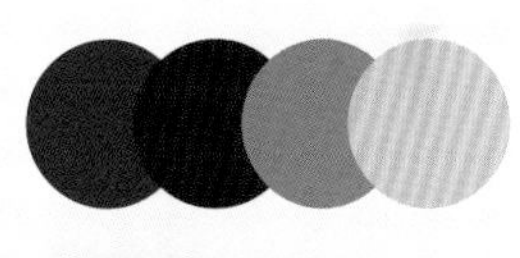

CMYK：38,100,100,3
CMYK：72,83,84,62
CMYK：53,55,0,0
CMYK：12,21,76,0

这是一款国外创意着陆页面设计。采用倾斜型的构图方式，将产品的局部细节效果作为展示主图，给受众一种直观醒目的印象。以较大字号呈现的无衬线字体，可将信息直接传达出来，使受众一目了然。

色彩点评

- 界面以无彩色的黑色为主色调，在不同明纯度的变化中极具动感效果。
- 红色到橙色渐变的运用，为版面增添了一抹亮丽的色彩。

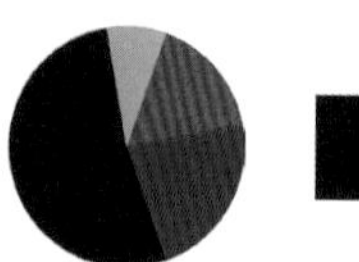

CMYK：99,100,64,55　CMYK：79,75,62,29
CMYK：0,98,27,0　CMYK：0,53,93,0

推荐色彩搭配

C：96	C：26	C：48	C：0
M：95	M：18	M：58	M：58
Y：76	Y：15	Y：0	Y：96
K：71	K：0	K：0	K：0

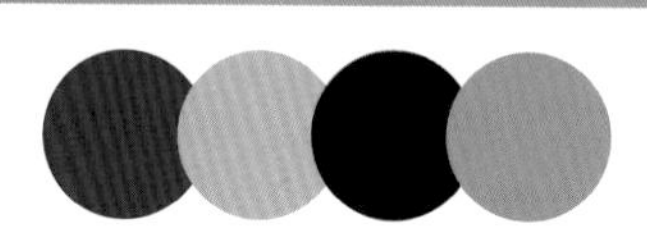

C：100	C：11	C：93	C：11
M：82	M：40	M：88	M：45
Y：22	Y：0	Y：89	Y：100
K：0	K：0	K：80	K：0

C：80	C：16	C：0	C：40
M：79	M：98	M：25	M：33
Y：0	Y：45	Y：80	Y：31
K：0	K：0	K：0	K：0

这是一款简约风格的网页UI设计。采用分割型的构图方式，将简笔插画图案在版面左侧，营造出一种浓浓的复古、优雅氛围。

主标题文字运用衬线字体，与整体氛围十分融洽。在主次分明之间将信息直接传达出来，使受众一目了然。

色彩点评

- 界面以白色和黑色为主色调，无彩色的运用，让整体格调得到淋漓尽致的凸显。
- 明度和纯度适中的橙色和青色，在鲜明的颜色对比中极具文艺气息，给人以身心舒畅的感受。

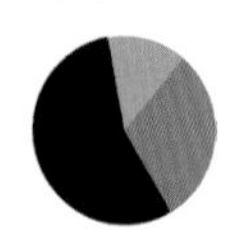

CMYK：93,88,89,80　CMYK：65,32,55,0
CMYK：4,46,54,0

推荐色彩搭配

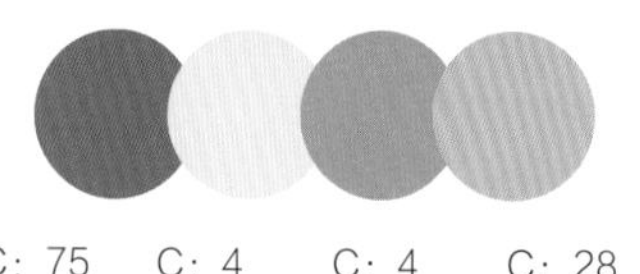

C：75	C：4	C：4	C：28
M：36	M：0	M：46	M：18
Y：50	Y：47	Y：54	Y：20
K：0	K：0	K：0	K：0

C：95	C：27	C：89	C：0
M：83	M：57	M：73	M：56
Y：58	Y：65	Y：13	Y：84
K：33	K：0	K：0	K：0

C：85	C：0	C：4	C：32
M：46	M：15	M：46	M：7
Y：35	Y：0	Y：54	Y：24
K：0	K：0	K：0	K：0

这是一款美食网页的UI设计。以矩形作为美食呈现载体，极具视觉聚拢感。适当投影的添加，让版面更具层次立体感。将主标题文字以衬线字体呈现，给人一种高端、雅致的感受。

色彩点评

- 界面以深青色为主色调，既将主体对象清楚地凸显出来，同时又营造出一种韵味十足的氛围。
- 亮橙色和白色的运用，提高了版面的亮度，更有助于信息直接传递。

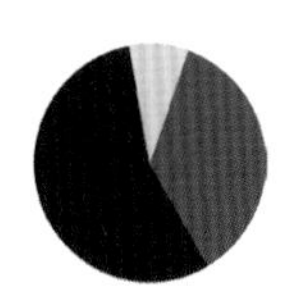

CMYK：100,91,73,64　CMYK：88,65,34,0
CMYK：0,20,94,0

推荐色彩搭配

C：93	C：4	C：84	C：24
M：77	M：10	M：54	M：20
Y：51	Y：69	Y：100	Y：21
K：16	K：0	K：24	K：0

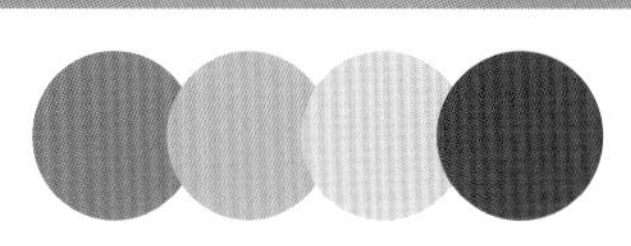

C：76	C：49	C：3	C：88
M：18	M：4	M：14	M：65
Y：58	Y：32	Y：84	Y：34
K：0	K：0	K：0	K：0

C：93	C：14	C：0	C：56
M：88	M：10	M：57	M：26
Y：80	Y：9	Y：97	Y：9
K：0	K：0	K：0	K：0

这是一款自由职业者日程管理APP的UI设计。采用骨骼型的构图方式，对日程进行整齐有序的排列，使用户一目了然。

以无衬线字体呈现的文字，将信息直接传达。同时适当留白的运用，为用户阅读提供了一个良好的环境。

色彩点评

- 界面以白色为主色调，无彩色的运用给人平静、整洁的印象，刚好与自由职业者的特征相吻合。
- 少量黄色的运用，以较低的纯度给人一种放松、柔和的感受。同时将重要信息着重突出，对用户具有积极的引导作用。

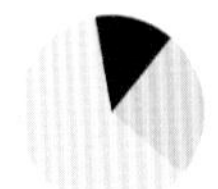
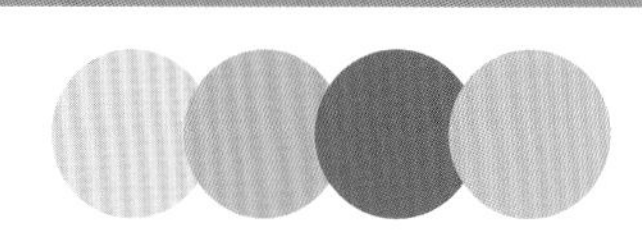

CMYK：3,8,25,0　CMYK：0,16,49,0
CMYK：93,88,89,80

推荐色彩搭配

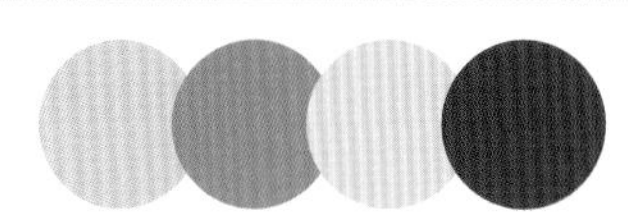

C：26	C：42	C：0	C：76
M：13	M：40	M：16	M：69
Y：12	Y：82	Y：49	Y：67
K：0	K：0	K：0	K：29

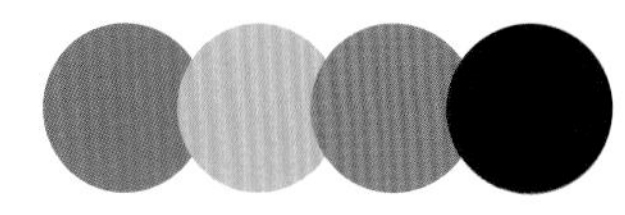

C：71	C：6	C：19	C：92
M：35	M：35	M：63	M：88
Y：47	Y：38	Y：27	Y：89
K：0	K：0	K：0	K：80

C：0	C：42	C：75	C：38
M：16	M：14	M：36	M：2
Y：64	Y：43	Y：34	Y：40
K：0	K：0	K：0	K：0

4.4 导航栏

色彩调性：时尚、优雅、单纯、沉稳、个性、枯燥、细腻、趣味、成熟。

常用主题色：

CMYK:0,68,93,0

CMYK:72,6,28,0

CMYK:29,91,36,0

CMYK:55,35,87,0

CMYK:93,88,89,80

CMYK:7,2,70,0

常用色彩搭配

CMYK：58,23,6,0
CMYK：3,41,66,0

青蓝色搭配橙色，以适中的明度和纯度可给人一种舒适、清爽的感受，因此深受人们喜爱。

CMYK：1,48,14,0
CMYK：8,76,33,0

红色具有温柔、鲜艳的色彩特征，在同类色搭配中可给人一种统一和谐的感受。

CMYK：69,0,87,0
CMYK：79,51,0,0

绿色是一种充满生机的色彩，搭配蓝色极具视觉冲击力，十分引人注目。

CMYK：0,34,21,0
CMYK：62,54,49,1

粉色搭配灰色，是一种极具质感的色彩组合方式，可以尽显界面的格调与品质。

配色速查

时尚

CMYK：0,80,57,0
CMYK：82,79,78,62
CMYK：7,10,87,0
CMYK：85,50,21,0

优雅

CMYK：73,74,0,0
CMYK：48,51,0,0
CMYK：31,24,24,0
CMYK：81,76,74,53

单纯

CMYK：5,26,72,0
CMYK：7,35,3,0
CMYK：5,2,50,0
CMYK：48,5,12,0

沉稳

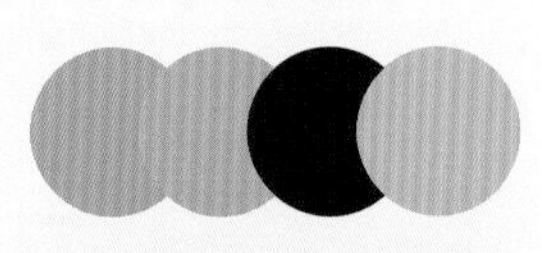

CMYK：54,18,26,0
CMYK：22,33,54,0
CMYK：85,82,89,74
CMYK：28,19,58,0

这是一款网页的UI设计。采用分割型的构图方式，将版面进行划分，为受众阅读提供了便利。在版面顶部呈现的导航栏，对受众具有很好的引导作用。通过切换不同的导航文字，可以载入不同的画面。

色彩点评

- 界面以白色和黑色为主色调，无彩色的运用，更加强化了版面的信息传递效果。
- 绿色和红色的运用，在对比之中丰富了版面的色彩感，十分引人注目。

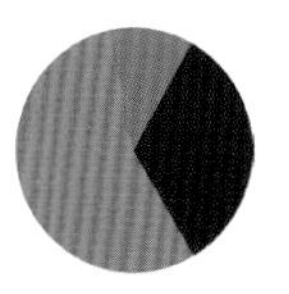

CMYK：0,72,58,0　CMYK：89,85,85,75
CMYK：80,24,75,0

推荐色彩搭配

C：0	C：90	C：27	C：8
M：70	M：77	M：13	M：15
Y：91	Y：95	Y：14	Y：84
K：0	K：73	K：0	K：0

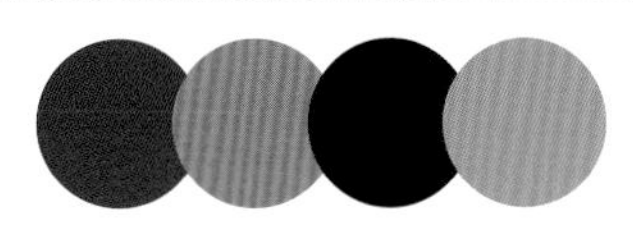

C：29	C：0	C：93	C：75
M：100	M：69	M：88	M：2
Y：46	Y：100	Y：89	Y：27
K：0	K：0	K：80	K：8

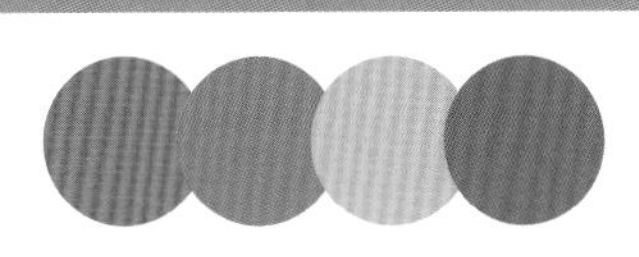

C：0	C：65	C：3	C：45
M：75	M：27	M：24	M：60
Y：58	Y：32	Y：92	Y：58
K：0	K：0	K：0	K：0

这是一款美食快餐APP的UI设计。采用骨骼型的构图方式，将美食图像以及文字清楚地呈现出来，为用户进行选择与对比提供了便利。

以相同尺寸的圆角矩形作为导航栏呈现载体，极具视觉聚拢感。对相应文字进行变色设计，对用户具有积极的引导作用。

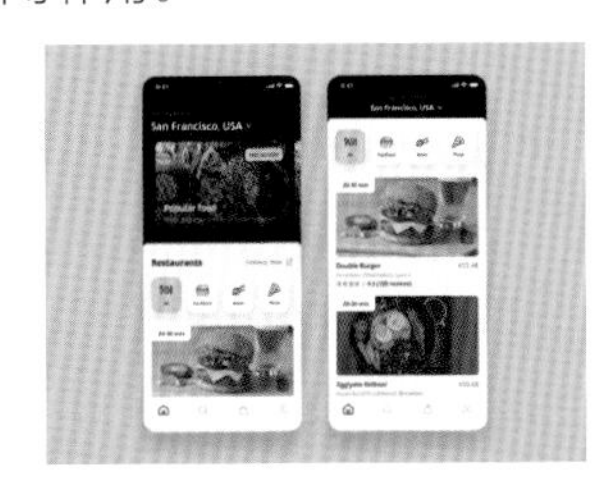

色彩点评

- 界面以深色为主色调，将版面内容直接凸显，给人精致、美味的印象。
- 美食本身颜色的运用，丰富了整体的色彩感，同时可以极大限度地刺激受众味蕾，激发其购买欲望。

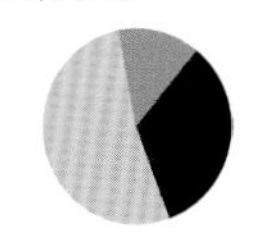

CMYK：0,24,95,0　CMYK：93,88,89,80
CMYK：21,49,67,0

推荐色彩搭配

C：0	C：0	C：96	C：49
M：49	M：19	M：79	M：13
Y：100	Y：89	Y：53	Y：9
K：0	K：0	K：20	K：0

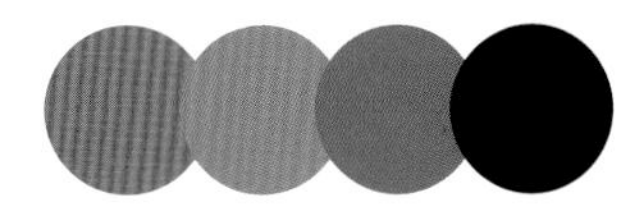

C：0	C：67	C：71	C：93
M：80	M：26	M：51	M：88
Y：55	Y：13	Y：40	Y：89
K：0	K：0	K：0	K：80

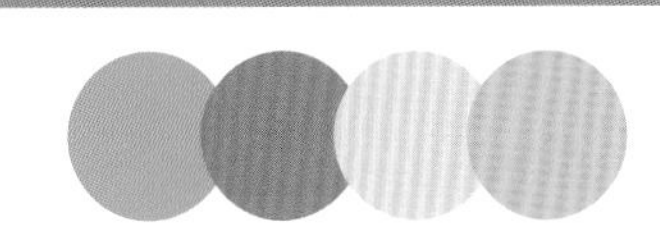

C：67	C：9	C：0	C：0
M：0	M：58	M：16	M：24
Y：42	Y：65	Y：27	Y：95
K：0	K：0	K：0	K：0

这是一款网页的UI设计。采用满版型的构图方式，将产品图像作为展示主图，可给受众一种直观醒目的视觉感受。在顶部呈现的导航栏，对受众阅读具有积极的引导作用。当切换到相对应的部分时，文字底部会出现一个下画线。

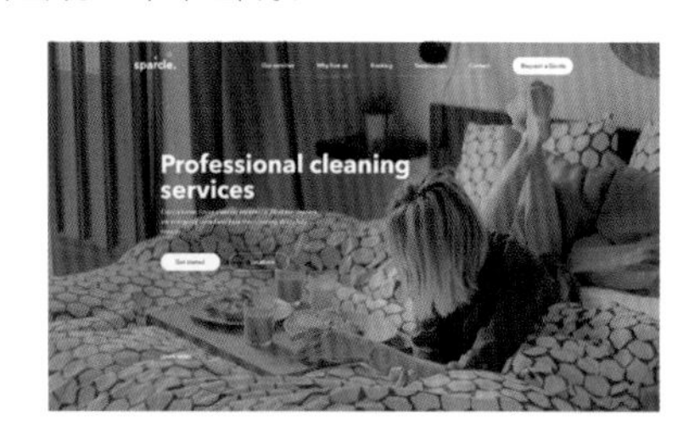

色彩点评

- 整个界面以偏灰的色调为主色调，给人高端、精致的印象。
- 少量绿色加以橙色进行点缀，在鲜明的颜色对比中，十分引人注目。

CMYK：75,69,58,18 CMYK：82,36,60,0
CMYK：0,79,99,0

推荐色彩搭配

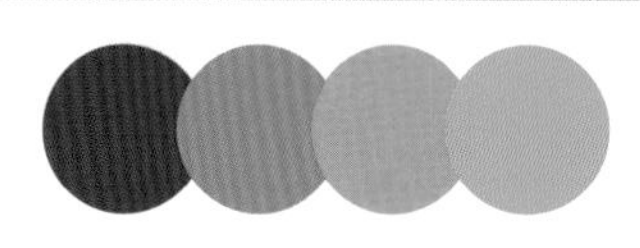
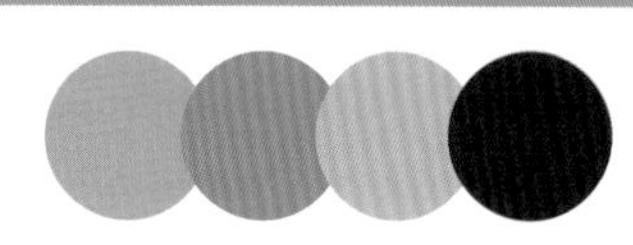

C：40	C：84	C：38	C：84	C：82	C：66	C：0	C：67	C：3	C：77	C：32	C：100
M：22	M：56	M：39	M：42	M：76	M：31	M：53	M：0	M：49	M：14	M：25	M：85
Y：17	Y：30	Y：38	Y：64	Y：59	Y：0	Y：98	Y：76	Y：31	Y：47	Y：18	Y：76
K：0	K：0	K：0	K：1	K：27	K：0	K：0	K：0	K：0	K：0	K：0	K：66

这是一款APP的UI设计。整个界面设计简洁大方，在顶部呈现的导航栏为用户阅读提供了极大的便利。以圆形作为呈现载体，极具视觉聚拢感。

主线分明的文字，将信息直接传达出来。适当留白的运用，让版面极具呼吸顺畅之感。

色彩点评

- 界面以黑色为主色调，给人稳重、成熟的感受，同时将主体对象直接凸显出来。
- 少量橙色的点缀，打破了纯色背景的枯燥感，同时也让版面的色彩感更强。

CMYK：97,91,77,69 CMYK：0,0,0,0
CMYK：0,83,100,0

推荐色彩搭配

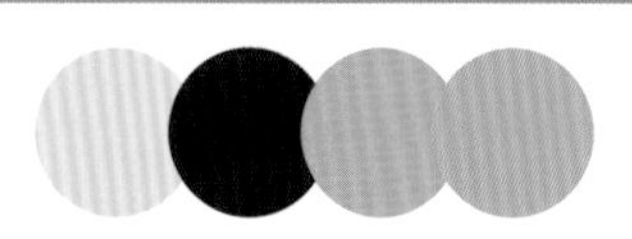
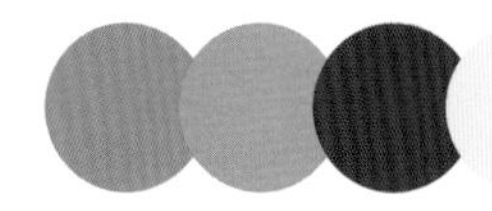
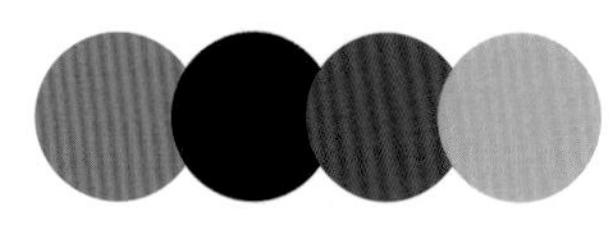

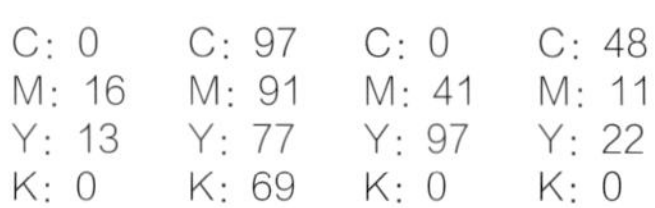

C：0	C：97	C：0	C：48	C：47	C：0	C：76	C：5	C：0	C：93	C：62	C：0
M：16	M：91	M：41	M：11	M：42	M：52	M：72	M：0	M：80	M：88	M：88	M：45
Y：13	Y：77	Y：97	Y：22	Y：0	Y：15	Y：73	Y：43	Y：56	Y：89	Y：0	Y：95
K：0	K：69	K：0	K：0	K：0	K：0	K：40	K：0	K：0	K：80	K：0	K：0

4.5 搜索栏

色彩调性： 亮丽、通透、甜美、精致、个性、稳重、平静、单调、枯燥。

常用主题色：

CMYK:44,0,26,0

CMYK:33,16,50,0

CMYK:33,1,1,0

CMYK:14,11,10,0

CMYK:24,55,65,0

CMYK:79,59,65,16

常用色彩搭配

CMYK：57,23,6,0
CMYK：0,52,28,0

蓝色搭配粉色，明度和纯度适中。在鲜明的颜色对比中给人一种舒适、细腻之感。

CMYK：66,0,23,0
CMYK：3,23,71,0

亮度偏高的青色搭配橙色，十分引人注目，具有活跃、积极的色彩特征。

CMYK：14,51,57,0
CMYK：39,31,30,0

纯度偏低的橙色搭配灰色，以较低的明度给人稳重素雅的视觉印象。

CMYK：76,78,36,1
CMYK：57,27,97,0

深紫色具有神秘、压抑的特征，搭配明纯度适中的绿色，具有很好的中和效果。

配色速查

亮丽

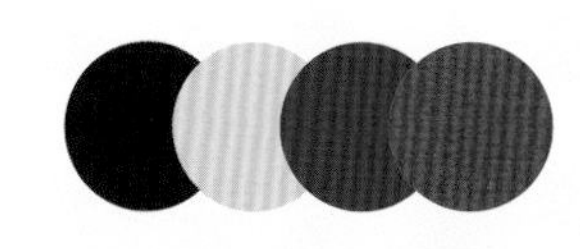

CMYK：87,82,79,68
CMYK：4,31,9,0
CMYK：96,75,51,14
CMYK：3,96,66,0

通透

CMYK：8,12,31,0
CMYK：38,37,49,0
CMYK：88,56,97,28
CMYK：86,83,87,74

甜美

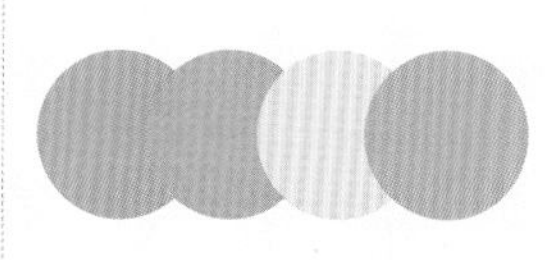

CMYK：67,11,4,0
CMYK：14,47,3,0
CMYK：8,13,66,0
CMYK：56,10,35,0

精致

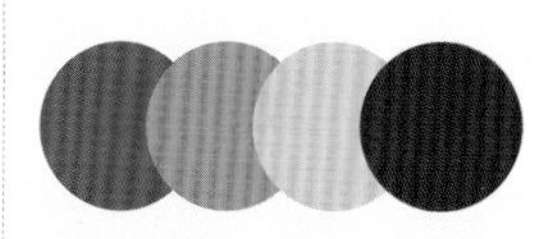

CMYK：76,66,1,0
CMYK：0,66,41,0
CMYK：1,34,13,0
CMYK：79,74,72,47

这是一款AR增强现实APP的UI设计。采用满版型的构图方式，将AR现实场景作为展示主图，营造出一种很强的空间真实感。在左侧界面顶部的搜索栏，以较大的圆角矩形进行呈现，非常方便用户进行任何信息的搜索。

色彩点评

- 界面以现实场景中的颜色为主色调，给人自然、清晰的印象，有一种很强的身临其境之感。
- 白色的运用，提升了界面的亮度。黑色的文字，在主次分明之间将信息直接传达出来。

CMYK：53,56,67,3　CMYK：35,7,23,0
CMYK：0,42,78,0

推荐色彩搭配

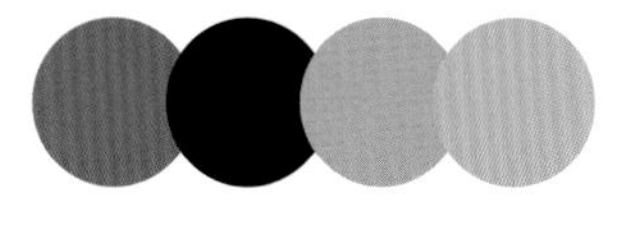

C：49	C：93	C：7	C：51
M：60	M：88	M：47	M：4
Y：80	Y：89	Y：13	Y：25
K：5	K：80	K：0	K：0

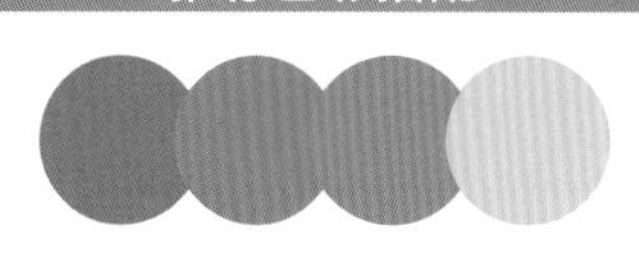

C：52	C：77	C：20	C：1
M：55	M：11	M：42	M：11
Y：0	Y：31	Y：93	Y：93
K：0	K：0	K：0	K：0

C：6	C：7	C：89	C：46
M：32	M：50	M：71	M：13
Y：31	Y：56	Y：56	Y：0
K：0	K：0	K：19	K：0

这是一款天气APP的UI设计。将卡通插画小狗作为展示主图，给人可爱、欢快的印象。在界面顶部呈现的搜索栏，为用户进行任意城市天气的搜索提供了便利。

将表明天气温度的数值以较大字号呈现，使用户一目了然。辅助文字的运用，丰富了版面的细节效果。

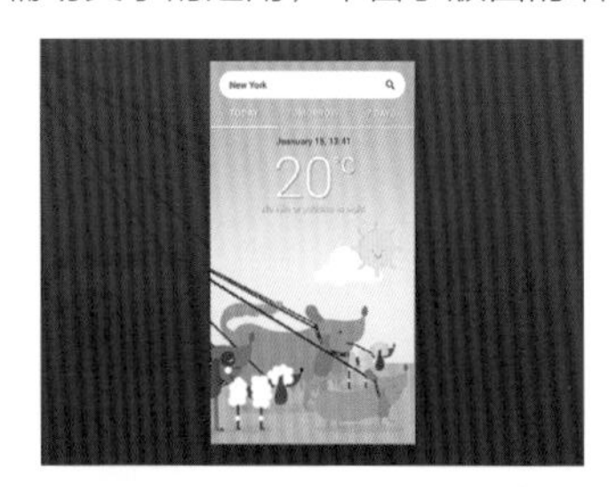

色彩点评

- 界面以蓝色为主色调，在渐变过渡中给人柔和、自然的感受。
- 黄色太阳的点缀，在版面中十分醒目。运用较高的明度，好像所有的烦恼与不快都一扫而光。

CMYK：96,84,1,0　CMYK：48,9,0,0
CMYK：33,40,58,0　CMYK：12,42,60,0

推荐色彩搭配

C：4	C：96	C：0	C：74
M：0	M：75	M：26	M：67
Y：91	Y：9	Y：0	Y：62
K：0	K：0	K：0	K：18

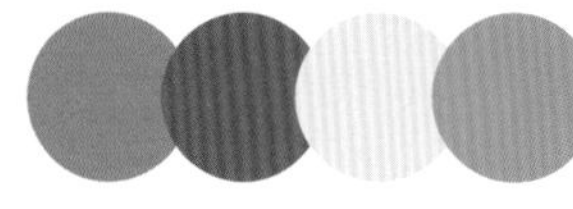

C：28	C：36	C：1	C：48
M：51	M：65	M：11	M：24
Y：53	Y：100	Y：11	Y：20
K：0	K：0	K：0	K：0

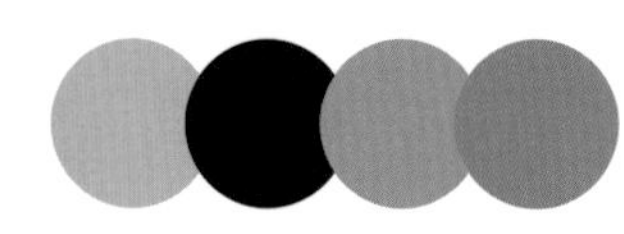

C：0	C：93	C：16	C：53
M：47	M：88	M：42	M：45
Y：24	Y：89	Y：99	Y：43
K：0	K：80	K：0	K：0

这是一款旅游APP的UI设计。采用满版型的构图方式，将风景图像作为展示主图，给用户直观的视觉冲击力。在底部呈现的白色搜索栏，非常方便用户进行信息的搜索。

色彩点评

- 界面以无彩色的灰色为主色调，在不同明纯度的变化中，给人很强的空间立体感。
- 白色的运用，提高了整个界面的亮度，同时将信息清楚地传达出来。

CMYK：90,85,86,76 CMYK：27,21,20,0
CMYK：82,61,31,0

推荐色彩搭配

C：82	C：13	C：33	C：6
M：77	M：51	M：25	M：5
Y：76	Y：22	Y：24	Y：50
K：56	K：0	K：0	K：0

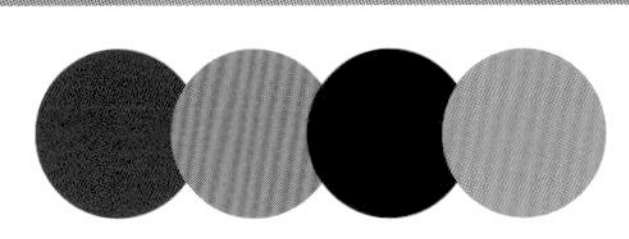

C：12	C：67	C：3	C：73
M：67	M：59	M：20	M：0
Y：7	Y：53	Y：5	Y：29
K：0	K：4	K：0	K：0

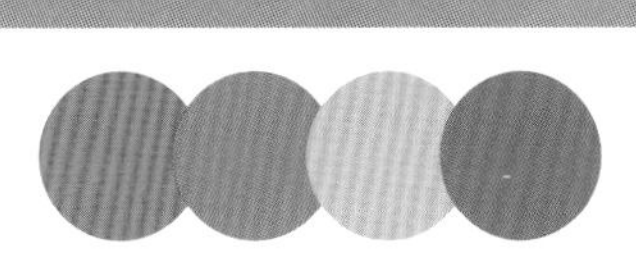

C：31	C：78	C：2	C：97
M：25	M：42	M：34	M：93
Y：0	Y：0	Y：26	Y：79
K：0	K：0	K：0	K：73

这是一款在线教育课程APP的UI设计。采用骨骼型的构图方式，将文字以及图标以整齐有序的方式进行呈现，非常方便用户进行阅读与理解。

在界面顶部呈现的搜索栏，非常方便用户进行各种信息的搜索。同时适当留白的运用，让版面有呼吸顺畅之感。

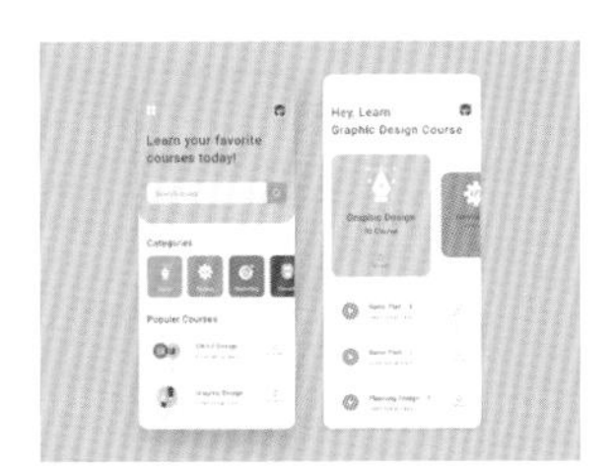

色彩点评

- 界面以白色为主色调，将版面内容清楚地凸显出来，同时给人一种大方、信赖的视觉感受。
- 明度偏高的黄色的运用，营造了线上教育的活跃氛围，非常容易拉近与用户的距离。

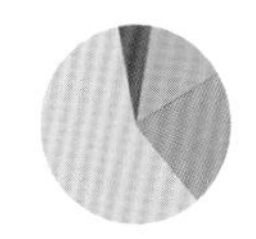

CMYK：0,22,95,0 CMYK：65,17,0,0
CMYK：0,49,91,0 CMYK：64,77,0,0

推荐色彩搭配

C：69	C：12	C：47	C：0
M：15	M：47	M：76	M：56
Y：31	Y：0	Y：82	Y：15
K：0	K：0	K：11	K：0

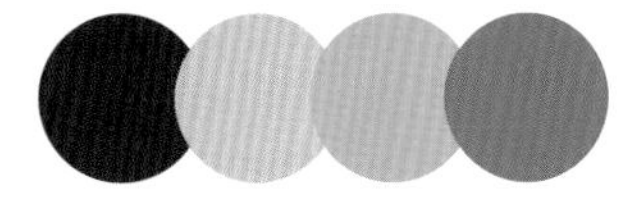

C：97	C：28	C：0	C：82
M：90	M：22	M：45	M：44
Y：78	Y：20	Y：66	Y：0
K：70	K：0	K：0	K：0

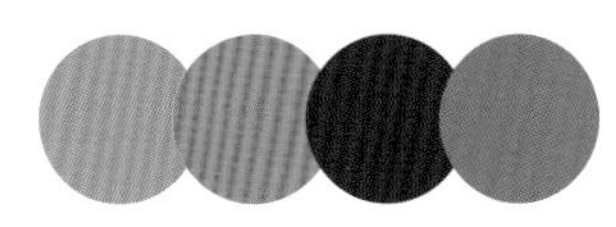

C：67	C：0	C：93	C：67
M：16	M：76	M：95	M：56
Y：29	Y：26	Y：62	Y：0
K：0	K：0	K：45	K：0

4.6 主视图

色彩调性：美味、甜美、清凉、理性、柔和、稳定、平静、和谐。

常用主题色：

CMYK:0,59,74,0

CMYK:3,7,40,0

CMYK:73,17,8,0

CMYK:90,86,84,75

CMYK:28,22,20,0

CMYK:27,82,53,0

常用色彩搭配

CMYK：21,43,52,0
CMYK：43,64,73,2

棕色具有较为平稳、素净的色彩特征，同类色相搭配，界面更能达到统一、和谐的效果。

CMYK：14,31,92,0
CMYK：51,22,16,0

黄色搭配青灰色，在颜色对比中给人留下一种活跃、积极的印象，同时又不乏稳定性。

CMYK：50,100,95,29
CMYK：93,88,89,80

深红色是一种极具神秘、优雅特征的色彩。搭配黑色让这种氛围更加浓厚。

CMYK：86,71,0,0
CMYK：0,48,64,0

明度和纯度适中的蓝色搭配橙色，在鲜明对比中极具视觉冲击力。

配色速查

美味

CMYK：6,74,72,0
CMYK：2,12,23,0
CMYK：3,31,66,0
CMYK：55,9,60,0

甜美

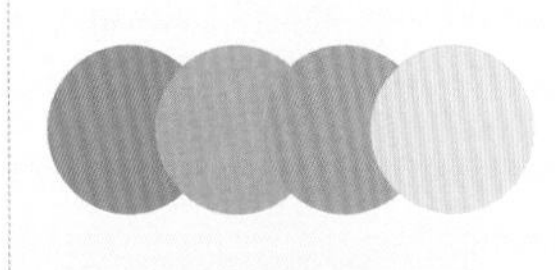

CMYK：64,16,31,0
CMYK：5,46,15,0
CMYK：39,32,0,0
CMYK：11,7,53,0

清凉

CMYK：25,8,79,0
CMYK：53,0,18,0
CMYK：5,70,64,0
CMYK：19,13,10,0

理性

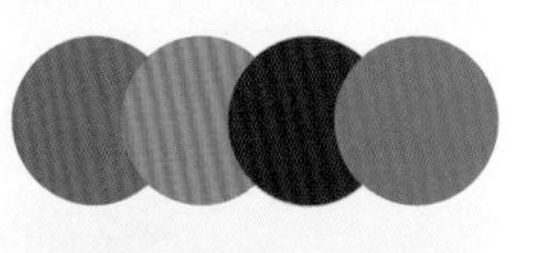

CMYK：58,60,0,0
CMYK：0,67,57,0
CMYK：78,72,70,41
CMYK：74,40,7,0

这是一款在线视频课堂的APP UI设计。将正在做瑜伽的人物场景图像作为展示主图，直接表明了APP的宣传内容，十分引人注目。骨骼型呈现的文字，直接点明了主题。

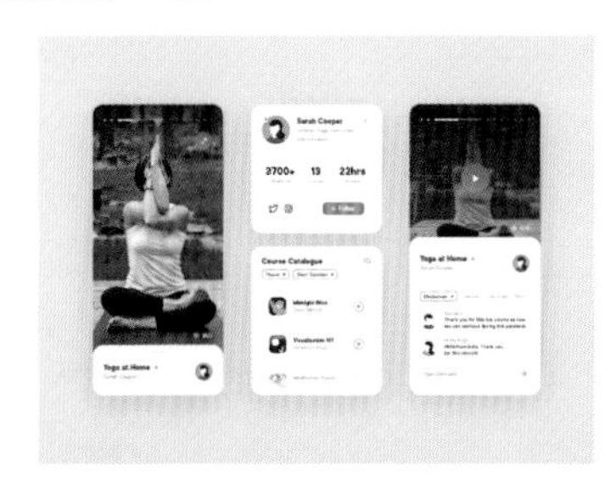

色彩点评

- 界面以绿色为主色调，给人留下一种清爽、舒畅的印象，刚好与APP主题相吻合。
- 少量橙色的点缀，将重要信息进行凸显，为用户阅读与理解提供了便利。

CMYK：24,0,31,0　CMYK：89,59,63,15
CMYK：74,0,69,0

推荐色彩搭配

C：82	C：0	C：95	C：10
M：51	M：75	M：87	M：44
Y：100	Y：59	Y：88	Y：47
K：15	K：0	K：78	K：0

C：0	C：55	C：93	C：0
M：54	M：16	M：53	M：91
Y：95	Y：0	Y：100	Y：21
K：0	K：0	K：26	K：0

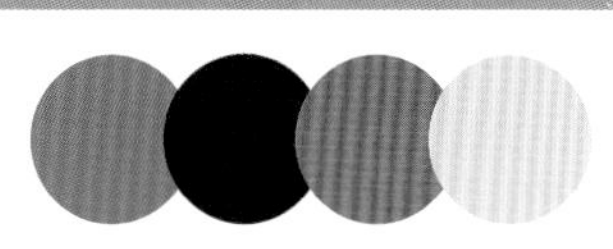

C：82	C：87	C：0	C：3
M：22	M：90	M：83	M：11
Y：53	Y：87	Y：60	Y：66
K：0	K：78	K：0	K：0

这是一款手表网页的UI设计。采用分割型的构图方式，将产品在分割线部位呈现，直接表明了网页的宣传内容，同时也增强了整体的视觉稳定性。

主次分明的文字将信息直接传达出来，版面中适当留白的运用，使版面更显简约、大方。

色彩点评

- 界面以白色和黑色为主色调，无彩色的运用，凸显出产品的精致与高端。
- 不同明纯度灰色的运用，尽显产品的格调与品质，同时丰富了版面的层次立体感。

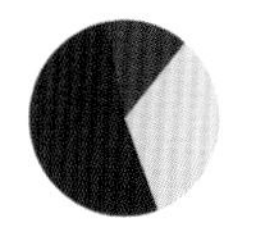

CMYK：89,85,73,60　CMYK：20,15,14,0
CMYK：80,73,65,33

推荐色彩搭配

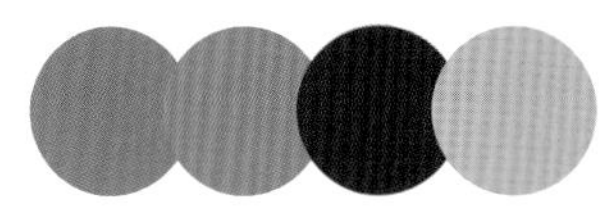

C：62	C：80	C：88	C：0
M：47	M：13	M：85	M：42
Y：0	Y：53	Y：71	Y：96
K：0	K：0	K：58	K：0

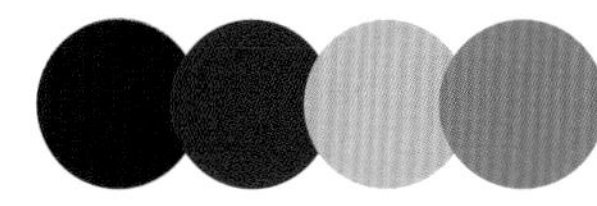

C：93	C：43	C：32	C：80
M：89	M：100	M：25	M：20
Y：87	Y：96	Y：22	Y：53
K：78	K：10	K：0	K：0

C：62	C：75	C：86	C：97
M：49	M：5	M：77	M：93
Y：35	Y：25	Y：0	Y：79
K：0	K：0	K：0	K：73

这是一款天气APP的UI设计。将简笔插画人物作为展示主图，直接表明了天气状况。相对于单纯的文字来说，具有更强的视觉冲击力，同时也很好地缓解了雨天给人带来的烦闷与压抑。

色彩点评

- 界面以白色为背景主色调，将主体对象直接凸显出来，给人一种大方、简约的印象。
- 红色的运用，打破了纯色背景的枯燥感，为版面增添了活跃与动感。

CMYK：0,0,0,0　　CMYK：0,84,52,0
CMYK：100,84,73,60

推荐色彩搭配

C：0	C：91	C：0	C：37
M：15	M：82	M：84	M：29
Y：5	Y：47	Y：55	Y：25
K：0	K：12	K：0	K：0

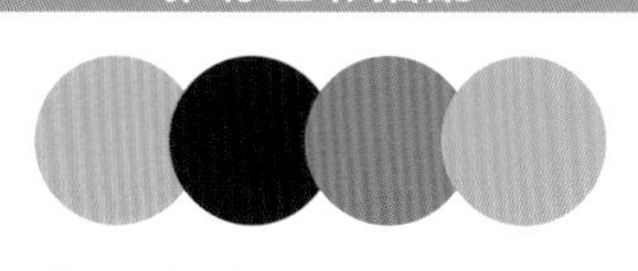

C：5	C：91	C：13	C：51
M：33	M：85	M：65	M：4
Y：71	Y：88	Y：29	Y：27
K：0	K：77	K：0	K：0

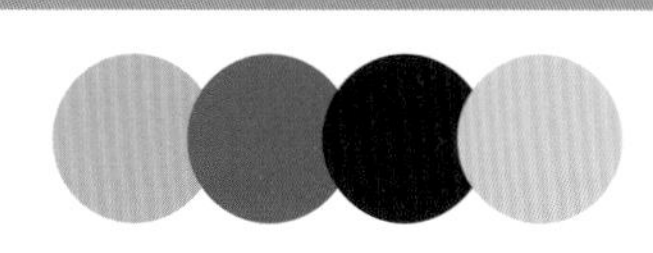

C：7	C：89	C：100	C：28
M：37	M：51	M：100	M：13
Y：33	Y：28	Y：64	Y：18
K：0	K：0	K：45	K：0

这是一款甜品美食网页的UI设计。将产品作为展示主图在右下角呈现，直接表明了网页的宣传内容。超出画面的部分，具有很强的视觉延展性。

以一个矩形作为呈现载体，将受众注意力全部集中于此。主标题文字采用衬线字体，营造了文艺、优雅的视觉氛围。

色彩点评

- 界面以不同明纯度的紫色为主色调，给人精致、舒缓的印象。
- 产品中少量鲜艳颜色的点缀，丰富了整个版面的色彩感。

CMYK：37,39,15,0　CMYK：3,8,0,0
CMYK：65,67,36,0

推荐色彩搭配

C：4	C：45	C：5	C：79
M：29	M：71	M：24	M：18
Y：0	Y：0	Y：81	Y：53
K：0	K：0	K：0	K：0

C：42	C：59	C：16	C：5
M：33	M：58	M：24	M：10
Y：31	Y：0	Y：0	Y：57
K：0	K：0	K：0	K：0

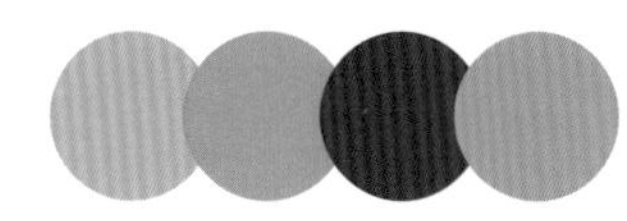

C：30	C：0	C：82	C：37
M：31	M：54	M：94	M：39
Y：0	Y：95	Y：3	Y：15
K：0	K：0	K：0	K：0

4.7 图标

色彩调性：和谐、成熟、古典、简单、稳重、雅致、专业、韵味、可爱。

常用主题色：

CMYK:59,5,1,0

CMYK:78,70,0,0

CMYK:0,54,91,0

CMYK:60,30,28,0

CMYK:17,34,0,0

CMYK:13,6,63,0

常用色彩搭配

CMYK：0,25,14,0
CMYK：69,54,79,11

粉色搭配深绿色，在颜色一深一浅对比中，给人柔和却又坚定的印象。

CMYK：50,13,16,0
CMYK：80,75,73,49

青灰色具有通透、脱俗的色彩特征，搭配无彩色的黑色，则增添了些许稳定性。

CMYK：10,13,18,0
CMYK：1,33,62,0

橙色是一种极具视觉冲击力的色彩，与浅色相搭配能达到一定的中和效果。

CMYK：10,6,87,0
CMYK：74,14,33,0

高明度的黄色搭配青色，在颜色的鲜明对比中，给人醒目、活跃的印象。

配色速查

和谐

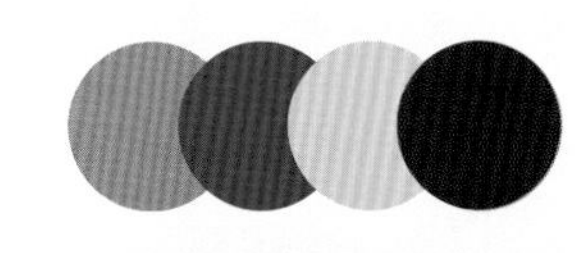

CMYK：15,62,45,0
CMYK：94,72,20,0
CMYK：1,29,50,0
CMYK：84,79,78,64

成熟

CMYK：86,91,6,0
CMYK：81,71,0,0
CMYK：68,0,32,0
CMYK：5,31,53,0

古典

CMYK：15,73,36,0
CMYK：78,86,39,3
CMYK：1,20,36,0
CMYK：79,74,72,47

简单

CMYK：55,18,42,0
CMYK：9,43,33,0
CMYK：53,13,0,0
CMYK：21,16,15,0

这是一款APP的UI设计。将简笔插画图标均以相同尺寸的正圆作为呈现载体，极具视觉聚拢感。以骨骼型的构图方式进行呈现，为用户阅读与理解提供了便利。

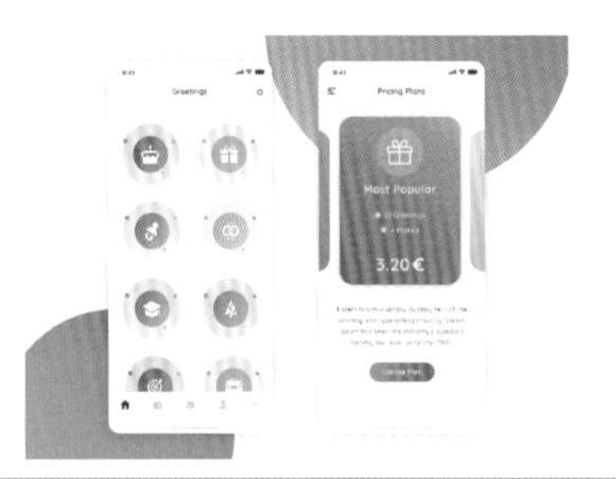

色彩点评

- 界面以白色为背景主色调，将版面内容直接凸显，并且给人整齐、统一的感受。
- 每个图标都由颜色相近的渐变色彩构成，是近年来较为流行的设计方式。

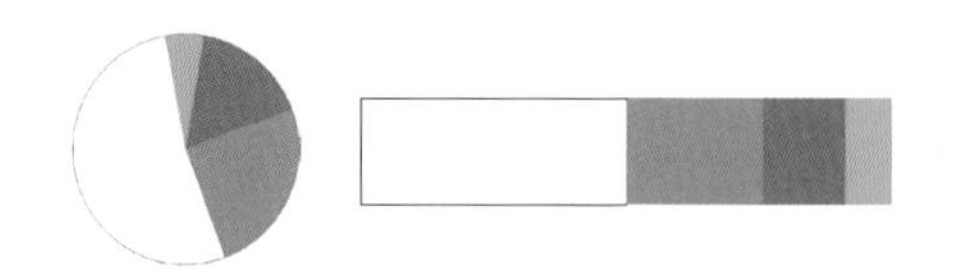

CMYK：0,0,0,0　CMYK：16,53,0,0
CMYK：51,55,0,0　CMYK：58,0,55,0

推荐色彩搭配

C：0　M：72　Y：0　K：0
C：0　M：48　Y：42　K：0
C：18　M：16　Y：4　K：0
C：36　M：0　Y：51　K：0

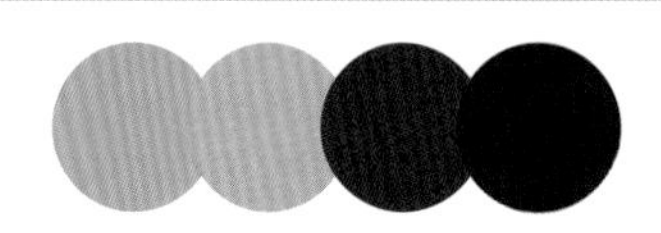

C：51　M：10　Y：0　K：0
C：15　M：33　Y：0　K：0
C：33　M：100　Y：65　K：0
C：84　M：80　Y：79　K：65

C：91　M：100　Y：36　K：0
C：22　M：4　Y：12　K：0
C：66　M：0　Y：79　K：0
C：0　M：27　Y：16　K：0

这是一款咖啡外卖APP的UI设计。将盛有咖啡的杯子作为展示主图，直接表明了APP的内容性质。插画形式的图标，具有很强的创意感与趣味性，十分引人注目。

主标题文字采用衬线字体，给人文艺、雅致的感受。主次分明的文字将信息直接传达出来，同时也丰富了细节效果。

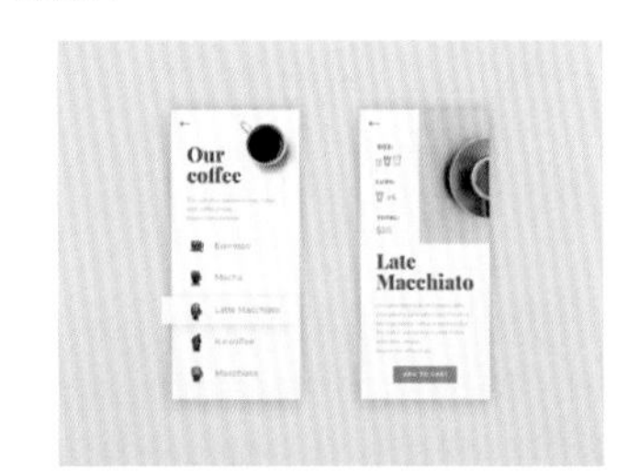

色彩点评

- 界面以白色为主色调，将版面内容进行凸显。少量青色的运用，营造了放松、舒畅的氛围。
- 咖啡色的点缀，与整个界面主体相吻合，同时对用户具有积极的引导作用。

CMYK：17,6,10,0　CMYK：45,67,100,7
CMYK：34,33,36,0

推荐色彩搭配

C：93　M：89　Y：87　K：79
C：40　M：44　Y：49　K：0
C：44　M：19　Y：25　K：0
C：11　M：10　Y：7　K：0

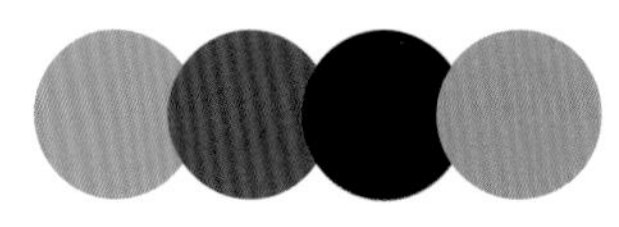

C：56　M：9　Y：21　K：0
C：28　M：78　Y：95　K：0
C：94　M：89　Y：85　K：78
C：33　M：35　Y：47　K：0

C：51　M：44　Y：36　K：0
C：50　M：24　Y：28　K：0
C：45　M：67　Y：100　K：7
C：28　M：42　Y：0　K：0

这是一款旅游APP的UI设计。将旅游风景图像作为展示主图，给用户直观醒目的感受。将图标以相同尺寸的圆角矩形呈现，让界面更加整齐统一。同时抽象化的图案，对用户阅读具有很好的引导作用。

色彩点评

- 界面以黑白两色为主色调，给人简洁大方的视觉印象，同时将主体对象直接凸显出来。
- 少量红色的点缀，为版面增添了一抹亮丽的色彩，十分引人注目。

CMYK：97,92,80,74 CMYK：5,4,0,0
CMYK：0,79,56,0

推荐色彩搭配

C：51	C：13	C：0	C：39
M：54	M：10	M：79	M：32
Y：63	Y：6	Y：56	Y：29
K：1	K：0	K：0	K：0

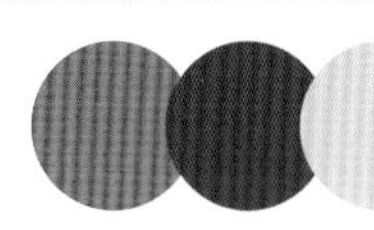

C：0	C：78	C：20	C：61
M：70	M：64	M：13	M：0
Y：18	Y：66	Y：13	Y：23
K：0	K：22	K：0	K：0

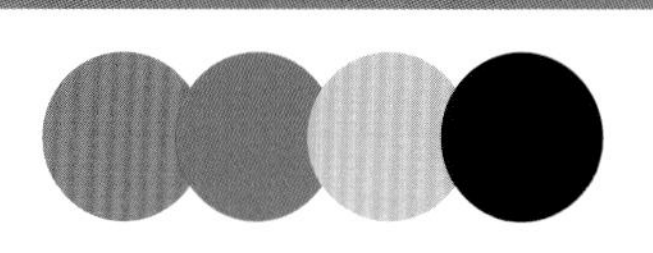

C：13	C：66	C：6	C：95
M：59	M：40	M：25	M：88
Y：28	Y：48	Y：27	Y：86
K：0	K：0	K：0	K：77

这是一款云存储APP的UI设计。采用骨骼型的构图方式，将存储内容进行整齐有序的排列。以相同尺寸呈现的简笔插画图标，为用户阅读提供了便利。

主次分明的文字，将信息直接传达出来。同时文字下方直线段的添加，让用户对不同文件的存储空间有一个直观的了解。

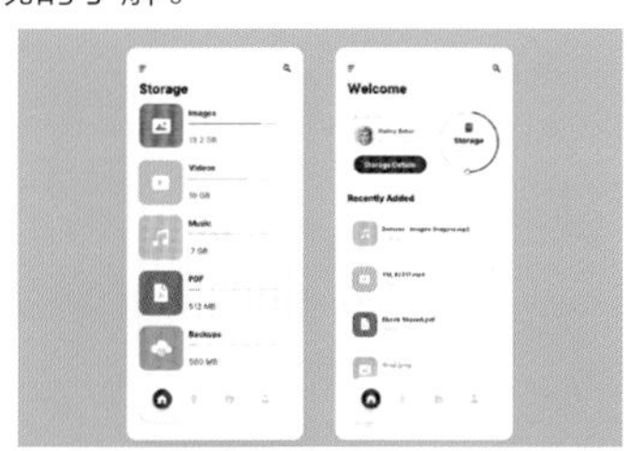

色彩点评

- 界面以浅灰色为主色调，将版面内容进行清楚地凸显，十分醒目。
- 图标中不同颜色的运用，不仅丰富了版面的色彩感，同时也非常方便用户进行内容的寻找。

CMYK：64,0,44,0 CMYK：71,55,0,0
CMYK：0,35,70,0

推荐色彩搭配

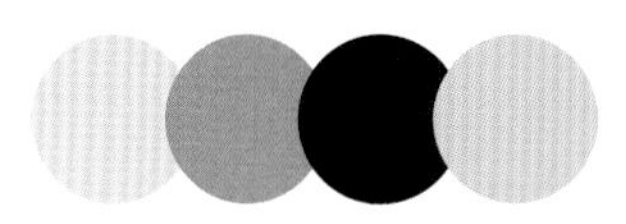

C：15	C：5	C：95	C：30
M：11	M：49	M：89	M：7
Y：11	Y：87	Y：84	Y：18
K：0	K：0	K：76	K：0

C：82	C：9	C：45	C：3
M：55	M：13	M：37	M：44
Y：44	Y：18	Y：11	Y：86
K：1	K：0	K：0	K：0

C：74	C：4	C：92	C：53
M：56	M：47	M：89	M：12
Y：0	Y：52	Y：66	Y：39
K：0	K：0	K：52	K：0

4.8 工具栏

色彩调性： 清爽、时尚、素雅、潮流、个性、理智、稳重、大胆、开放。

常用主题色：

CMYK:67,3,10,0

CMYK:3,26,76,0

CMYK:24,26,7,0

CMYK:40,100,99,6

CMYK:68,45,90,3

CMYK:25,19,18,0

常用色彩搭配

CMYK：58,11,22,0
CMYK：4,14,48,0

青色搭配黄色，以适中的明度和纯度给人柔和、细腻的感受。

CMYK：14,41,12,0
CMYK：55,41,0,0

粉色搭配蓝紫色，具有时尚、雅致的色彩特征，在对比中十分引人注目。

CMYK：87,42,83,3
CMYK：94,84,63,44

绿色搭配蓝黑色，在邻近色对比中给人稳重、神秘的视觉印象。

CMYK：5,38,72,0
CMYK：47,62,91,5

橙色是一种十分活跃、充满激情的色彩。在同类色的搭配组合中，可使界面更加整洁、统一。

配色速查

清爽

CMYK：74,3,63,0
CMYK：73,43,0,0
CMYK：3,19,61,0
CMYK：12,9,9,0

时尚

CMYK：77,35,0,0
CMYK：17,12,71,0
CMYK：80,75,73,49
CMYK：6,50,5,0

素雅

CMYK：85,62,64,21
CMYK：29,53,73,0
CMYK：31,12,13,0
CMYK：56,62,84,13

潮流

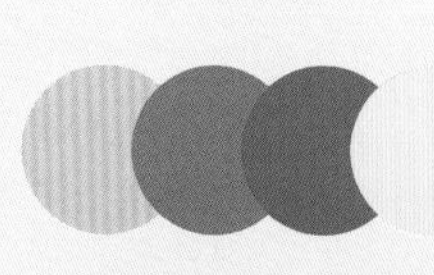

CMYK：16,22,0,0
CMYK：48,53,0,0
CMYK：72,45,24,0
CMYK：7,2,70,0

这是一款APP的UI设计。将工具栏以竖排的形式在界面右侧呈现，虽然与常规设计不太相同，但是为用户在使用方面带去了便利。版面中主次分明的文字，将信息直接传达出来，同时也让细节效果更加丰富。

色彩点评

- 界面以水墨蓝为主色调，给人沉稳、安定的印象。浅灰色的运用，提高了版面的亮度。
- 少量绿色、橙色的点缀，将重要信息着重凸显，为用户阅读提供了便利。

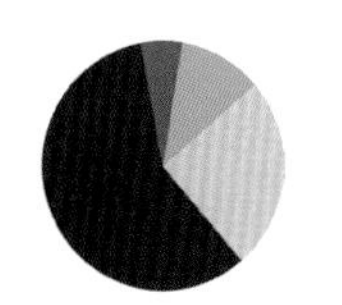
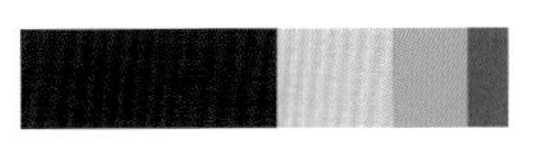

CMYK：93,91,55,29 CMYK：18,18,17,0
CMYK：69,0,57,0 CMYK：86,47,52,1

推荐色彩搭配

C：0	C：79	C：9	C：95
M：35	M：58	M：87	M：92
Y：82	Y：0	Y：100	Y：81
K：0	K：0	K：0	K：75

C：16	C：0	C：73	C：91
M：36	M：53	M：0	M：50
Y：0	Y：78	Y：21	Y：100
K：0	K：0	K：0	K：16

C：31	C：59	C：73	C：40
M：11	M：50	M：0	M：91
Y：13	Y：45	Y：21	Y：70
K：0	K：0	K：0	K：3

这是一款云服务网页的文件管理界面设计。将工具栏以骨骼型的构图方式在界面左侧呈现，为受众阅读提供了便利。矩形呈现背景的运用，极具视觉聚拢感。

以相同尺寸的圆角矩形作为文字呈现载体，让版面十分整齐、统一，同时也让各种信息能够清楚地传达。

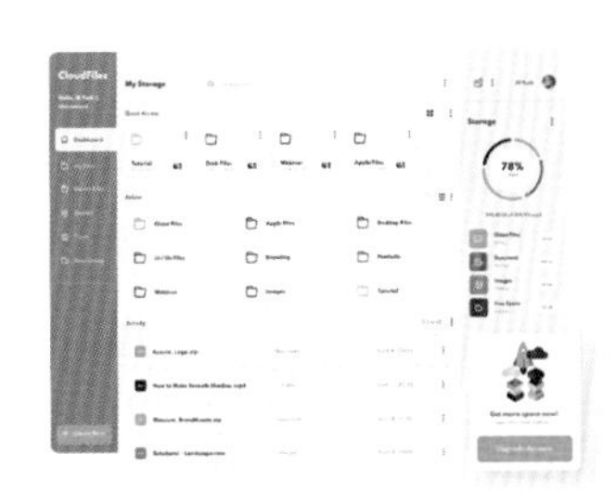

色彩点评

- 界面以浅灰色为背景主色调，将主题内容清楚地凸显出来。
- 绿色、橙色等色彩的点缀，在对比中将重要信息着重凸显，对受众具有积极的引导作用。

CMYK：9,5, 0,0 CMYK：70,16,55,0
CMYK：0,49,98,0

推荐色彩搭配

C：98	C：73	C：52	C：42
M：83	M：4	M：11	M：56
Y：62	Y：53	Y：2	Y：68
K：39	K：0	K：0	K：0

C：51	C：1	C：48	C：74
M：4	M：9	M：52	M：71
Y：18	Y：49	Y：0	Y：71
K：0	K：0	K：0	K：71

C：58	C：7	C：49	C：27
M：27	M：51	M：14	M：26
Y：0	Y：28	Y：36	Y：28
K：0	K：0	K：0	K：0

这是一款国外美食APP的UI设计。将工具栏在界面左侧呈现，使用户一目了然。当切换到相应工具时，文字颜色会发生变化，对用户具有很好的引导与提示作用。

色彩点评

- 界面以白色为背景主色调，将版面内容直接凸显，十分醒目。
- 少量淡黄色的运用，给人柔和、细腻的印象，同时打破了纯色背景的单调。

CMYK：0,27,24,0　CMYK：0,8,13,0
CMYK：87,84,48,14　CMYK：0,59,55,0

推荐色彩搭配

C：0	C：88	C：16	C：20
M：60	M：75	M：62	M：16
Y：65	Y：0	Y：36	Y：23
K：0	K：0	K：0	K：0

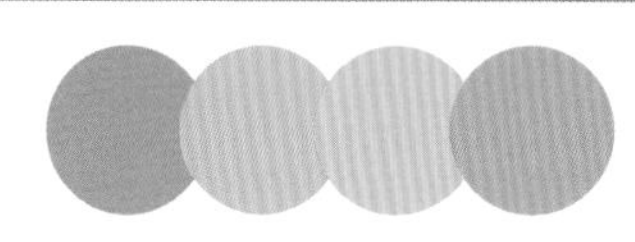

C：15	C：36	C：0	C：34
M：44	M：9	M：27	M：26
Y：15	Y：22	Y：24	Y：21
K：0	K：0	K：0	K：0

C：65	C：5	C：87	C：19
M：0	M：13	M：84	M：22
Y：3	Y：33	Y：48	Y：3
K：0	K：0	K：14	K：0

这是一款音乐APP的UI设计。将工具栏在左侧呈现，非常方便用户进行相应的设置与操作。周围适当留白的运用，为用户营造了一个良好的阅读环境。

以圆角矩形呈现的音乐表演图像，让用户有身临其境之感。版面中主次分明的文字，将信息直接传达出来。

色彩点评

- 界面以白色为主色调，无彩色的运用将版面内容进行清楚的呈现，使用户一目了然。
- 明度和纯度适中的红色的运用，营造了浓浓的音乐动感氛围。

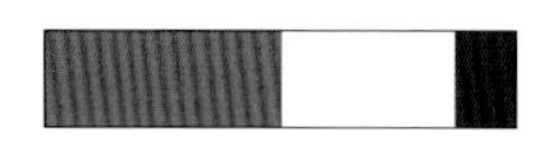

CMYK：0,86, 38, 0　CMYK：0,0,0,0
CMYK：98,94,56,27

推荐色彩搭配

C：78	C：26	C：0	C：20
M：0	M：40	M：29	M：16
Y：56	Y：60	Y：22	Y：9
K：17	K：0	K：0	K：0

C：0	C：80	C：16	C：60
M：38	M：67	M：13	M：51
Y：11	Y：0	Y：13	Y：45
K：0	K：0	K：0	K：0

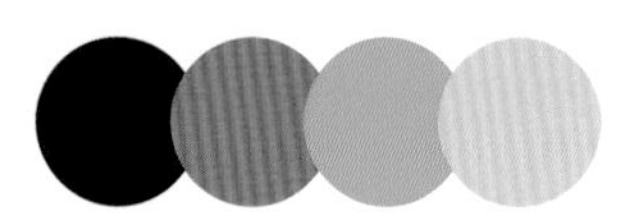

C：100	C：0	C：70	C：18
M：100	M：69	M：0	M：14
Y：57	Y：36	Y：25	Y：13
K：48	K：0	K：0	K：0

4.9 标签栏

色彩调性：韵味、多彩、鲜明、素净、高雅、大方、自由、理性、稳重。

常用主题色：

CMYK:65,6,37,0

CMYK:28,18,66,0

CMYK:31,45,79,0

CMYK:18,13,13,0

CMYK:37,70,22,0

CMYK:75,26,0,0

常用色彩搭配

CMYK：45,85,90,11
CMYK：54,38,26,0

深红色具有神秘、优雅的色彩特征，搭配灰色给人以些许的压抑与烦闷感。

CMYK：44,21,35,0
CMYK：91,89,72,63

枯叶绿搭配黑色，以适中的纯度和明度给人素雅、稳重的印象。

CMYK：66,22,20,0
CMYK：77,33,52,0

青色搭配绿色，在邻近色对比中具有通透、凉爽的视觉感受。

CMYK：8,38,82,0
CMYK：5,51,27,0

橙色搭配红色，同为暖色调，具有温暖、柔和的色彩特征，深受女性喜爱。

配色速查

韵味

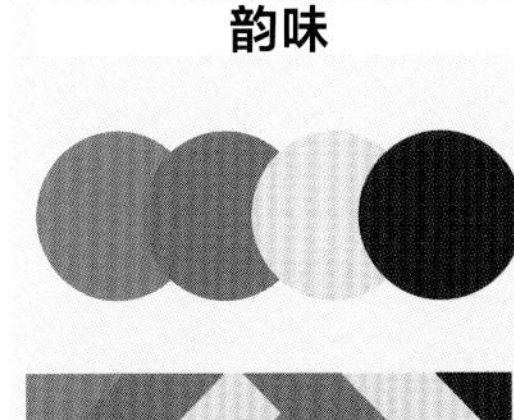

CMYK：70,31,51,0
CMYK：38,59,82,0
CMYK：17,13,9,0
CMYK：79,74,72,47

多彩

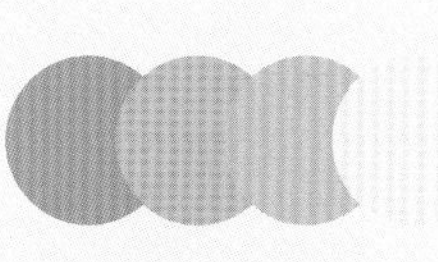

CMYK：72,12,14,0
CMYK：4,35,91,0
CMYK：5,36,7,0
CMYK：13,7,5,0

鲜明

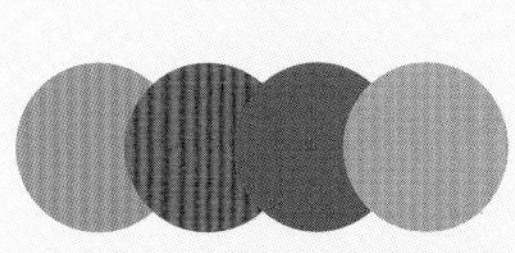

CMYK：71,15,55,0
CMYK：0,83,42,0
CMYK：83,51,28,0
CMYK：24,37,58,0

素净

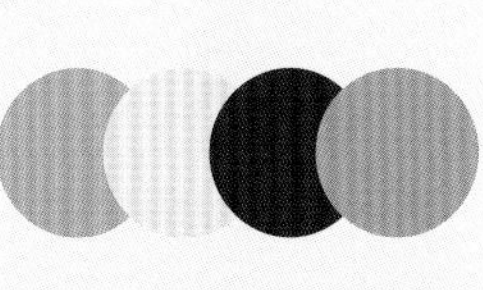

CMYK：44,19,38,0
CMYK：7,12,18,0
CMYK：76,76,71,45
CMYK：54,29,0,0

这是一款宠物电商APP的UI设计。采用骨骼型的构图方式，将主体对象在版面中呈现，使用户一目了然。底部以圆角矩形呈现的标签栏，为用户在不同界面之间自由切换提供了便利。

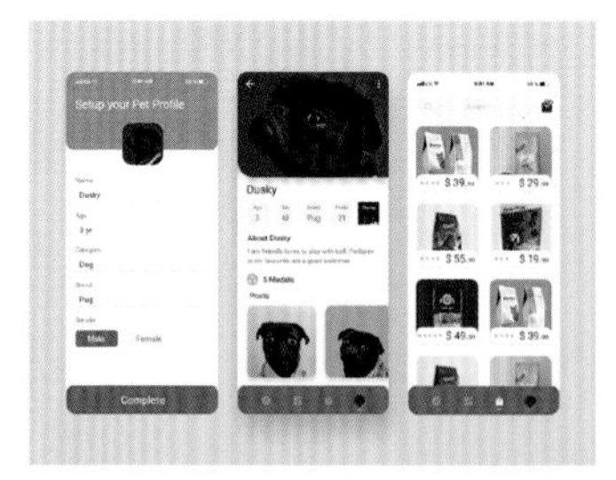

色彩点评

- 界面以白色为背景色，将主体对象直接凸显，同时让版面十分整齐有序。
- 版面中橙色、红色、紫色等色彩色的运用，在鲜明对比中丰富了整体的色彩感。

CMYK：15,11,11,0　CMYK：0,57,61,0
CMYK：60,58,0,0　CMYK：7,34,100,0

推荐色彩搭配

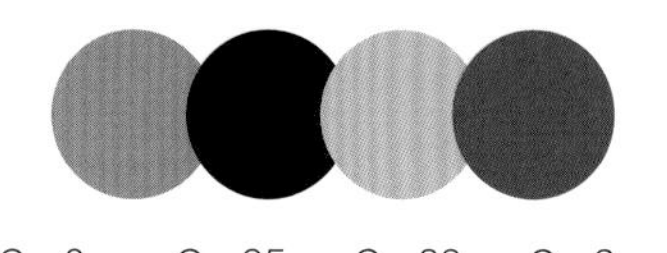

C：0	C：95	C：39	C：2
M：57	M：87	M：12	M：36
Y：61	Y：88	Y：0	Y：85
K：0	K：78	K：0	K：0

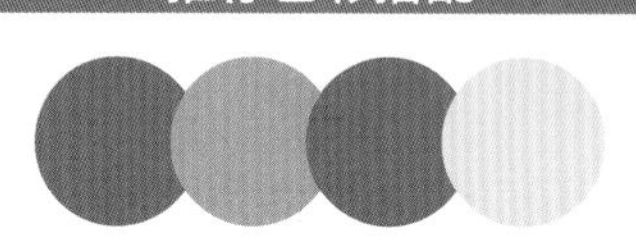

C：66	C：2	C：80	C：13
M：31	M：36	M：24	M：7
Y：86	Y：85	Y：31	Y：9
K：0	K：0	K：0	K：0

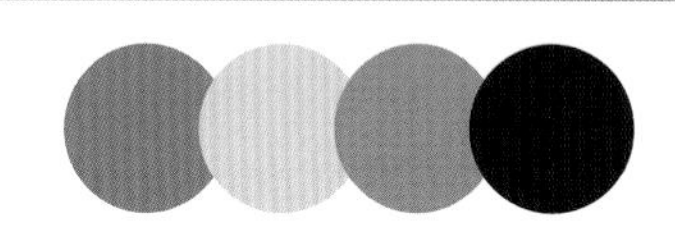

C：71	C：18	C：14	C：89
M：23	M：11	M：44	M：81
Y：2	Y：13	Y：100	Y：78
K：0	K：0	K：0	K：64

这是一款音乐APP 的UI设计。运用拟物化的设计方式，让整个界面具有很强的真实性。在底部呈现的标签栏，对用户阅读与理解具有积极的引导作用。

标签栏中相应按钮处于选中状态时为凹陷的外观，与其他按钮有明显的区别，使用户一目了然。

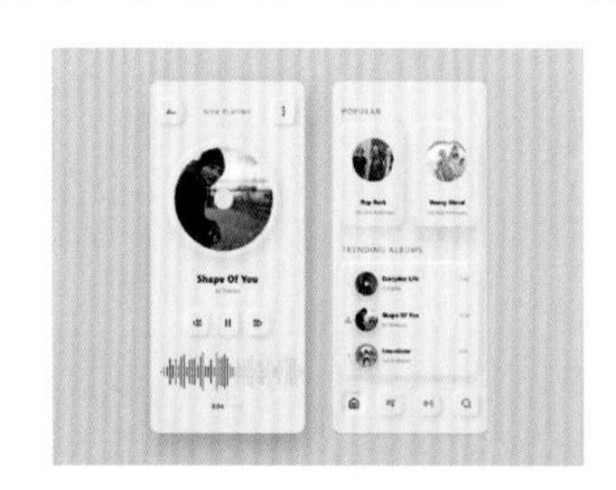

色彩点评

- 版面以浅灰色为主色调，无彩色的运用给人淡雅、幽静的感受，与主体氛围格调十分吻合。
- 少量黑色的运用，增强了整体的视觉稳定性。

CMYK：10,7,2,0　CMYK：100,86,38,2
CMYK：93,88,89,80

推荐色彩搭配

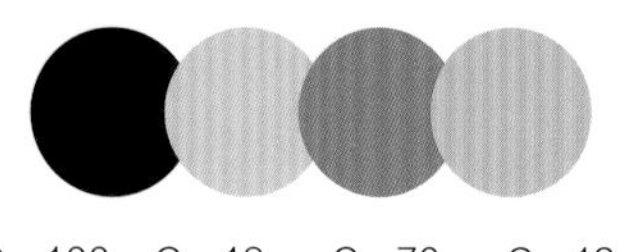

C：100	C：19	C：70	C：12
M：95	M：13	M：13	M：15
Y：67	Y：6	Y：19	Y：62
K：60	K：0	K：0	K：0

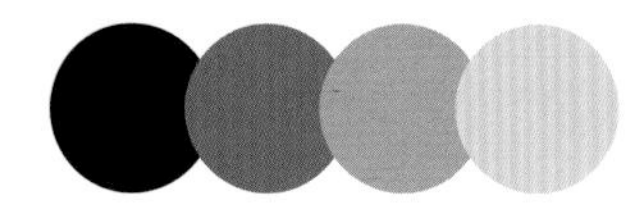

C：93	C：76	C：2	C：15
M：88	M：34	M：45	M：11
Y：89	Y：5	Y：0	Y：13
K：80	K：0	K：0	K：0

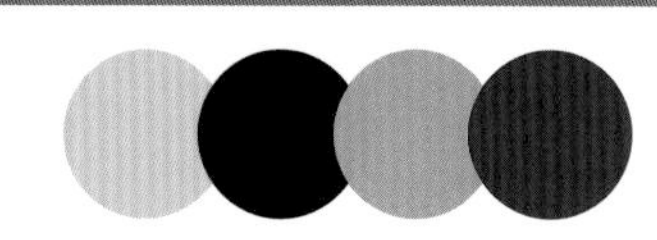

C：20	C：82	C：0	C：95
M：13	M：89	M：36	M：70
Y：10	Y：88	Y：98	Y：0
K：0	K：79	K：0	K：0

这是一款医疗APP的UI设计。采用骨骼型的构图方式，将相关信息进行清楚直观的呈现。通过底部的标签栏，可以让用户切换到自己需要的界面，十分方便快捷。

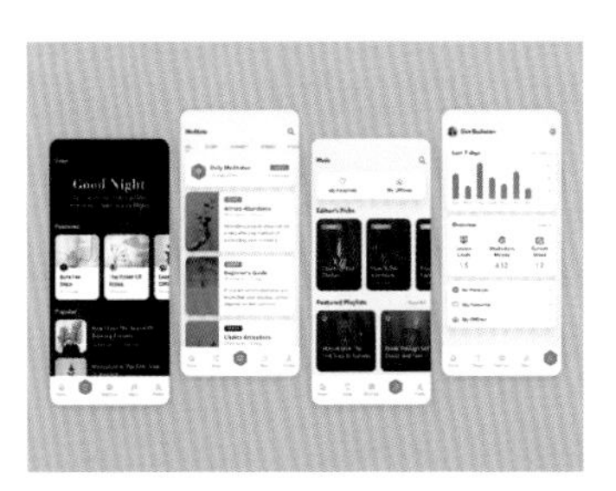

色彩点评

- 界面以淡青色为主色调，将版面内容直接凸显出来，给人安全、理性的印象。
- 不同明纯度青色的运用，具有很强的镇静效果，刚好与APP所表达的主题相吻合。

CMYK：93,89,87,79　CMYK：13,0,6,0
CMYK：79,25,0,0　CMYK：0,69,50,0

推荐色彩搭配

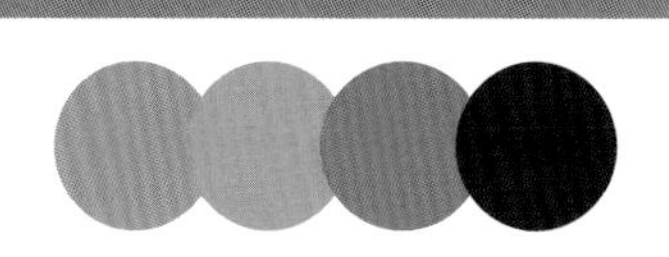

C：37	C：0	C：2	C：71
M：18	M：74	M：25	M：31
Y：40	Y：53	Y：87	Y：24
K：0	K：0	K：0	K：0

C：73	C：0	C：0	C：70
M：47	M：32	M：69	M：58
Y：89	Y：51	Y：50	Y：55
K：7	K：0	K：0	K：5

C：52	C：0	C：79	C：87
M：31	M：55	M：25	M：78
Y：0	Y：40	Y：0	Y：76
K：0	K：0	K：0	K：59

这是一款医生预约挂号APP的UI设计。采用并置型的构图方式，将不同科室的医生图像以及相关介绍进行呈现，为用户选择提供了便利。

在版面底部呈现的标签栏，可以让用户在不同界面之间随意切换。简约的按钮，将信息直接传达。

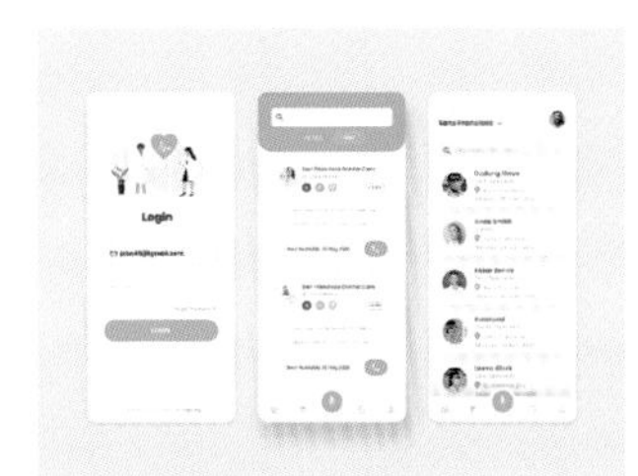

色彩点评

- 界面以白色为背景主色调，将版面内容进行清楚的凸显，十分醒目。
- 少量明度偏高的青绿色的运用，将重要信息直接凸显出来，对用户具有很好的引导作用。

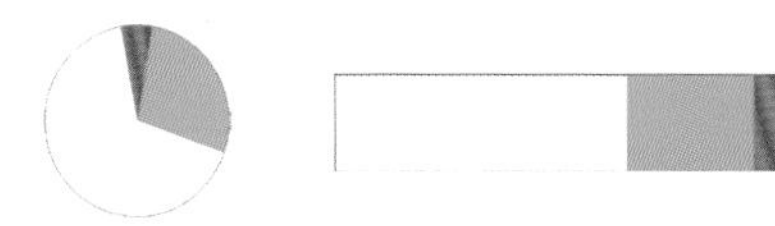

CMYK：0,0,0,0　CMYK：68,0,43,0
CMYK：0,75,19,0

推荐色彩搭配

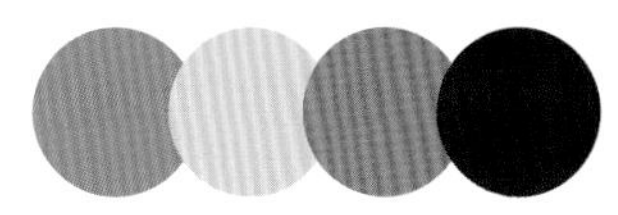

C：72	C：0	C：2	C：71
M：10	M：18	M：64	M：82
Y：55	Y：33	Y：25	Y：100
K：0	K：0	K：0	K：64

C：100	C：6	C：77	C：11
M：96	M：93	M：16	M：24
Y：69	Y：27	Y：47	Y：98
K：60	K：0	K：0	K：0

C：0	C：36	C：9	C：78
M：56	M：52	M：11	M：29
Y：32	Y：80	Y：14	Y：40
K：0	K：0	K：0	K：0

4.10 按钮

色彩调性： 活跃、时尚、简单、朴素、典雅、积极、温婉、舒缓。

常用主题色：

CMYK:14,56,12,0　CMYK:68,5,20,0　CMYK:11,24,88,0　CMYK:71,1,74,0　CMYK:82,77,75,55　CMYK:78,87,0,0

常用色彩搭配

CMYK：1,48,42,0
CMYK：51,16,34,0

橙色搭配绿色，明度和纯度适中，在冷暖色调对比中给人舒适、自然之感。

CMYK：8,12,31,0
CMYK：74,14,22,0

浅黄色具有柔和、淡雅的色彩特征，搭配青色，在对比中让这种氛围更加浓厚。

CMYK：0,76,2,0
CMYK：93,78,79,64

洋红色给人醒目、鲜艳的感受，搭配无彩色的黑色，增强了视觉的稳定性。

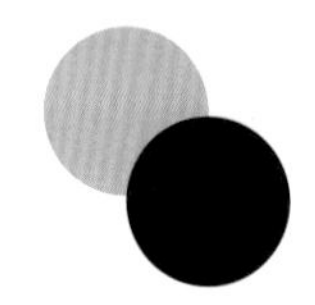

CMYK：8,26,90,0
CMYK：100,98,19,0

黄色搭配紫色，在互补色对比中十分引人注目，具有很强的突出强调作用。

配色速查

活跃

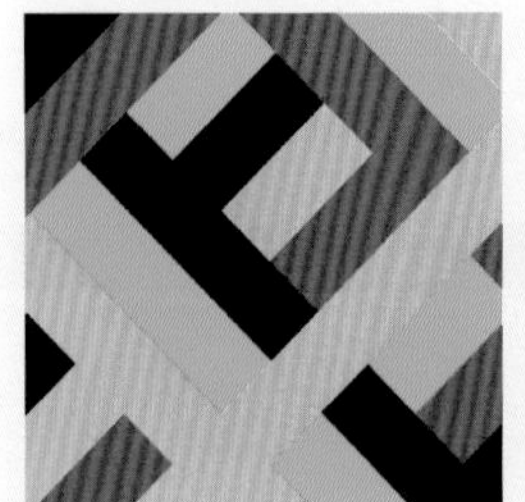

CMYK：97,100,60,19
CMYK：0,78,30,0
CMYK：67,0,33,0
CMYK：3,30,53,0

时尚

CMYK：89,84,74,64
CMYK：69,12,9,0
CMYK：34,94,30,0
CMYK：5,2,50,0

简单

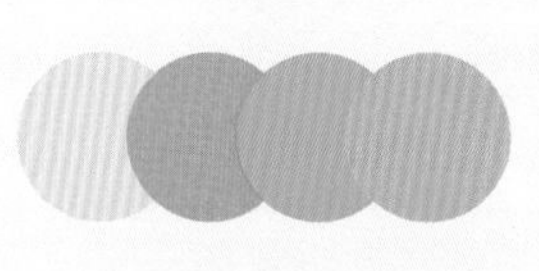

CMYK：7,15,19,0
CMYK：0,46,60,0
CMYK：68,5,20,0
CMYK：29,23,22,0

朴素

CMYK：58,35,16,0
CMYK：18,15,14,0
CMYK：36,51,56,0
CMYK：45,22,48,0

这是一款登录APP的UI设计。采用骨骼型的构图方式，将登录文字进行清楚的呈现。以矩形作为呈现载体的按钮，对用户具有积极的引导作用。底部阴影的添加，增添了版面的层次感。

色彩点评

- 界面以白色为主色调，将主体对象直接凸显出来，给人干净、整洁的视觉感受。
- 少量橙色的运用，将重要信息着重凸显。黑色的运用，则增强了版面的视觉稳定性。

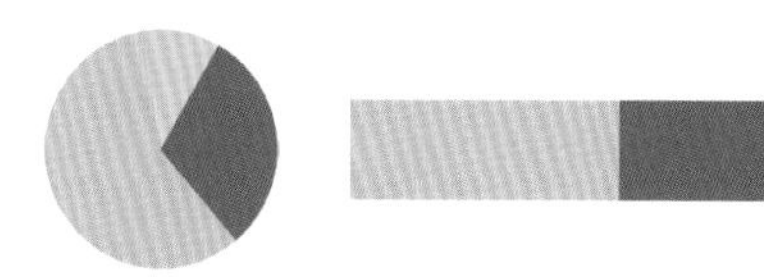

CMYK：17,22,29,0　CMYK：61,56,51,1
CMYK：0,24,58,0

推荐色彩搭配

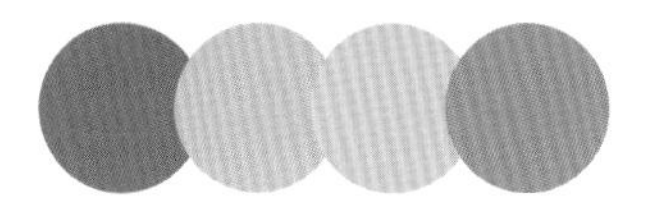

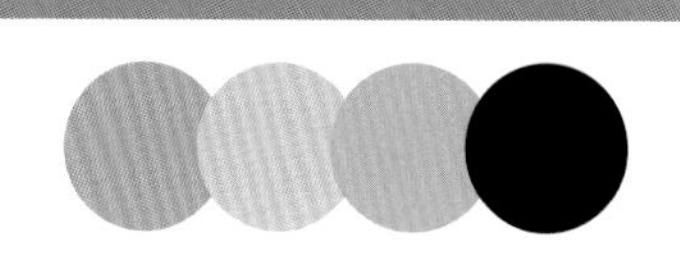

C：43	C：25	C：0	C：59
M：57	M：19	M：24	M：18
Y：66	Y：18	Y：58	Y：30
K：0	K：0	K：0	K：0

C：6	C：0	C：80	C：35
M：27	M：47	M：37	M：38
Y：99	Y：26	Y：0	Y：51
K：0	K：0	K：0	K：0

C：49	C：22	C：0	C：93
M：11	M：17	M：42	M：88
Y：51	Y：16	Y：20	Y：89
K：0	K：0	K：0	K：80

这是一款冥想APP的 UI设计。将开始与暂停按钮在版面中间位置呈现，十分方便用户随时进行开与关的切换。

以并置型呈现的课程图案，方便用户进行选择，同时也让版面整齐、统一。

色彩点评

- 界面以纯度偏低的紫色为主色调，在渐变过渡中营造了静谧、放松的氛围，与主题调性十分吻合。
- 少量橙色、红色的点缀，在对比中丰富了版面的色彩感。

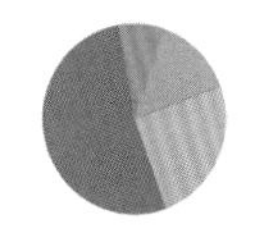

CMYK：56,53,11,0　CMYK：45,18,0,0
CMYK：3,49,25,0　CMYK：0,58,89,0

推荐色彩搭配

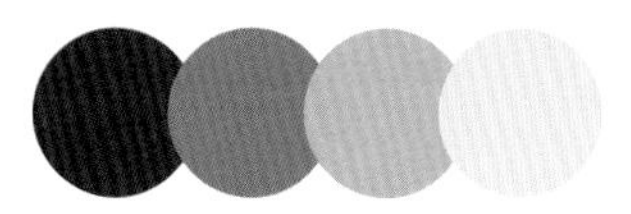

C：84	C：47	C：7	C：9
M：91	M：56	M：37	M：0
Y：29	Y：9	Y：0	Y：51
K：0	K：0	K：0	K：0

C：93	C：54	C：53	C：1
M：89	M：44	M：0	M：47
Y：28	Y：0	Y：0	Y：95
K：0	K：0	K：0	K：0

C：88	C：44	C：3	C：3
M：64	M：20	M：7	M：49
Y：0	Y：0	Y：55	Y：25
K：0	K：0	K：0	K：0

这是一款闹钟APP的UI设计。将时钟作为展示主图在版面中间部位呈现，使用户一目了然。闹钟界面的各种按钮，方便用户进行闹钟的设置。较大字号的无衬线字体，将信息直接传达出来。

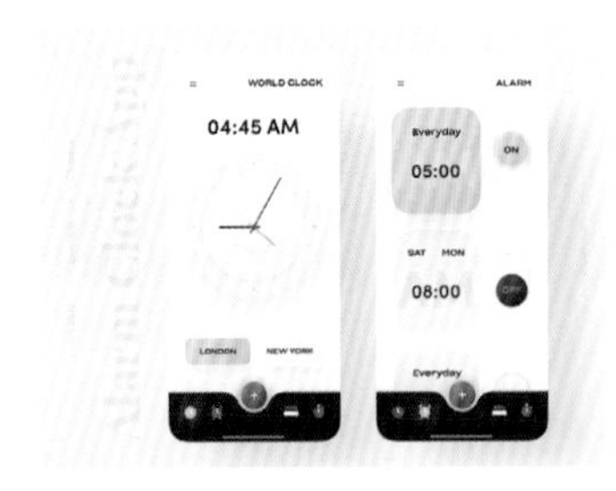

色彩点评

- 界面以浅灰色为主色调，将版面内容进行清楚凸显，同时不会对用户的眼睛产生过多刺激。
- 少量橙色的运用，将选中的按钮着重凸显，为用户阅读与理解提供了便利。

CMYK：11,5,0,0　　CMYK：84,100,61,42
CMYK：0,23,64,0

推荐色彩搭配

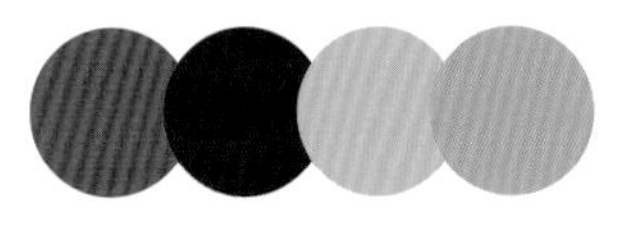

C：0	C：84	C：0	C：35	C：84	C：11	C：1	C：98	C：83	C：32	C：24	C：0
M：91	M：100	M：42	M：31	M：25	M：18	M：27	M：83	M：69	M：59	M：13	M：23
Y：76	Y：61	Y：20	Y：28	Y：67	Y：0	Y：95	Y：84	Y：56	Y：75	Y：11	Y：64
K：0	K：42	K：0	K：0	K：0	K：0	K：0	K：73	K：16	K：0	K：0	K：0

这是一款智能硬件控制APP的UI设计。采用中轴型的构图方式，将主体对象在版面中间部位呈现，给受众直观醒目的印象。

整个版面运用拟物化的设计方式，具有很强的真实性。特别是凸起的按钮，非常方便用户进行选择与切换。

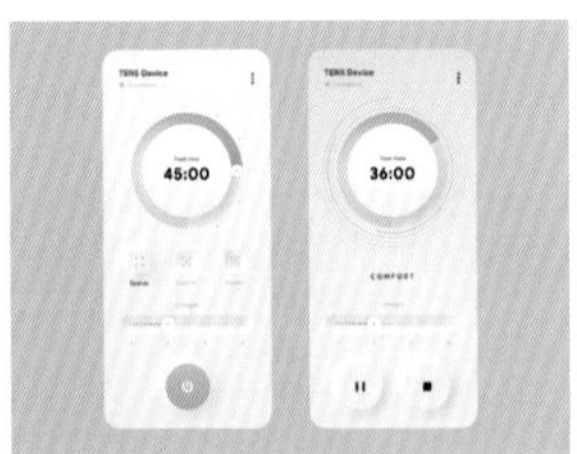

色彩点评

- 界面以灰色为主色调，无彩色的运用，凸显出APP具有的高雅格调。
- 明度和纯度适中的青色的运用，为单调的版面增添了彩色，同时也适当提高了亮度。

CMYK：49,6,18,0　　CMYK：13,7,5,0
CMYK：71,0,22,0

推荐色彩搭配

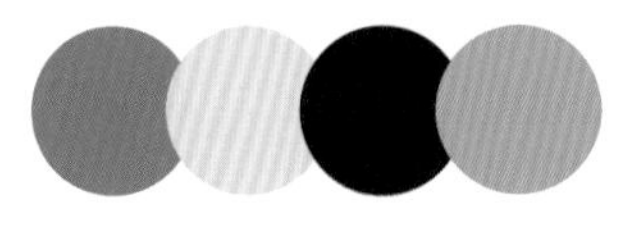

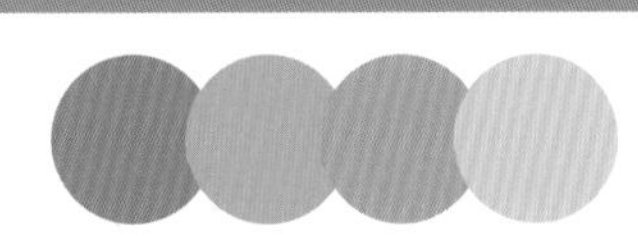

C：74	C：93	C：22	C：16	C：62	C：2	C：92	C：56	C：66	C：0	C：42	C：16
M：0	M：88	M：16	M：48	M：45	M：16	M：89	M：11	M：26	M：48	M：29	M：7
Y：24	Y：89	Y：16	Y：24	Y：0	Y：26	Y：88	Y：22	Y：32	Y：42	Y：27	Y：67
K：0	K：80	K：0	K：0	K：0	K：0	K：79	K：0	K：0	K：0	K：0	K：0

第5章

APP UI设计的版式

随着互联网时代的迅速发展，APP UI设计中的版式多种多样。不同种类的版式有不同的设计特点与要求，常见的版式有骨骼型、对称型、分割型、满版型、曲线形、倾斜型、中心型、三角形、自由型等。

- 对称型版式，是将图像或者文字以对称的形式进行呈现。相对于绝对对称来说，相对对称具有更加灵活的表现形式。
- 分割型版式，是通过直线、图形或者其他元素将界面进行划分，营造活跃、动感的视觉氛围。
- 满版型版式，是将图像充满整个界面。这种构图方式对用户具有很强的视觉冲击力，相对于小图来说，大图也可以展现出产品更多的细节效果。

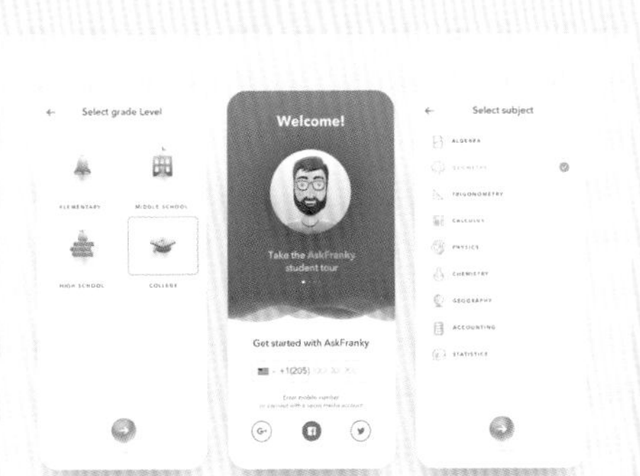

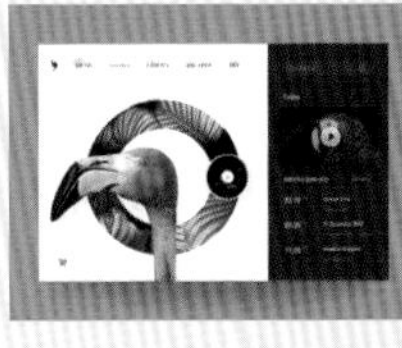

5.1 骨骼型

色彩调性：鲜明、高端、理智、简约、稳定、优雅、清楚、朴素。

常用主题色：

CMYK：68,2,50,0

CMYK：13,13,74,0

CMYK：0,71,17,0

CMYK：97,86,0,0

CMYK：21,16,15,0

CMYK：54,32,0,0

常用色彩搭配

CMYK：76,68,0,0
CMYK：7,8,65,0

紫色搭配黄色，明度和纯度较为适中，在互补色的鲜明对比中营造出一种极强的视觉冲击力。

CMYK：0,71,17,0
CMYK：86,81,29,0

深蓝色具有稳重、成熟、呆板的色彩特征。搭配红色，具有很好的中和作用。

CMYK：63,0,15,0
CMYK：5,2,50,0

明度偏低的橙色搭配青色，在对比中给人理智感受的同时又不乏柔和。

CMYK：52,5,51,0
CMYK：78,37,75,1

绿色多给人生机、活力、健康的印象。不同明纯度的绿色相搭配，让界面更加统一、和谐。

配色速查

鲜明

CMYK：78,69,0,0
CMYK：4,33,90,0
CMYK：69,0,30,0
CMYK：86,82,81,70

高端

CMYK：87,83,82,72
CMYK：27,26,33,0
CMYK：68,64,74,23
CMYK：19,38,83,0

理智

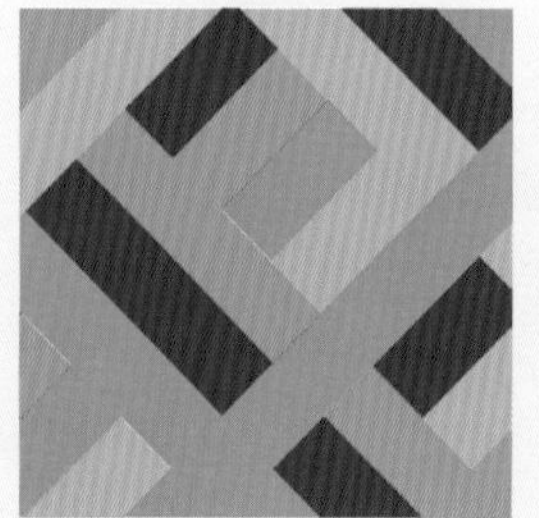
CMYK：69,7,52,0
CMYK：47,10,27,0
CMYK：76,71,53,13
CMYK：6,55,32,0

简约

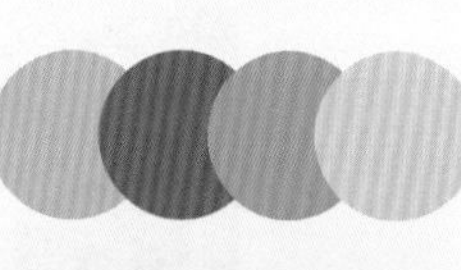

CMYK：29,23,22,0
CMYK：40,64,85,2
CMYK：54,23,33,0
CMYK：11,21,38,0

这是一款宠物APP的UI设计。采用骨骼型的构图方式，将图像与文字进行整齐有序的排列。特别是圆角矩形呈现载体的运用，极具视觉聚拢感。

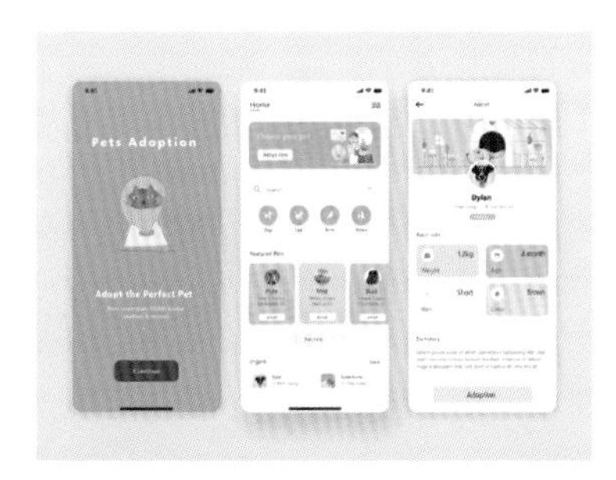

色彩点评

- 界面以白色为背景色，具有很好的视觉呈现效果，为用户阅读提供了便利。
- 适当橙色的运用，营造了浓浓的温馨氛围，瞬间拉近了与用户的距离。

CMYK：71,0,18,0 CMYK：0,46,93,0
CMYK：0,38,18,0 CMYK：37,3,64,0

推荐色彩搭配

C：44	C：30	C：75	C：0
M：0	M：32	M：64	M：46
Y：6	Y：38	Y：0	Y：93
K：0	K：0	K：0	K：0

C：53	C：0	C：78	C：71
M：20	M：17	M：69	M：0
Y：32	Y：7	Y：49	Y：18
K：0	K：0	K：7	K：0

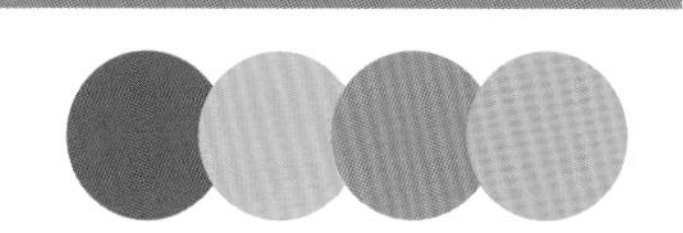

C：71	C：0	C：60	C：0
M：55	M：38	M：18	M：39
Y：45	Y：18	Y：47	Y：96
K：1	K：0	K：0	K：0

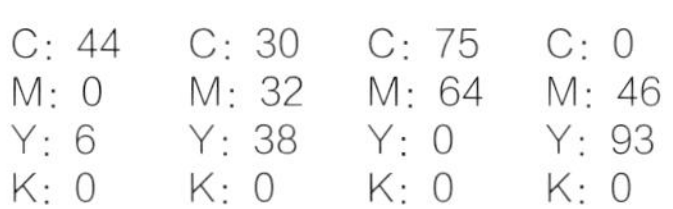

这是一款银行APP的UI设计。采用骨骼型的构图方式，将各种信息进行清楚的呈现，使用户一目了然。

适当留白的运用，为用户营造了一个良好的阅读环境。

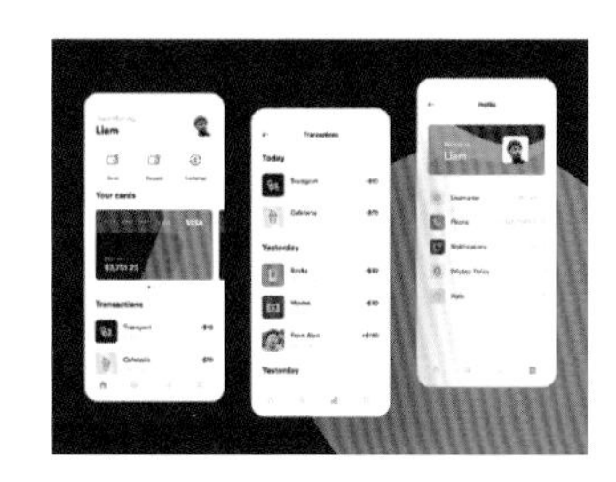

色彩点评

- 界面以白色为主色调，给人安全、理智的视觉印象，刚好与APP性质相吻合。
- 版面中橙色、紫色的运用，以适中的明度和纯度将重要信息着重凸显，十分引人注目。

CMYK：82,100,43,3 CMYK：0,76,95,0
CMYK：93,88,89,80

推荐色彩搭配

C：42	C：100	C：0	C：73
M：10	M：80	M：70	M：47
Y：13	Y：56	Y：55	Y：95
K：0	K：24	K：0	K：6

C：10	C：100	C：5	C：80
M：15	M：91	M：22	M：27
Y：28	Y：71	Y：96	Y：11
K：0	K：62	K：0	K：0

C：17	C：10	C：68	C：16
M：67	M：15	M：34	M：56
Y：100	Y：28	Y：27	Y：0
K：0	K：0	K：0	K：0

这是一款任务、日程管理APP的UI设计。采用骨骼型的构图方式，将日期以及每天的日程明细进行直观的呈现，为用户阅读提供方便。

色彩点评

- 界面以蓝色为主色调，明度和纯度较为适中，给人冷静、理智的印象。
- 以不同颜色的圆角矩形作为任务的背景载体，使用户一目了然，同时也增强了版面的色彩感。

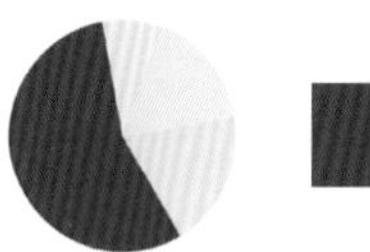

CMYK：86,75,0,0　CMYK：15,13,0,0
CMYK：23,0,9,0　CMYK：0,17,10,0

推荐色彩搭配

C：42	C：71	C：60	C：62
M：36	M：64	M：9	M：0
Y：33	Y：0	Y：0	Y：31
K：0	K：0	K：0	K：0

C：0	C：88	C：2	C：15
M：71	M：83	M：4	M：13
Y：13	Y：19	Y：74	Y：0
K：0	K：0	K：0	K：0

C：45	C：24	C：0	C：64
M：39	M：21	M：52	M：56
Y：0	Y：95	Y：4	Y：49
K：0	K：0	K：0	K：1

这是一款机票预订APP的UI设计。将拉着行李箱出行的插画人物作为展示主图，直接表明了APP的内容。同时以骨骼型呈现的文字，将信息直接传达出来。

界面中适当留白的运用，为用户阅读与理解提供了方便，同时也让版面极具呼吸顺畅之感。

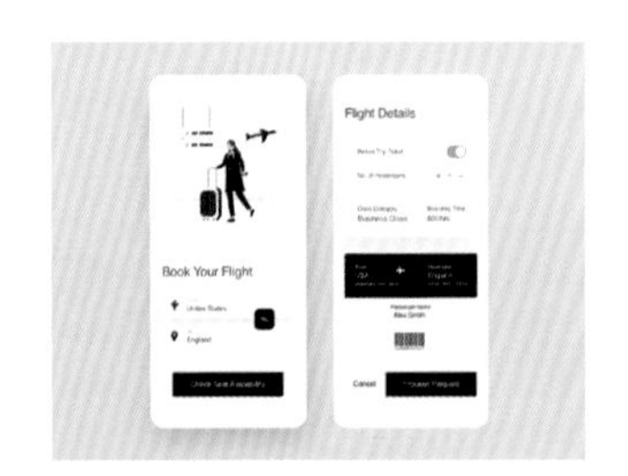

色彩点评

- 界面以无彩色的浅灰色为主色调，将版面内容进行清楚的凸显。
- 黑色的运用，瞬间提升了界面的格调，同时增强了版面的稳定性。

CMYK：4,2,2,0　CMYK：93,88,89,80
CMYK：68,0,85,0

推荐色彩搭配

C：100	C：3	C：10	C：33
M：91	M：42	M：15	M：26
Y：73	Y：97	Y：28	Y：25
K：63	K：0	K：0	K：0

C：51	C：44	C：39	C：89
M：53	M：0	M：31	M：85
Y：0	Y：1	Y：30	Y：85
K：0	K：0	K：0	K：75

C：98	C：58	C：20	C：5
M：95	M：0	M：0	M：0
Y：77	Y：40	Y：8	Y：39
K：71	K：0	K：0	K：0

5.2 对称型

色彩调性：理性、美味、醒目、纯净、明亮、柔和、大方、稳重、平淡。

常用主题色：

CMYK:82,45,62,2

CMYK:7,37,91,0

CMYK:13,14,15,0

CMYK:73,29,0,0

CMYK:9,73,40,0

CMYK:59,50,47,0

常用色彩搭配

CMYK：1,27,38,0
CMYK：0,63,62,0

橙色具有积极、美味的色彩特征。同类色搭配，给人统一、和谐的感受。

CMYK：59,36,7,0
CMYK：25,19,18,0

蓝色搭配灰色，以适中的明度和纯度，给人通透、理智又不失稳重的印象。

CMYK：7,54,13,0
CMYK：81,77,75,54

粉色多给人柔和、细腻的感受，搭配适当的黑色，具有提升气质的作用。

CMYK：83,43,28,0
CMYK：11,7,55,0

青色搭配浅黄色，十分引人注目。在冷暖色调的鲜明对比中，尽显活力与生机。

配色速查

理性

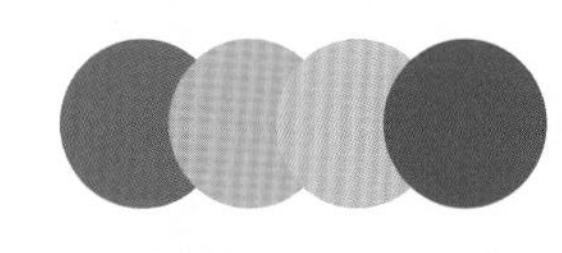

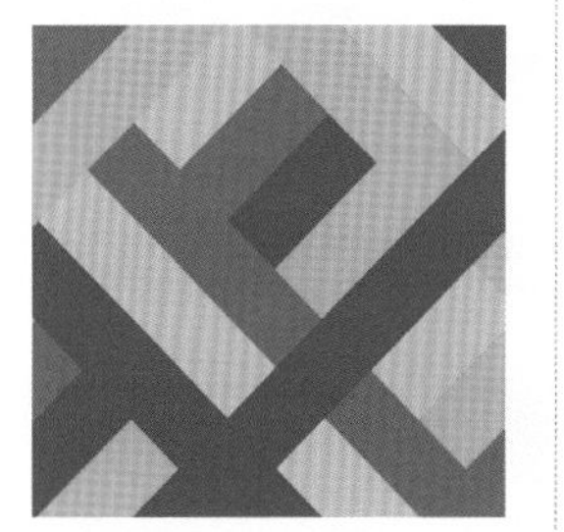

CMYK：67,55,0,0
CMYK：3,44,80,0
CMYK：29,23,22,0
CMYK：86,53,28,0

美味

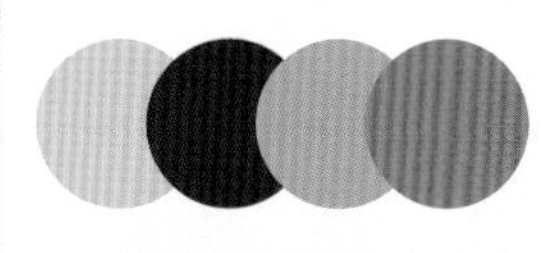

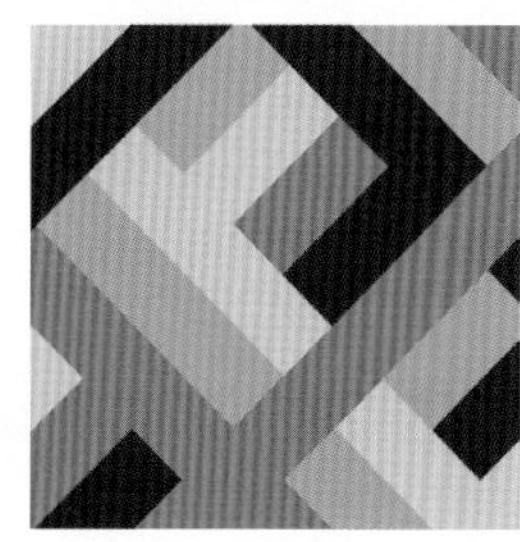

CMYK：8,26,69,0
CMYK：87,79,59,31
CMYK：39,34,17,0
CMYK：0,71,74,0

醒目

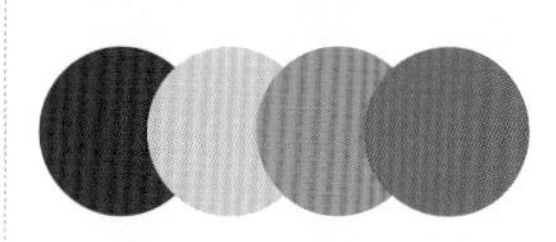

CMYK：94,68,52,12
CMYK：25,19,18,0
CMYK：0,63,39,0
CMYK：80,34,54,0

纯净

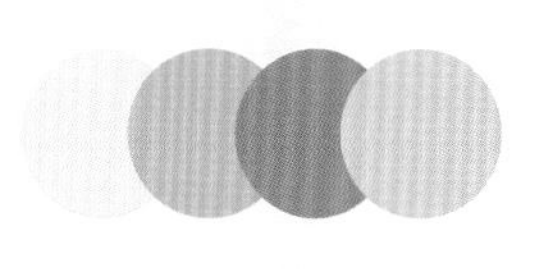

CMYK：16,3,16,0
CMYK：14,30,44,0
CMYK：56,28,51,0
CMYK：21,16,18,0

这是一款APP的图片列表界面设计。采用对称型的构图方式，将图片以两列在界面中呈现。以相同尺寸的圆角矩形作为图片呈现载体，让版面尽显整洁与统一。

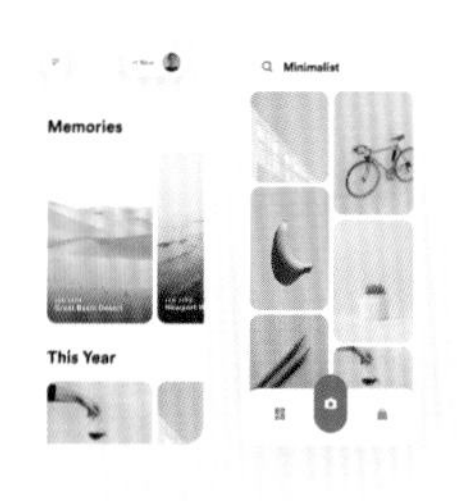

色彩点评

- 界面以白色作为背景色，将版面内容进行清楚的凸显，同时给人清爽、醒目的印象。
- 图片中的不同颜色，在对比中丰富了整体的色彩感。黑色的文字，具有很好的引导作用。

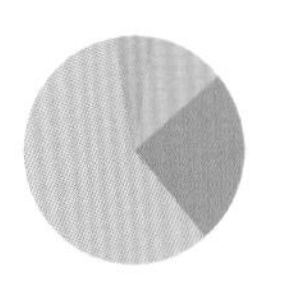

CMYK：38,9,10,0　CMYK：0,54,53,0
CMYK：0,37,11,0　CMYK：10,27,93,0

推荐色彩搭配

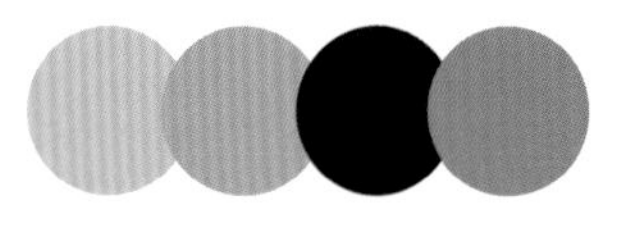

C：24	C：49	C：91	C：52	C：9	C：23	C：0	C：61	C：0	C：0	C：95	C：0
M：24	M：18	M：89	M：44	M：27	M：18	M：37	M：16	M：24	M：16	M：87	M：73
Y：0	Y：24	Y：87	Y：28	Y：96	Y：16	Y：11	Y：36	Y：71	Y：14	Y：60	Y：79
K：0	K：0	K：78	K：0	K：0	K：0	K：0	K：0	K：0	K：0	K：38	K：0

这是一款咖啡外卖APP 的UI设计。采用对称型的构图方式，将订餐页面以两列来呈现，为用户进行选择与对比提供了便利。

APP采用拟物化的设计方式，将按钮以及呈现载体模拟现实，具有很强的现实感。

色彩点评

- 界面以浅灰色作为背景色，无彩色的运用给人时尚、精致的感受。
- 橙色的运用，将产品直接凸显出来，十分醒目。同时可以刺激受众味蕾，激发其购买欲望。

CMYK：10,6,0,0　CMYK：2,65,96,0
CMYK：42,26,18,0

推荐色彩搭配

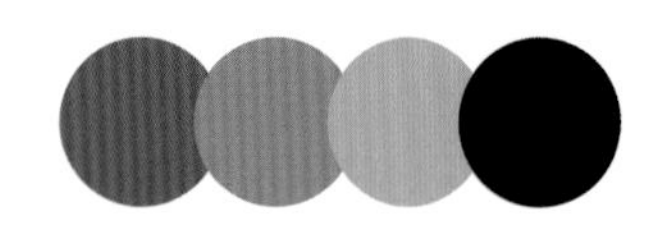

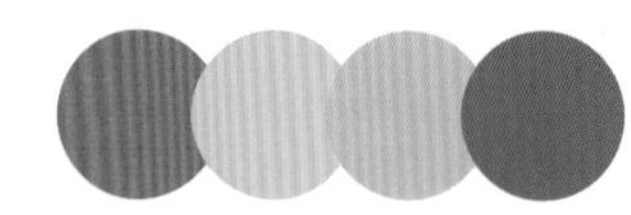

C：44	C：1	C：0	C：93	C：2	C：0	C：21	C：65	C：0	C：76	C：11	C：29
M：67	M：60	M：44	M：88	M：72	M：27	M：24	M：57	M：52	M：69	M：2	M：39
Y：100	Y：84	Y：56	Y：89	Y：75	Y：38	Y：27	Y：19	Y：82	Y：78	Y：62	Y：76
K：5	K：0	K：0	K：80	K：0	K：0	K：0	K：2	K：0	K：41	K：0	K：0

这是一款家具电商的APP UI设计。采用对称型的构图方式，将家具以双列形式呈现，给用户直观醒目的印象，同时也非常方便用户进行不同产品之间的对比与选择。

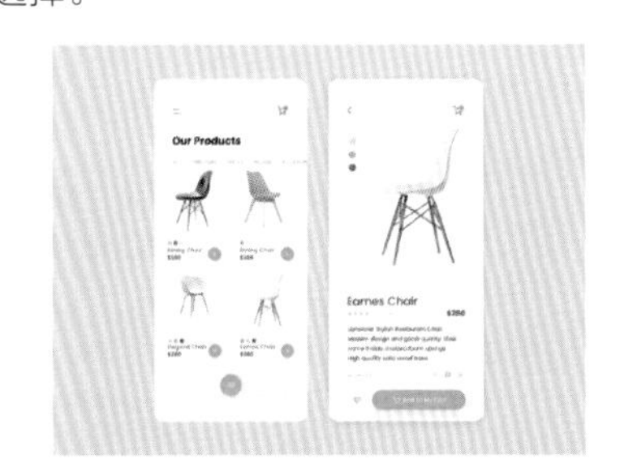

色彩点评

- 界面以浅灰色为主色调，将主体对象进行清楚的凸显，使用户一目了然。
- 少量橙色的点缀，一方面增强了版面的色彩感；另一方面将重要信息着重突出，对用户具有积极的引导作用。

CMYK：5,3,2,0　　CMYK：0,52,83,0
CMYK：45,34,31,0

推荐色彩搭配

C：5	C：25	C：47	C：0
M：20	M：54	M：37	M：36
Y：27	Y：85	Y：34	Y：98
K：0	K：0	K：0	K：0

C：85	C：85	C：100	C：7
M：45	M：93	M：76	M：67
Y：64	Y：69	Y：55	Y：67
K：3	K：58	K：20	K：0

C：97	C：35	C：0	C：64
M：67	M：6	M：31	M：42
Y：0	Y：13	Y：91	Y：43
K：0	K：0	K：0	K：0

这是一款绿植APP的UI设计。采用对称型的构图方式，将各种绿植清楚直观地呈现在用户眼前，十分引人注目。

以相同的圆角矩形作为绿植呈现载体，让界面十分整齐、统一。同时主次分明的文字，将信息直接传达。

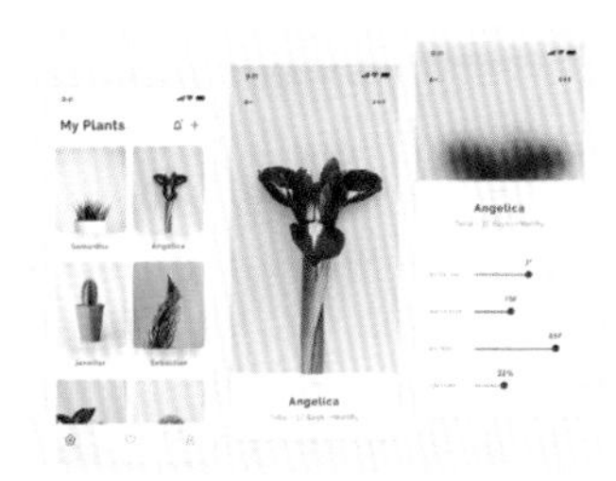

色彩点评

- 界面以粉色为主色调，明度和纯度适中，为用户营造了一个良好的阅读环境。
- 绿植本身颜色的运用，与红色的花朵形成对比，给人一种满满的生机感。

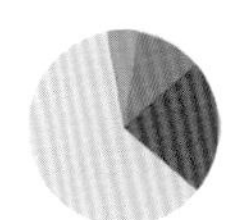

CMYK：9,22,11,0　　CMYK：7,91,36,0
CMYK：80,24,78,0　　CMYK：0,58,53,0

推荐色彩搭配

C：26	C：0	C：83	C：46
M：11	M：20	M：76	M：100
Y：15	Y：40	Y：66	Y：71
K：0	K：0	K：40	K：11

C：16	C：82	C：4	C：0
M：12	M：31	M：44	M：58
Y：12	Y：18	Y：21	Y：53
K：0	K：0	K：0	K：0

C：57	C：2	C：50	C：96
M：34	M：38	M：24	M：91
Y：0	Y：83	Y：78	Y：82
K：0	K：0	K：0	K：75

5.3 分割型

色彩调性：淡雅、素净、强烈、欢快、时尚、安稳、个性、统一。

常用主题色：

CMYK：5,18,73,0

CMYK：13,9,17,0

CMYK：61,42,26,0

CMYK：0,78,55,0

CMYK：84,79,73,56

CMYK：33,0,22,0

常用色彩搭配

CMYK：1,43,76,0
CMYK：9,63,26,0

橙色搭配红色，明度和纯度适中，该种颜色组合方式多用在食物界面中。

CMYK：56,14,21,0
CMYK：85,51,45,0

青色具有冷静、理智的色彩特征。同类色之间的搭配，让界面更加统一、和谐。

CMYK：63,31,84,0
CMYK：9,9,62,0

绿色搭配浅黄色，在冷暖色调的鲜明对比中，十分引人注目。

CMYK：40,0,5,0
CMYK：58,62,0,0

淡蓝色搭配紫色，同为冷色调，在舒适、放松之中又透露出些许优雅与自在。

配色速查

淡雅

CMYK：4,11,11,0
CMYK：54,39,43,0
CMYK：32,35,37,0
CMYK：24,47,65,0

强烈

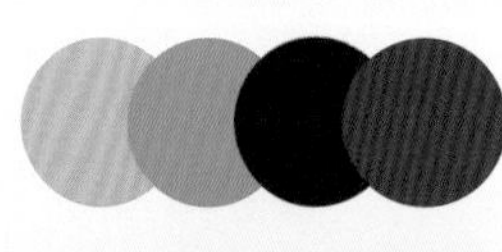

CMYK：6,31,90,0
CMYK：74,4,61,0
CMYK：81,84,69,53
CMYK：27,91,90,0

欢快

CMYK：11,37,22,0
CMYK：79,34,15,0
CMYK：10,25,36,0
CMYK：3,36,89,0

稳定

CMYK：6,49,82,0
CMYK：51,21,8,0
CMYK：9,63,26,0
CMYK：95,93,53,27

这是一款网页登录页面设计。采用分割型的构图方式，将整个版面划分为两部分。以倾斜角度飞射而下的圆角矩形，让版面极具视觉动感。同时，圆角矩形在不同大小的变化中，丰富了整体的细节效果。

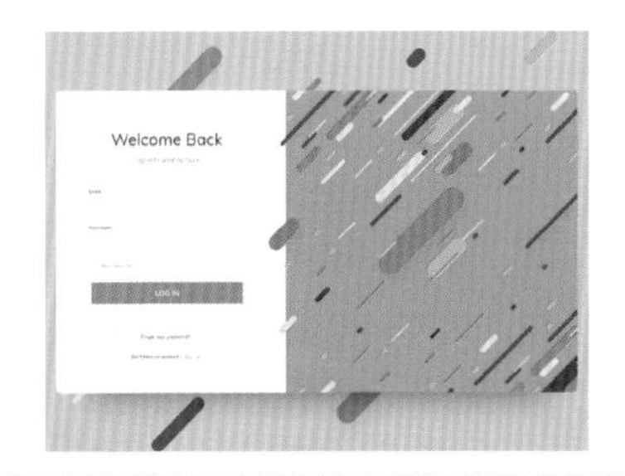

色彩点评

- 界面以橙色为主色调，明度和纯度适中，获得了很强的吸睛效果。
- 青色的运用，在与橙色的鲜明对比中，为界面增添了理性与沉稳。

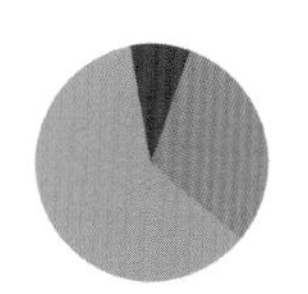

CMYK：4,56,47,0　CMYK：78,13,40,0
CMYK：100,69,47,7

推荐色彩搭配

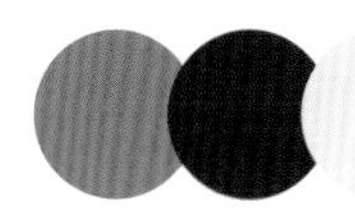

C：24	C：76	C：16	C：78
M：62	M：82	M：6	M：26
Y：77	Y：98	Y：6	Y：41
K：0	K：69	K：0	K：0

C：7	C：78	C：69	C：5
M：36	M：13	M：61	M：17
Y：28	Y：40	Y：58	Y：78
K：0	K：0	K：9	K：0

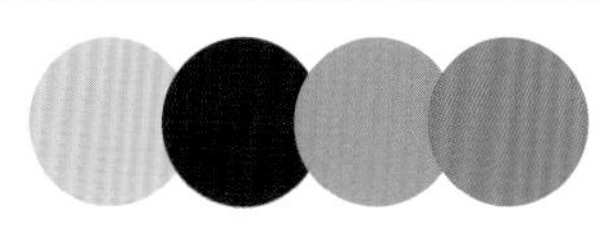

C：0	C：87	C：4	C：78
M：36	M：93	M：56	M：13
Y：17	Y：79	Y：47	Y：40
K：6	K：73	K：0	K：0

这是一款家具电商APP的UI设计。运用圆角矩形将版面进行划分，在不影响产品展示的前提下，将信息清楚地传达给受众。

版面中整齐有序排列的文字，为受众阅读提供了便利。适当留白的运用，让界面具有通透、清凉之感。

色彩点评

- 界面以蓝黑色为主色调，以偏低的纯度凸显产品的精致与高端。
- 界面中产品本色的运用，让受众对产品有一个较为直观的感受。特别是一抹红色的点缀，十分醒目，同时对受众有积极的引导作用。

CMYK：99,97,75,69　CMYK：25,23,27,0
CMYK：14,84,93,0

推荐色彩搭配

C：55	C：70	C：7	C：99
M：1	M：67	M：33	M：97
Y：5	Y：65	Y：31	Y：75
K：0	K：21	K：0	K：69

C：81	C：13	C：3	C：14
M：76	M：9	M：32	M：84
Y：74	Y：9	Y：20	Y：93
K：52	K：0	K：0	K：0

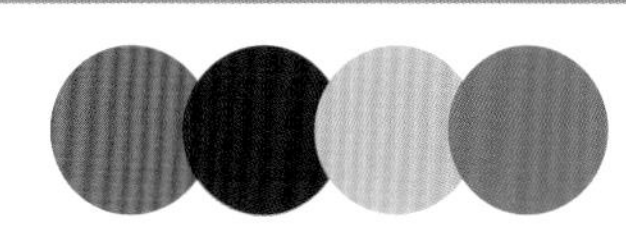

C：0	C：100	C：25	C：76
M：84	M：84	M：23	M：32
Y：55	Y：76	Y：27	Y：44
K：0	K：60	K：0	K：0

这是一款水果电商APP的UI设计。运用圆角矩形将版面划分为不同区域，将各种信息进行清楚的传达，为用户阅读提供了便利。

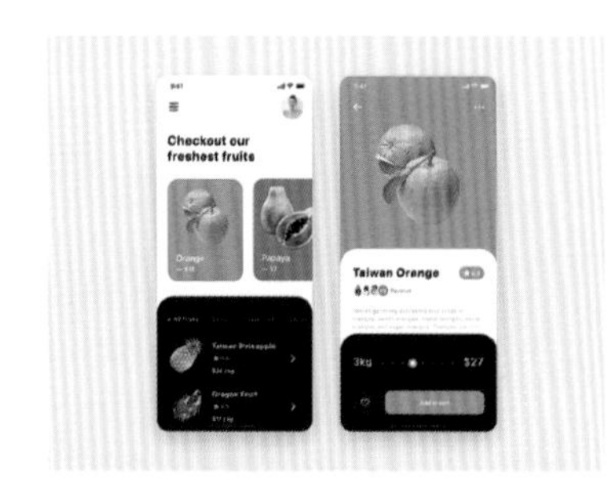

色彩点评

- 界面以白色为主色调，给人整洁、健康的印象。少量绿色的点缀，让这种氛围更加浓厚。
- 橙色的运用，起到刺激用户味蕾的作用，可以激发其购买欲望。

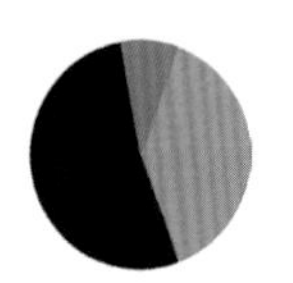

CMYK：98,94,78,72　CMYK：0,60,99,0
CMYK：81,25,100,0

推荐色彩搭配

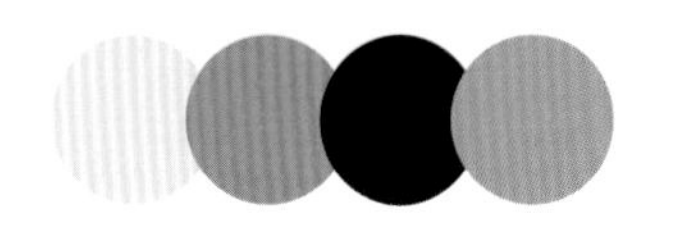

C：0	C：0	C：93	C：41
M：11	M：59	M：89	M：33
Y：17	Y：98	Y：86	Y：28
K：0	K：0	K：79	K：0

C：1	C：0	C：67	C：58
M：38	M：16	M：45	M：0
Y：98	Y：38	Y：2	Y：49
K：0	K：0	K：0	K：0

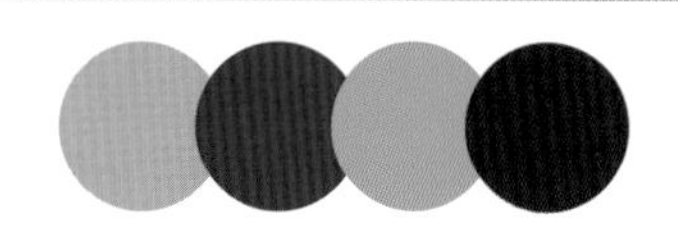

C：0	C：100	C：71	C：100
M：49	M：79	M：0	M：84
Y：57	Y：32	Y：60	Y：73
K：0	K：0	K：0	K：60

这是一款银行APP的UI设计。采用分割型的构图方式，将版面进行合理划分，为用户阅读与理解提供了便利。

将各种数据以折线图和饼图的形式进行呈现，让用户对各种数据变化了然于心。

色彩点评

- 界面以蓝色为主色调，给人安全、智慧的印象，刚好与APP定位吻合。
- 少量橙色的运用，将重要信息进行着重凸显，十分醒目。黑色的运用，增强了整体的稳定性。

CMYK：89,81,0,0　CMYK：93,88,89,80
CMYK：0,31,80,0　CMYK：0,68,100,0

推荐色彩搭配

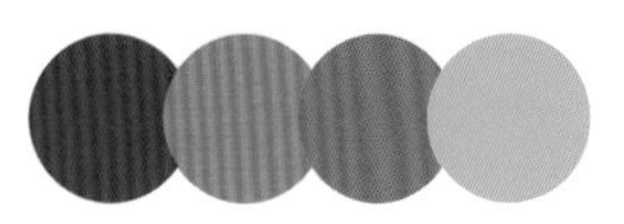

C：84	C：0	C：40	C：60
M：75	M：65	M：60	M：0
Y：0	Y：64	Y：0	Y：4
K：0	K：0	K：0	K：0

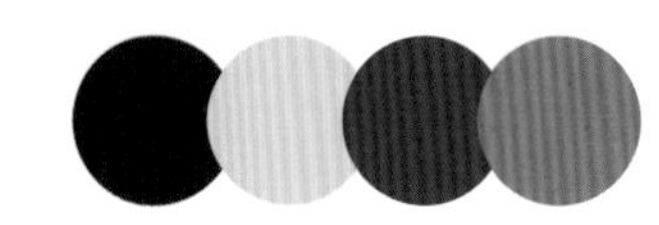

C：92	C：1	C：82	C：0
M：95	M：14	M：83	M：68
Y：76	Y：71	Y：0	Y：100
K：70	K：0	K：0	K：0

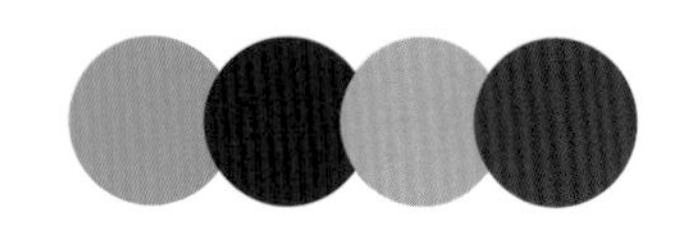

C：75	C：100	C：5	C：25
M：0	M：93	M：33	M：95
Y：62	Y：49	Y：99	Y：100
K：0	K：4	K：0	K：0

5.4 满版型

色彩调性： 美味、气质、个性、鲜明、沉稳、固定、和谐、乏味、滋润。

常用主题色：

CMYK:67,0,41,0

CMYK:9,34,45,0

CMYK:76,75,0,0

CMYK:46,3,60,0

CMYK:0,69,65,0

CMYK:5,23,70,0

常用色彩搭配

CMYK：5,23,70,0
CMYK：59,13,7,0

黄色搭配青蓝色，明度和纯度适中，给人甜美、活泼的视觉感受，十分引人注目。

CMYK：86,85,0,0
CMYK：0,69,65,0

紫色搭配橙色，在鲜明的颜色对比中给人醒目、积极的感受。

CMYK：27,23,22,0
CMYK：81,27,56,0

绿色是一种充满生机的色彩，同时还可以缓解疲劳。搭配灰色，具有稳定的效果。

CMYK：35,16,8,0
CMYK：15,43,7,0

纯度偏低的青灰色搭配粉色，在冷暖色调对比中，给人柔和的视觉印象。

配色速查

食欲

CMYK：93,88,89,80
CMYK：0,67,42,0
CMYK：14,41,86,0
CMYK：74,41,90,2

气质

CMYK：91,64,44,3
CMYK：29,37,41,0
CMYK：39,85,100,3
CMYK：14,8,51,0

个性

CMYK：82,95,17,0
CMYK：0,51,40,0
CMYK：84,80,74,58
CMYK：23,8,11,0

鲜活

CMYK：78,44,67,2
CMYK：40,4,45,0
CMYK：13,66,70,0
CMYK：100,99,40,1

这是一款家具电商APP的UI设计。采用满版型的构图方式，将产品图像作为展示主图充满整个界面，直接表明了APP的宣传内容。

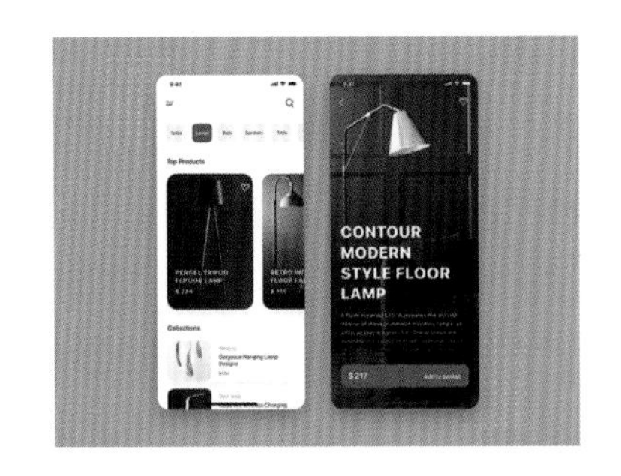

色彩点评

- 右侧界面以墨绿色为主色调，给人高端、精致的印象，同时将产品进行清楚的凸显。
- 白色的运用，提高了版面的亮度，同时也为用户阅读提供了便利。

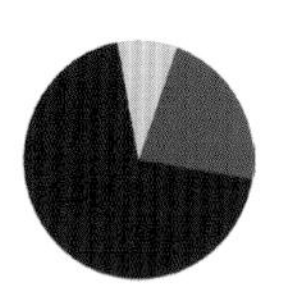

CMYK：96,78,80,64 CMYK：80,53,82,15
CMYK：8,21,47,0

推荐色彩搭配

C：45	C：52	C：0	C：96
M：29	M：56	M：38	M：89
Y：38	Y：56	Y：65	Y：84
K：0	K：1	K：0	K：76

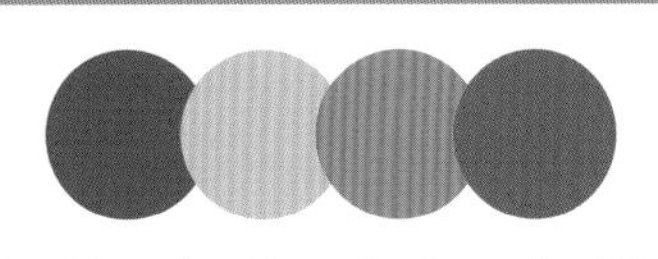

C：84	C：30	C：0	C：58
M：54	M：20	M：67	M：60
Y：62	Y：24	Y：73	Y：70
K：8	K：0	K：0	K：8

C：80	C：0	C：73	C：0
M：53	M：38	M：33	M：75
Y：82	Y：77	Y：47	Y：50
K：15	K：0	K：0	K：0

这是国外美食APP 的UI设计。中间界面采用满版型的构图方式，将美食图像充满整个界面，极大限度地刺激受众味蕾，激发其购买欲望。

主次分明的文字将信息直接传达，使用户一目了然。界面中适当留白的运用，提高了整个APP的档次与格调。

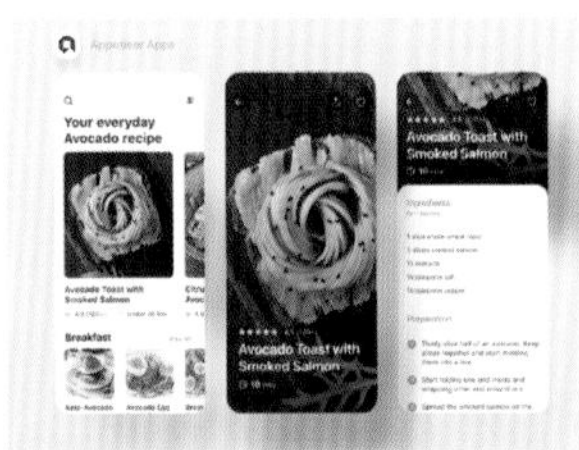

色彩点评

- 界面以深色为主色调，将版面内容直接凸显，给人精致、美味的印象。
- 美食本身颜色的运用，丰富了整体的色彩感，同时也表明了产品的安全与健康。

CMYK：93,89,86,78 CMYK：53,13,100,0
CMYK：0,42,51,0

推荐色彩搭配

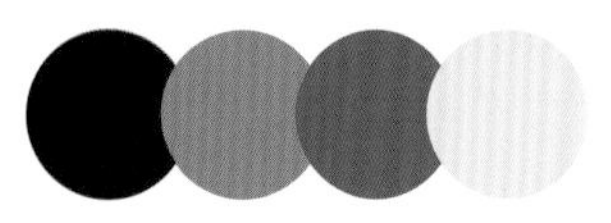

C：93	C：19	C：78	C：11
M：89	M：59	M：44	M：8
Y：87	Y：35	Y：100	Y：7
K：79	K：0	K：6	K：0

C：80	C：93	C：39	C：0
M：43	M：88	M：0	M：42
Y：70	Y：89	Y：45	Y：51
K：2	K：80	K：0	K：0

C：62	C：44	C：100	C：69
M：8	M：0	M：99	M：61
Y：2	Y：61	Y：60	Y：58
K：0	K：0	K：54	K：9

这是一款帽子电商APP的UI设计。左界面采用满版型的构图方式，将模特穿戴图像作为展示主图，给用户以直观的视觉感受，同时具有很强的搭配参考价值。

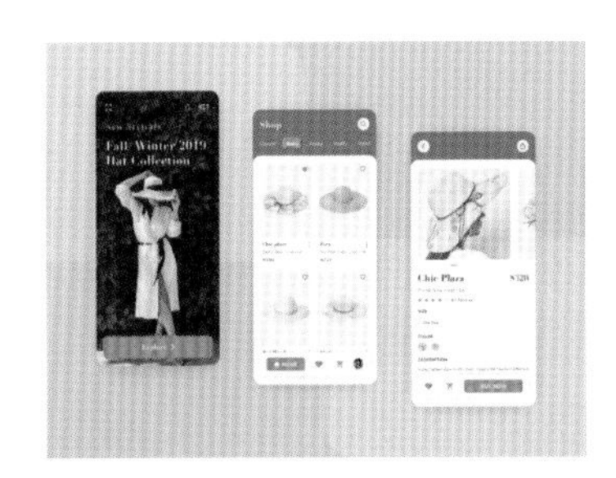

色彩点评

- 界面以绿色为主色调，凸显出产品原材料的天然与健康，同时又给人以凉爽之感。
- 少量橙色的点缀，将重要信息进行凸显，对用户具有引导作用。

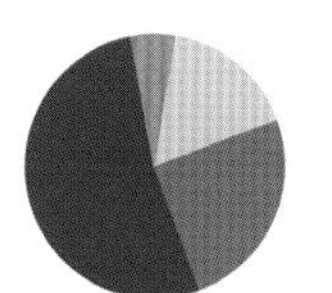

CMYK：89,56,100,31　CMYK：69,44,80,2
CMYK：13,25,40,0　CMYK：0,64,80,0

推荐色彩搭配

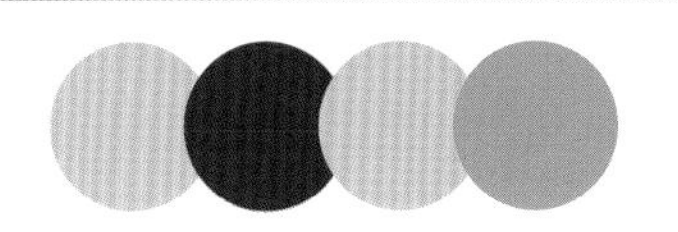

C：25	C：92	C：27	C：9
M：17	M：65	M：22	M：54
Y：36	Y：100	Y：22	Y：29
K：0	K：53	K：0	K：0

C：94	C：13	C：24	C：82
M：56	M：11	M：21	M：31
Y：100	Y：57	Y：30	Y：30
K：33	K：0	K：0	K：5

C：69	C：100	C：16	C：0
M：44	M：72	M：9	M：49
Y：80	Y：62	Y：10	Y：84
K：2	K：29	K：0	K：0

这是一款旅游APP的UI设计。采用满版型的构图方式，将风景图像作为展示主图，极具视觉冲击力。

界面中主次分明的文字，一方面将信息直接传达出来；另一方面也让整体的细节效果更加丰富。

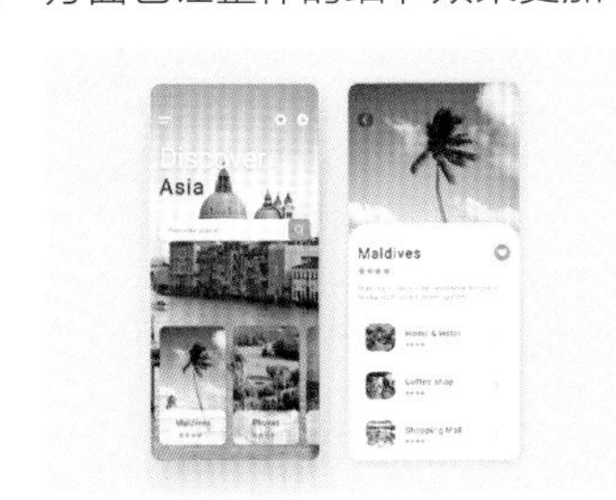

色彩点评

- 界面以青色为主色调，在不同明纯度的变化中，尽显旅游的愉悦与舒畅。
- 少量粉色的运用，为版面增添了些许柔和之感，令人身心放松，所有的烦恼也一扫而光。

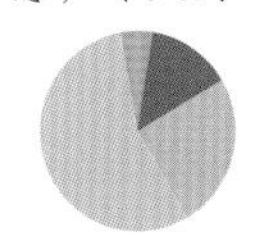

CMYK：49,4,18,0　CMYK：11,40,29,0
CMYK：68,58,42,0　CMYK：0,49,100,0

推荐色彩搭配

C：77	C：18	C：22	C：100
M：36	M：0	M：43	M：96
Y：16	Y：5	Y：45	Y：63
K：0	K：0	K：0	K：43

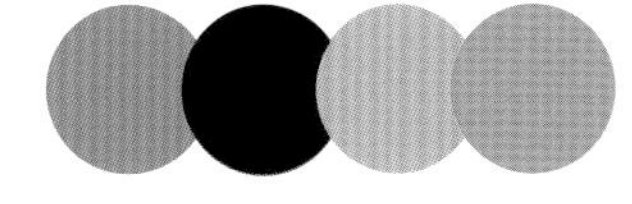

C：75	C：94	C：45	C：0
M：11	M：90	M：16	M：49
Y：25	Y：84	Y：7	Y：100
K：0	K：78	K：0	K：0

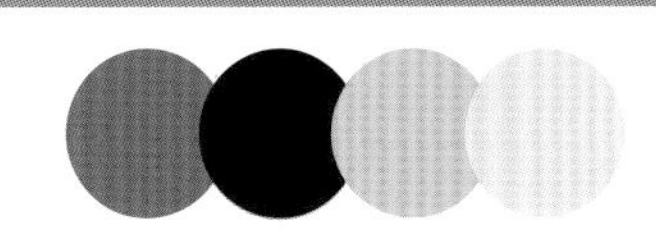

C：85	C：100	C：0	C：15
M：31	M：97	M：23	M：11
Y：56	Y：72	Y：95	Y：11
K：0	K：65	K：0	K：0

5.5 曲线形

色彩调性： 明朗、清爽、舒畅、强烈、细腻、冲击、沉稳、素雅、平淡。

常用主题色：

CMYK：44,0,26,0

CMYK：2,51,34,0

CMYK：90,72,0,0

CMYK：87,51,45,1

CMYK：4,25,89,0

CMYK：21,16,15,0

常用色彩搭配

CMYK：21,16,15,0
CMYK：87,51,45,1

浅灰色搭配青绿色，这种颜色组合方式给人冷静、纯粹的视觉印象。

CMYK：0,73,46,0
CMYK：84,80,78,64

红色搭配无彩色的黑色，既保留了色彩的活跃度，同时又不乏稳定性。

CMYK：84,73,0,0
CMYK：1,50,35,0

明度较高的蓝色，十分引人注目。搭配纯度偏低的红色，能够产生中和效果。

CMYK：44,0,26,0
CMYK：7,31,61,0

浅绿色搭配橙色，在冷暖色调对比中，给人清新、舒适的感受，深受用户喜爱。

配色速查

明朗

CMYK：6,66,73,0
CMYK：0,52,53,0
CMYK：81,76,89,26
CMYK：16,12,12,0

清爽

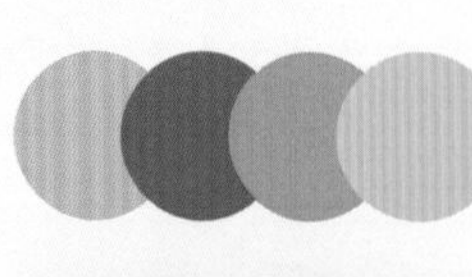

CMYK：36,14,29,0
CMYK：81,39,51,0
CMYK：4,52,36,0
CMYK：2,30,58,0

强烈

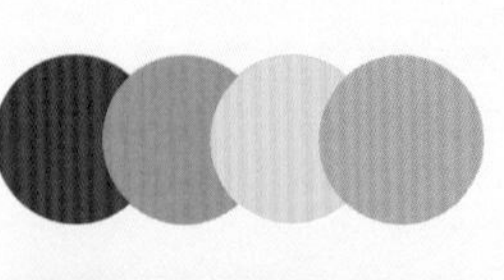

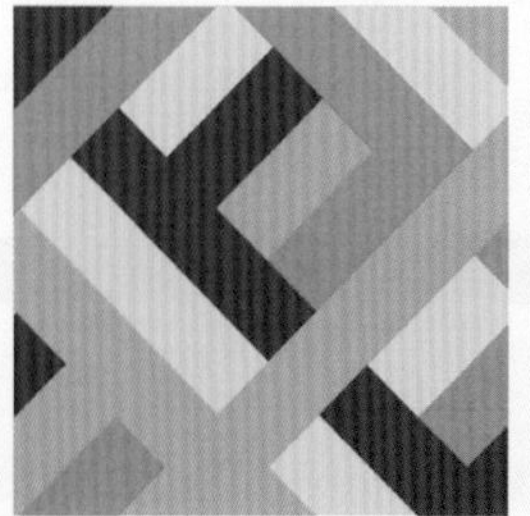

CMYK：76,75,0,0
CMYK：0,54,90,0
CMYK：10,7,87,0
CMYK：33,29,11,0

细腻

CMYK：37,0,18,0
CMYK：1,38,43,0
CMYK：53,29,0,0
CMYK：35,51,0,0

这是一款社交APP的UI设计。采用曲线形的构图方式，将界面以曲线进行划分，为版面增添了些许的活跃感。

色彩点评

- 界面整体以蓝色为主色调，给人稳重、鲜活的印象，同时又营造出浪漫的视觉氛围。
- 白色的运用，提升了界面的亮度，为用户阅读与理解带去了便利。

CMYK：75,55,0,0　　CMYK：86,65,0,0
CMYK：0,0,0,0

推荐色彩搭配

C：53	C：93	C：20	C：0
M：27	M：73	M：7	M：45
Y：0	Y：0	Y：0	Y：38
K：0	K：0	K：0	K：0

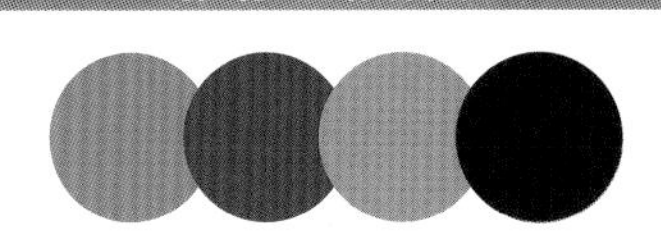

C：73	C：84	C：15	C：94
M：13	M：66	M：41	M：88
Y：0	Y：12	Y：78	Y：78
K：0	K：0	K：0	K：68

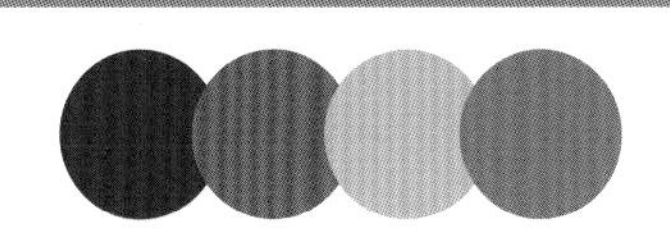

C：98	C：38	C：38	C：60
M：64	M：70	M：9	M：39
Y：57	Y：19	Y：16	Y：0
K：14	K：0	K：0	K：0

这是一款APP的UI设计。采用曲线形的构图方式，将主界面以不同的曲线进行划分，让版面具有很强的视觉动感。

将数据以折线图的形式进行呈现，在曲线不同的弯曲弧度中，可以让用户知道数据的整体走向。

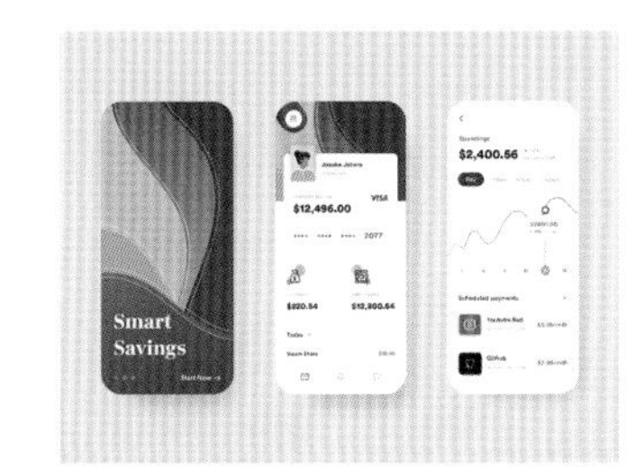

色彩点评

- 界面中蓝色、橙色、黄色、紫色等色彩的运用，在鲜明的颜色对比中极具视觉冲击力。
- 白色的运用，将版面内容进行清楚的凸显，同时具有很好的中和效果。

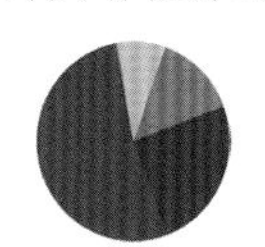

CMYK：86,68,0,0　　CMYK：82,82,0,0
CMYK：0,72,100,0　　CMYK：2,25,96,0

推荐色彩搭配

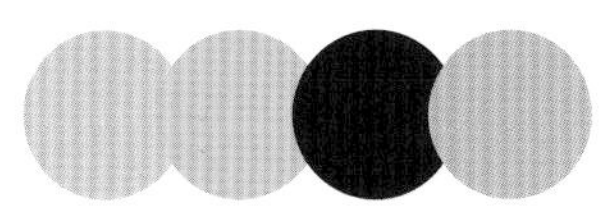

C：15	C：0	C：100	C：27
M：22	M：25	M：100	M：21
Y：15	Y：58	Y：52	Y：20
K：0	K：0	K：12	K：0

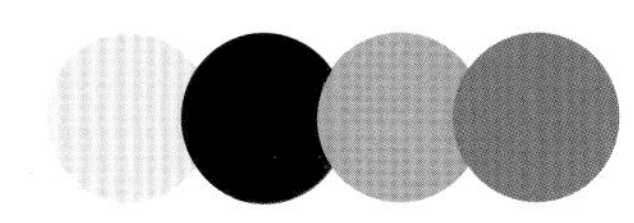

C：5	C：93	C：4	C：62
M：13	M：89	M：40	M：41
Y：13	Y：87	Y：100	Y：4
K：0	K：79	K：0	K：0

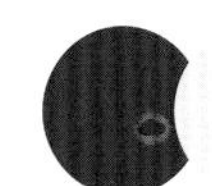

C：100	C：4	C：78	C：33
M：80	M：4	M：56	M：27
Y：5	Y：11	Y：100	Y：93
K：0	K：0	K：27	K：0

这是一款网页的UI设计。采用曲线形的构图方式，将插画人物场景作为展示主图，对受众具有很强的视觉吸引力。同时不同形态的插画人物，营造出浓浓的动感氛围。

色彩点评

- 界面以红色到紫色的渐变为主色调，在颜色过渡中给人自然、活跃的视觉体验。
- 白色的运用，提高了整个界面的亮度，同时为信息传达提供了便利。

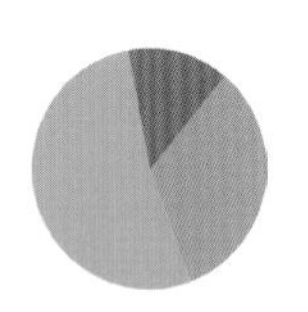

CMYK：0,51,25,0　CMYK：24,45,0,0

CMYK：40,66,0,0

推荐色彩搭配

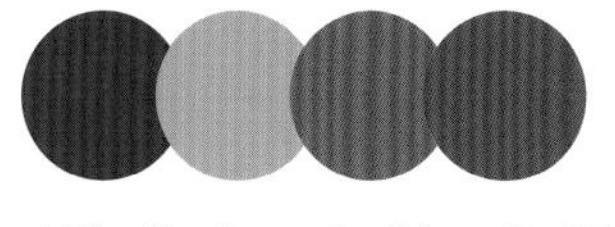

C：100	C：1	C：24	C：67
M：77	M：45	M：76	M：71
Y：27	Y：51	Y：56	Y：0
K：0	K：0	K：0	K：0

C：0	C：40	C：42	C：93
M：53	M：66	M：0	M：73
Y：34	Y：0	Y：24	Y：0
K：0	K：0	K：0	K：0

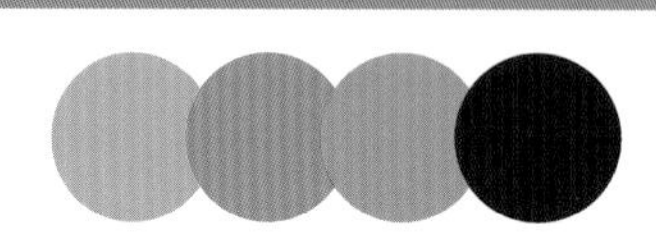

C：3	C：73	C：16	C：93
M：45	M：13	M：42	M：88
Y：20	Y：0	Y：81	Y：77
K：0	K：0	K：0	K：67

这是一款健康APP的UI设计。采用曲线形的构图方式，将代表各种数据整体走向的折线图作为展示主图，为受众阅读与理解提供了便利。

主次分明的文字，将信息直接传达，同时也让版面的细节效果更加丰富。

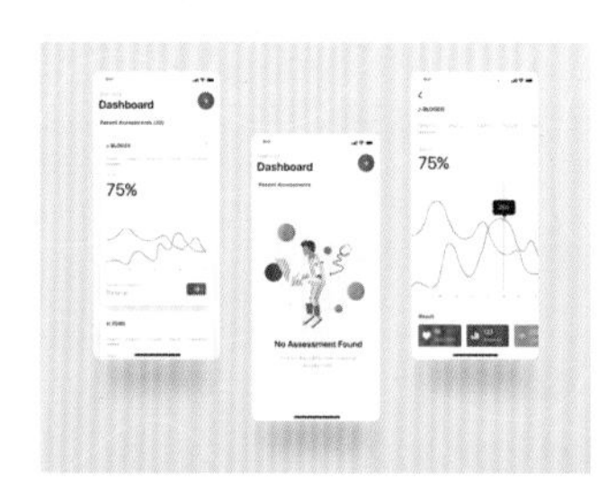

色彩点评

- 界面以白色为主色调，将版面内容清楚地凸显，同时给人健康、安心的视觉感受。
- 红色、蓝色、橙色的运用，将重要信息进行着重突出，对用户具有积极的引导作用。

CMYK：9,7,7,0　CMYK：0,93,52,0

CMYK：79,71,0,0　CMYK：0,59,99,0

推荐色彩搭配

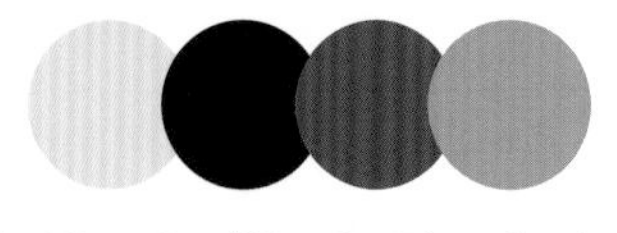

C：13	C：100	C：74	C：0
M：9	M：96	M：70	M：56
Y：9	Y：69	Y：0	Y：15
K：0	K：58	K：0	K：0

C：98	C：0	C：17	C：79
M：89	M：34	M：13	M：71
Y：64	Y：63	Y：11	Y：0
K：49	K：0	K：0	K：0

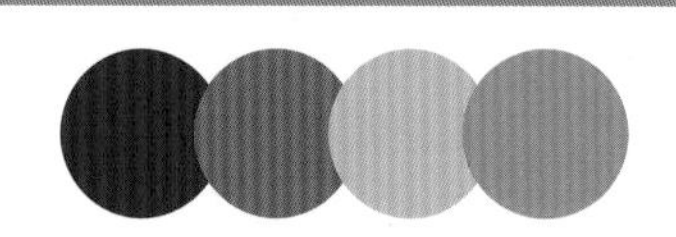

C：100	C：38	C：31	C：0
M：73	M：70	M：20	M：59
Y：58	Y：0	Y：18	Y：99
K：25	K：0	K：0	K：0

5.6 倾斜型

色彩调性：醒目、甜美、一致、简约、细腻、热情、枯燥、沉淀。

常用主题色：

CMYK:33,44,0,0

CMYK:6,48,16,0

CMYK:93,95,52,26

CMYK:2,27,55,0

CMYK:46,13,7,0

CMYK:49,40,39,0

常用色彩搭配

CMYK：6,32,33,0
CMYK：40,32,31,0

橙色搭配灰色，以较低的饱和度给人以柔和、舒适的视觉体验。

CMYK：7,53,27,0
CMYK：87,55,97,26

明度偏低的红色搭配深绿色，在互补色的对比中，十分引人注目。

CMYK：9,65,59,0
CMYK：79,35,22,0

青色具有理性、稳定的色彩特征。搭配纯度偏高的红色，能够产生中和效果。

CMYK：20,8,63,0
CMYK：26,29,31,0

浅绿色是一种十分显眼的颜色，具有满满的活力感。搭配棕色，增强了视觉的稳定性。

配色速查

醒目

CMYK：77,30,6,0
CMYK：32,24,32,0
CMYK：0,63,38,0
CMYK：58,84,0,0

甜美

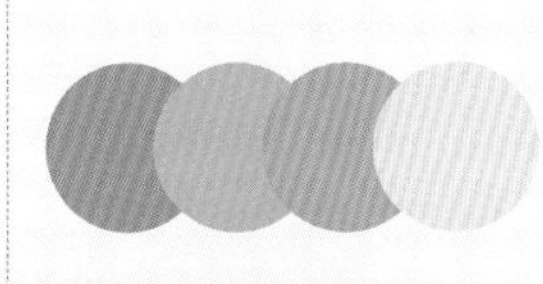

CMYK：64,16,31,0
CMYK：5,46,15,0
CMYK：39,32,0,0
CMYK：11,7,53,0

一致

CMYK：2,76,53,0
CMYK：0,45,75,0
CMYK：46,100,100,17
CMYK：0,38,19,0

简约

CMYK：9,39,33,0
CMYK：38,57,61,0
CMYK：27,21,20,0
CMYK：87,85,88,74

这是巴西塑料产品领导品牌Coza的网页UI设计。采用倾斜型的构图方式，将产品以倾斜的方式在版面右侧呈现，十分引人注目。界面中适当留白的运用，为受众营造了一个良好的阅读环境。

色彩点评

- 界面以粉色为主色调，给人柔和、细腻的感受，同时也从侧面凸显出产品特性。
- 绿色的点缀，在对比之中丰富了版面的色彩。白色的文字，为信息传达提供了便利。

CMYK：3,47,13,0　　CMYK：12,18,11,0
CMYK：38,0,47,0

推荐色彩搭配

C：13	C：49	C：79	C：9
M：64	M：0	M：75	M：1
Y：28	Y：61	Y：74	Y：53
K：0	K：0	K：49	K：0

C：67	C：0	C：67	C：93
M：16	M：76	M：56	M：95
Y：30	Y：26	Y：0	Y：62
K：0	K：0	K：0	K：45

C：3	C：0	C：33	C：48
M：47	M：14	M：2	M：35
Y：13	Y：77	Y：4	Y：32
K：0	K：0	K：0	K：0

这是一款运动鞋的网页UI设计。采用倾斜型的构图方式，将产品以倾斜的形式进行呈现，直接表明了网页的宣传内容。从字母O中穿过的鞋子，让版面极具空间立体感。

在界面左右两侧整齐排列的文字，将信息直接传达给受众，同时也让细节效果更加丰富。

色彩点评

- 界面以白色为背景色，将主体对象进行清楚的凸显。
- 红色与蓝色的运用，在鲜明的颜色对比中给人满满的活力感。

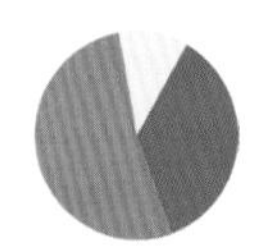

CMYK：0,60,53,0　　CMYK：75,37,0,0
CMYK：6,5,4,0

推荐色彩搭配

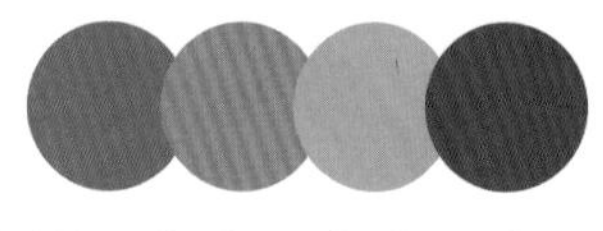

C：77	C：0	C：0	C：69
M：29	M：60	M：47	M：61
Y：15	Y：53	Y：16	Y：58
K：0	K：0	K：0	K：9

C：4	C：69	C：6	C：53
M：69	M：25	M：5	M：49
Y：85	Y：16	Y：4	Y：0
K：0	K：0	K：0	K：0

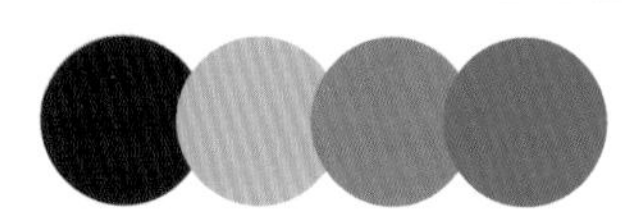

C：83	C：4	C：42	C：75
M：80	M：27	M：43	M：37
Y：68	Y：63	Y：58	Y：0
K：47	K：0	K：0	K：0

这是一款炊具的网页UI设计。采用倾斜型的构图方式，将产品以倾斜的方式呈现，使受众一目了然。在底部呈现的各种美食，从侧面凸显出炊具的强大功能。

色彩点评

- 界面以红色为主色调，给人热烈、醒目的视觉感受，同时也极大限度地刺激了受众的味蕾。
- 少量黑色的点缀，中和了红色的跳跃感，同时也让版面更加稳定。

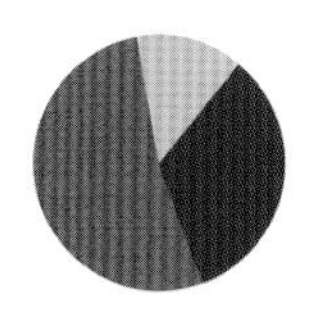

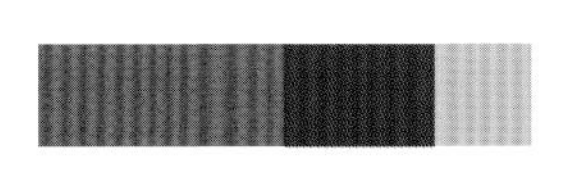

CMYK：0,84,93,0　　CMYK：75,72,72,39
CMYK：0,31,73,0

推荐色彩搭配

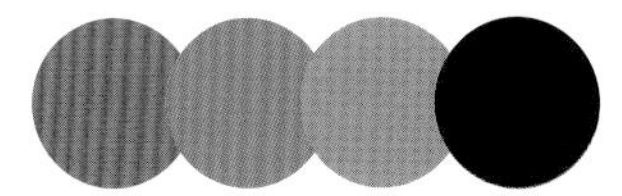

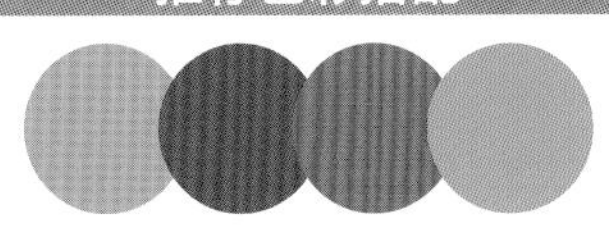

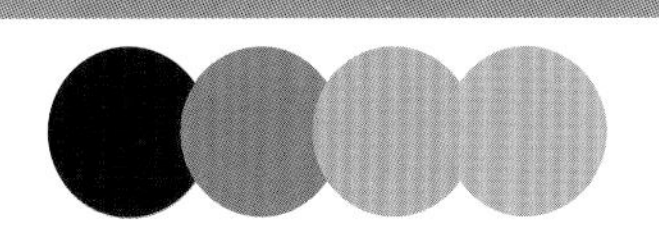

C：0	C：78	C：18	C：97
M：82	M：13	M：43	M：92
Y：57	Y：32	Y：91	Y：80
K：0	K：0	K：0	K：75

C：0	C：62	C：0	C：65
M：47	M：66	M：78	M：0
Y：56	Y：0	Y：53	Y：61
K：0	K：0	K：0	K：0

C：100	C：53	C：25	C：5
M：100	M：47	M：29	M：36
Y：66	Y：0	Y：31	Y：56
K：57	K：0	K：0	K：0

这是一款运动鞋的网页UI设计。采用倾斜型的构图方式，将鞋子以倾斜的方式在界面中间部位呈现，直接表明了网页的宣传内容。

以圆角矩形作为产品呈现载体，将受众注意力全部集中于此，对产品宣传具有积极的推动作用。

色彩点评

- 界面以浅灰色为主色调，将主体对象进行清楚的凸显。
- 青色、红色的运用，在鲜明的颜色对比中，十分引人注目，同时也让版面的色彩感更加丰富。

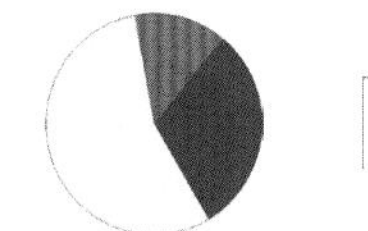

CMYK：4,3,2,0　　CMYK：91,55,55,5
CMYK：6,75,49,0

推荐色彩搭配

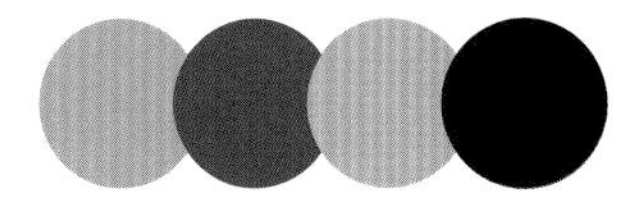

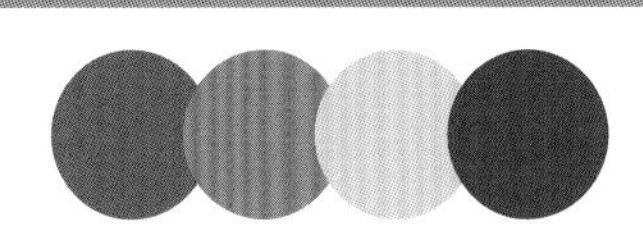

C：93	C：20	C：38	C：82
M：88	M：15	M：85	M：32
Y：89	Y：15	Y：84	Y：49
K：80	K：0	K：3	K：0

C：15	C：91	C：18	C：93
M：40	M：55	M：33	M：88
Y：27	Y：55	Y：42	Y：89
K：0	K：5	K：0	K：80

C：62	C：2	C：29	C：91
M：56	M：65	M：6	M：55
Y：10	Y：40	Y：14	Y：55
K：0	K：0	K：0	K：5

5.7 中心型

色彩调性：舒畅、多彩、冲击、古朴、愉快、成熟、纯澈、原木、乏味。

常用主题色：

CMYK：66,13,67,0

CMYK：5,46,59,0

CMYK：7,74,62,0

CMYK：74,17,17,0

CMYK：53,69,92,17

CMYK：39,31,29,0

常用色彩搭配

CMYK：28,14,59,0
CMYK：9,42,86,0

浅绿色搭配橙色，在对比中极具夏天的清凉之感，深受人们喜爱。

CMYK：0,13,18,0
CMYK：11,72,49,0

红色具有很强的视觉张力，在不同明纯度的搭配中，具有一定的中和效果。

CMYK：0,54,75,0
CMYK：81,86,84,72

橙色是一种极具视觉冲击力的色彩。与黑色搭配，增强了视觉的稳定性。

CMYK：5,12,73,0
CMYK：49,5,0,0

高明度的黄色搭配天蓝色，在颜色的鲜明对比中，给人醒目、活跃的印象。

配色速查

舒畅

CMYK：90,55,81,23
CMYK：63,36,51,0
CMYK：32,7,23,0
CMYK：33,47,68,0

多彩

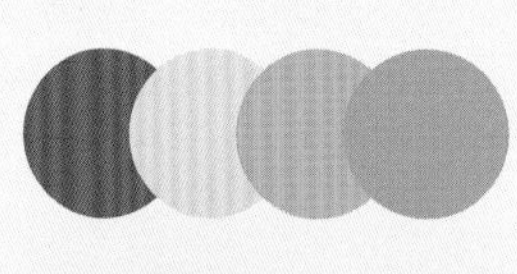

CMYK：50,66,16,0
CMYK：16,12,4,0
CMYK：2,42,73,0
CMYK：5,53,22,0

冲击

CMYK：68,0,47,0
CMYK：64,0,8,0
CMYK：0,96,78,0
CMYK：7,16,88,0

古朴

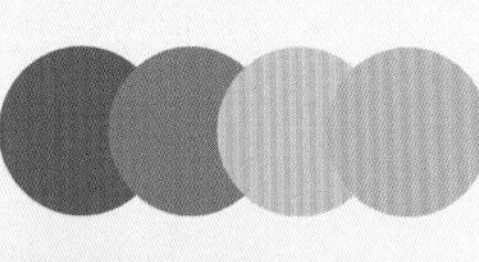

CMYK：57,58,62,4
CMYK：46,49,53,0
CMYK：6,30,42,0
CMYK：29,23,22,0

这是一款旅游APP的引导页面设计。采用中心型的构图方式，将简笔插画的风景胜地作为展示主图，对用户具有积极的引导作用，以正圆作为呈现载体，极具视觉聚拢感。

色彩点评

- 界面以紫色到蓝色的渐变为主色调，在颜色过渡中给人醒目直观的视觉印象。
- 白色的运用，将主体对象以及文字直接凸显出来，方便信息的传达。

CMYK：79,86,0,0　　CMYK：84,73,0,0
CMYK：79,50,0,0

推荐色彩搭配

C：87	C：78	C：23	C：26
M：75	M：24	M：62	M：21
Y：0	Y：18	Y：100	Y：20
K：0	K：0	K：0	K：0

C：80	C：47	C：0	C：84
M：42	M：13	M：85	M：85
Y：0	Y：0	Y：58	Y：93
K：0	K：0	K：0	K：75

C：100	C：63	C：4	C：0
M：96	M：0	M：5	M：70
Y：27	Y：24	Y：51	Y：27
K：0	K：0	K：0	K：0

这是一款甜品美食的网页UI设计。采用中心型的构图方式，将产品在版面中间部位呈现，直接表明了网页的宣传内容。同时极大限度地刺激了受众味蕾，可以激发其购买欲望。

产品底部阴影的添加，让网页具有很强的空间立体感。同时主次分明的文字，将信息直接传达出来。

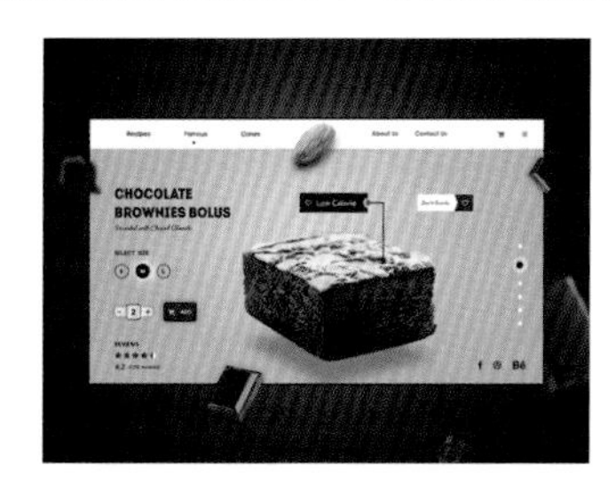

色彩点评

- 界面以橙色为背景主色调，将产品醒目地凸显出来，十分引人注目。
- 产品本色的运用，凸显出食物的健康与美味。少量白色的点缀，提高了版面的亮度。

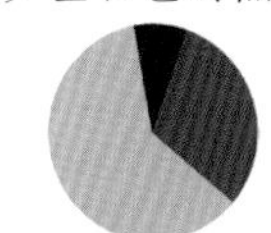

CMYK：6,32,66,0　　CMYK：65,71,65,22
CMYK：82,85,93,75

推荐色彩搭配

C：1	C：19	C：38	C：68
M：43	M：87	M：29	M：36
Y：73	Y：58	Y：25	Y：49
K：0	K：0	K：0	K：0

C：65	C：0	C：5	C：55
M：71	M：38	M：71	M：23
Y：65	Y：92	Y：53	Y：58
K：22	K：0	K：0	K：0

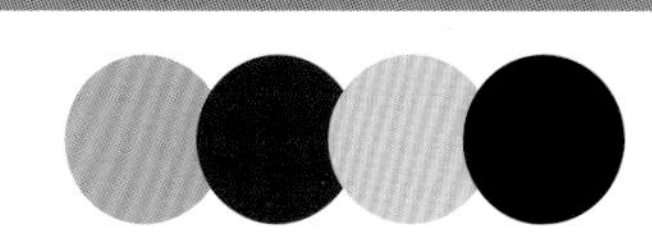

C：44	C：71	C：2	C：93
M：23	M：100	M：22	M：87
Y：0	Y：47	Y：59	Y：89
K：0	K：12	K：0	K：80

这是闹钟APP的UI设计。采用中心型的构图方式，将时钟在界面中间部位呈现。周围适当留白的运用，为用户阅读提供了便利。将时间数字以较大字号的无衬线字体进行呈现，十分醒目。

色彩点评

- 界面以黑白两色为主色调，给人简洁大方的视觉印象。
- 少量红色的点缀，打破了纯色背景的枯燥与乏味，同时也让整体的色彩感更加丰富。

CMYK：93,89,86,78　CMYK：0,0,0,0
CMYK：0,55,16,0

推荐色彩搭配

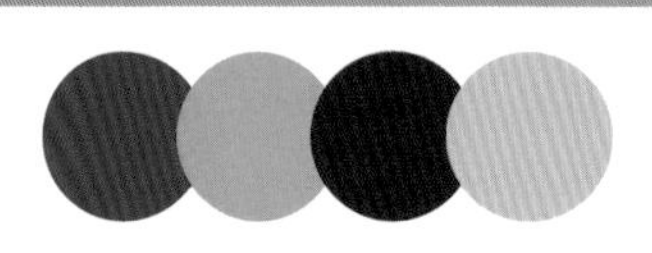

C：0	C：76	C：18	C：11	C：93	C：0	C：98	C：1	C：1	C：58	C：78	C：93
M：52	M：69	M：43	M：11	M：67	M：55	M：95	M：31	M：28	M：89	M：47	M：88
Y：35	Y：67	Y：53	Y：12	Y：51	Y：16	Y：67	Y：47	Y：28	Y：100	Y：9	Y：89
K：0	K：29	K：0	K：0	K：11	K：0	K：57	K：0	K：0	K：47	K：0	K：80

这是一款网页的UI设计。采用中心型的构图方式，将跳舞的人物在界面中间部位呈现，十分引人注目。人物后方正圆的添加，极具视觉聚拢感。

界面将主标题文字以较大字号进行呈现，将信息直接传达出来。其他小文字的添加，具有解释说明与丰富细节效果的双重作用。

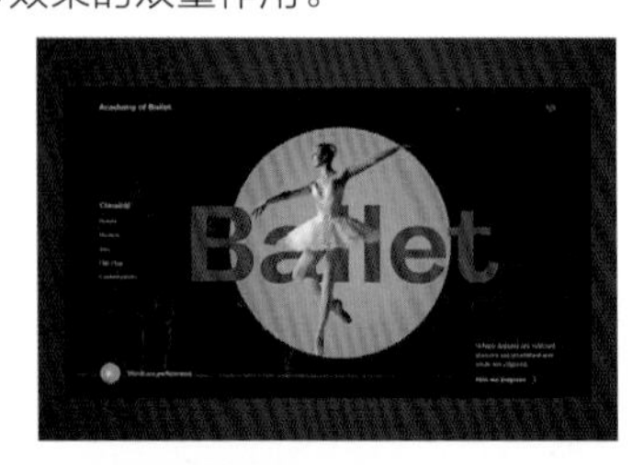

色彩点评

- 界面以深蓝色为主色调，将主体对象清楚地凸显出来。
- 红色的运用，一方面凸显出舞者优雅的气质，另一方面丰富了版面的色彩感。

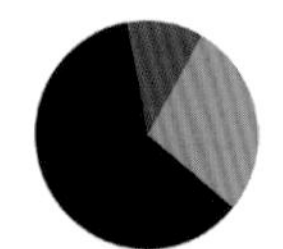

CMYK：89,91,82,76　CMYK：0,64,45,0
CMYK：53,87,59,11

推荐色彩搭配

C：58	C：20	C：2	C：93	C：33	C：0	C：93	C：0	C：2	C：7	C：47	C：93
M：0	M：57	M：70	M：54	M：31	M：31	M：92	M：64	M：0	M：38	M：0	M：88
Y：35	Y：24	Y：100	Y：59	Y：0	Y：28	Y：47	Y：45	Y：50	Y：71	Y：39	Y：89
K：0	K：0	K：0	K：7	K：0	K：0	K：15	K：0	K：0	K：0	K：0	K：80

5.8 三角形

色彩调性： 鲜活、稳重、放松、古典、优雅、个性、甜腻、探索、奔放。

常用主题色：

CMYK:68,0,41,0

CMYK:5,17,85,0

CMYK:63,85,51,10

CMYK:58,22,3,0

CMYK:10,91,100,0

CMYK:97,100,44,2

常用色彩搭配

CMYK：61,48,0,0
CMYK：79,24,47,0

蓝紫色搭配青色，在邻近色的对比中，既有统一、和谐之感，又不乏变化意韵。

CMYK：46,36,3,0
CMYK：82,70,0,0

蓝色具有冷静、理智、可观的色彩特征。同类色的搭配，让界面极具层次感。

CMYK：44,62,83,3
CMYK：69,30,52,0

棕色给人一种古典、雅致同时又有些许乏味的感觉，搭配绿色增添了生机与活力。

CMYK：6,22,89,0
CMYK：90,76,53,18

明度较高的黄色，极具视觉吸引力。搭配深色，增强了视觉的稳定性。

配色速查

鲜活

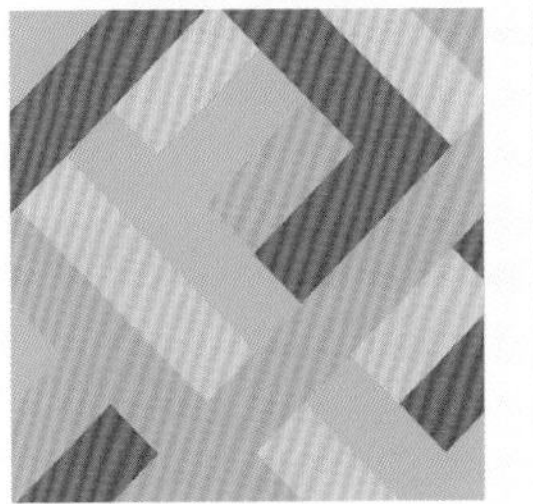

CMYK：62,2,26,0
CMYK：8,82,47,0
CMYK：18,17,16,0
CMYK：43,18,84,0

稳重

CMYK：79,37,14,0
CMYK：49,19,11,0
CMYK：79,74,72,47
CMYK：80,66,0,0

放松

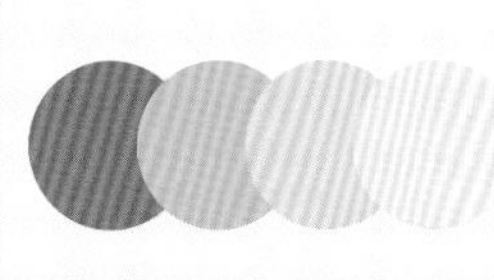

CMYK：6,74,72,0
CMYK：3,31,66,0
CMYK：10,21,3,0
CMYK：2,12,22,0

古典

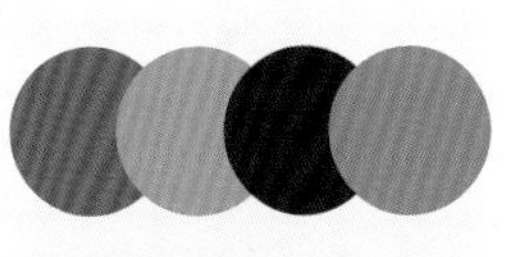

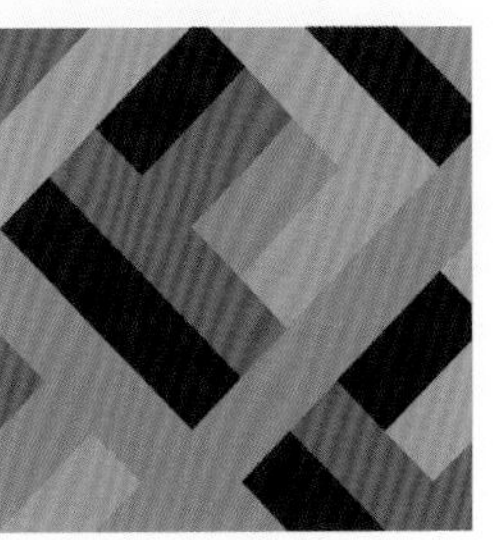

CMYK：45,67,82,5
CMYK：28,40,77,0
CMYK：81,87,68,50
CMYK：66,32,37,0

这是一款APP的登录UI设计。采用三角形的构图方式，将插画火箭作为展示主图，而且与底部的云层构成三角形的稳定状态。以圆角矩形呈现的文字，对用户阅读具有积极的引导作用。

色彩点评

- 界面以水墨蓝为主色调，给人深邃、稳重的视觉感受。适当深红色的点缀，让这种氛围更加浓厚。
- 白色的运用，很好地提高了界面的亮度，同时将信息进行清楚的传达。

CMYK：95,93,56,33　CMYK：1,1,0,0
CMYK：43,100,100,11

推荐色彩搭配

C：0	C：31	C：66	C：89
M：42	M：98	M：9	M：84
Y：71	Y：100	Y：29	Y：92
K：0	K：1	K：0	K：76

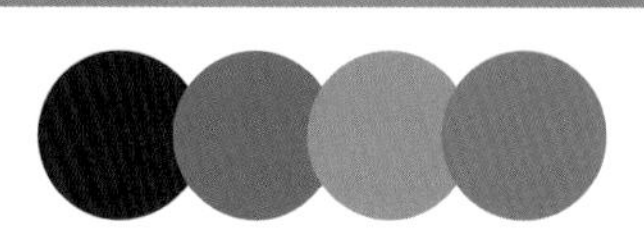

C：95	C：71	C：16	C：47
M：93	M：52	M：48	M：42
Y：56	Y：0	Y：51	Y：100
K：33	K：0	K：0	K：0

C：80	C：51	C：39	C：84
M：33	M：4	M：100	M：79
Y：12	Y：9	Y：98	Y：78
K：0	K：0	K：5	K：62

这是一款APP引导页的UI设计。采用三角形的构图方式，将以三角形外观呈现的插画图案作为展示主图，极具视觉冲击力与稳定性。

以较大字号呈现的文字，将信息直接传达出来。同时版面中适当留白的运用，为用户营造了一个良好的阅读和想象空间。

色彩点评

- 界面以白色背景为主色调，将主体对象直接凸显出来，同时给人整洁、统一的印象。
- 紫色、绿色、红色等色彩的运用，在鲜明的颜色对比中，丰富了整体的色彩感。

CMYK：7,25, 20,0　CMYK：60,72,0,0
CMYK：64,9,84,0　CMYK：0,77,40,0

推荐色彩搭配

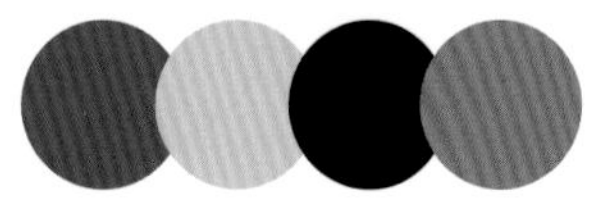

C：77	C：7	C：93	C：13
M：69	M：24	M：88	M：65
Y：0	Y：16	Y：89	Y：39
K：0	K：0	K：80	K：0

C：84	C：82	C：7	C：7
M：32	M：68	M：16	M：25
Y：45	Y：60	Y：96	Y：20
K：0	K：21	K：0	K：0

C：100	C：9	C：47	C：47
M：64	M：50	M：35	M：60
Y：77	Y：26	Y：32	Y：100
K：39	K：0	K：0	K：5

这是一款订票APP的UI设计。采用三角形的构图方式，将一个简笔画的飞机作为展示主图，直接表明了APP的内容性质。同时也让版面极具视觉稳定性。

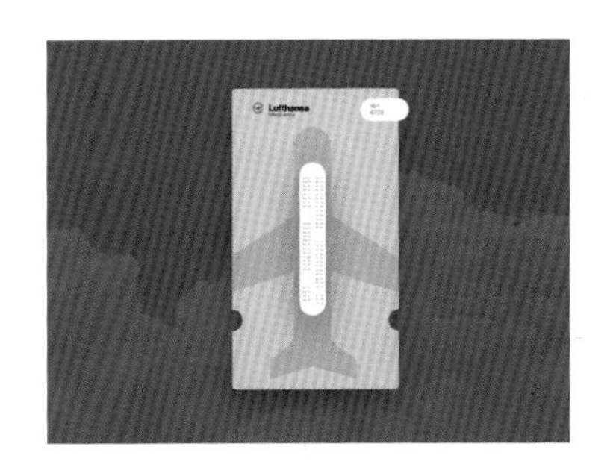

色彩点评

- 界面以橙色为主色调，给人安全、醒目的视觉印象。同时在同类色的变化中，让版面具有一定的层次感。
- 白色的运用，将选座界面清楚地呈现出来，为用户预订提供了便利。

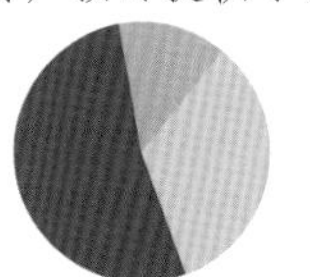

CMYK：91,68,0,0　CMYK：0,25,89,0
CMYK：6,38,96,0

推荐色彩搭配

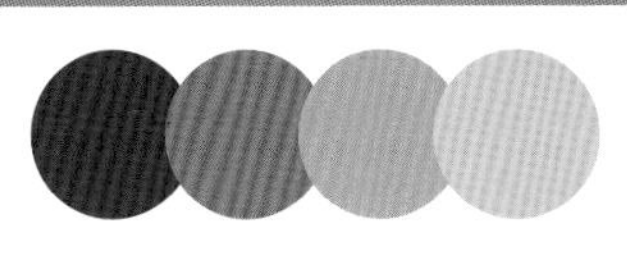

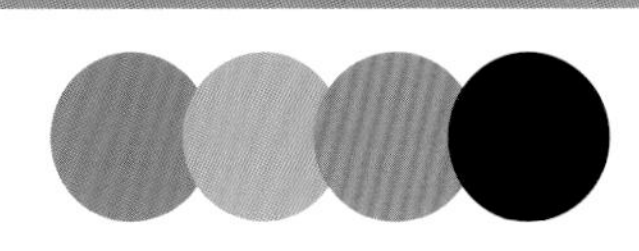

C：92	C：0	C：28	C：44
M：71	M：32	M：13	M：3
Y：0	Y：9	Y：17	Y：0
K：0	K：0	K：0	K：0

C：96	C：13	C：16	C：0
M：89	M：75	M：37	M：25
Y：12	Y：35	Y：62	Y：89
K：0	K：0	K：0	K：0

C：62	C：59	C：0	C：93
M：40	M：0	M：62	M：88
Y：0	Y：27	Y：95	Y：89
K：0	K：0	K：0	K：80

这是一款网页的UI设计。采用三角形的构图方式，将直立摆放的铅笔作为展示主图，获得三角形的稳定效果，同时增强了版面的层次立体感。

版面中主次分明的文字将信息直接传达出来，同时也让细节效果更加丰富。适当的留白，让界面有呼吸顺畅之感。

色彩点评

- 界面以灰色为主色调，无彩色的运用给人精简的印象，刚好与网页宣传主题相吻合。
- 少量粉色的运用，在渐变过渡中打破了纯色背景的枯燥感。

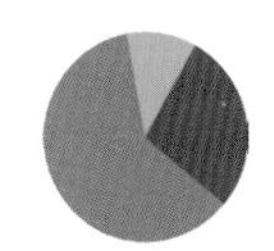

CMYK：57,47, 33, 0　CMYK：58,65,100,19
CMYK：0,53,24,0

推荐色彩搭配

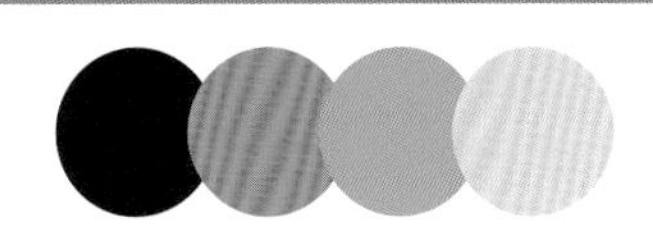

C：78	C：26	C：0	C：20
M：0	M：40	M：29	M：16
Y：56	Y：60	Y：22	Y：9
K：17	K：0	K：0	K：0

C：0	C：80	C：16	C：60
M：38	M：67	M：13	M：51
Y：11	Y：0	Y：13	Y：45
K：0	K：0	K：0	K：0

C：100	C：0	C：70	C：18
M：100	M：69	M：0	M：14
Y：57	Y：36	Y：25	Y：13
K：48	K：0	K：0	K：0

5.9 并置型

色彩调性：优雅、青春、跳跃、成熟、稳定、自由、随性、可爱、单一。

常用主题色：

CMYK：12,49,53,0

CMYK：20,14,11,0

CMYK：6,15,73,0

CMYK：23,9,13,0

CMYK：76,21,58,0

CMYK：16,98,100,0

常用色彩搭配

CMYK：6,20,46,0
CMYK：2,38,87,0

橙色是一种深受人们喜爱的颜色，不同明纯度的橙色搭配，具有统一、和谐之感。

CMYK：77,41,47,0
CMYK：42,66,100,3

纯度偏低的青色搭配棕色，给人稳重的印象，但同时也不乏些许沉闷与枯燥感。

CMYK：79,62,0,0
CMYK：86,82,69,53

蓝色搭配无彩色的黑色，在给人活力、自信的同时又不乏视觉的稳定性。

CMYK：70,0,81,0
CMYK：64,34,35,0

明度偏高的绿色搭配青灰色，在颜色一明一暗对比中，给人清晰、沉稳的印象。

配色速查

优雅

CMYK：85,81,80,68
CMYK：32,25,24,0
CMYK：92,70,35,1
CMYK：14,45,85,0

青春

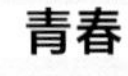

CMYK：19,8,5,0
CMYK：5,32,4,0
CMYK：14,38,42,0
CMYK：6,15,74,0

跳跃

CMYK：83,77,68,45
CMYK：71,24,0,0
CMYK：87,56,100,29
CMYK：0,74,32,0

成熟

CMYK：11,19,24,0
CMYK：2,57,79,0
CMYK：78,36,32,0
CMYK：93,88,89,80

这是一款电商APP的UI设计。采用并置型的构图方式，将各种产品以相同大小的尺寸进行呈现，为用户挑选与对比提供了方便。适当留白的运用，让版面有呼吸顺畅之感。

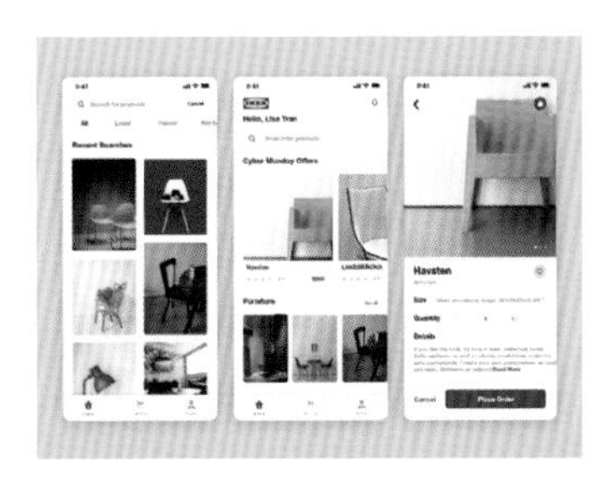

色彩点评

- 界面以白色为背景色，将主体对象直接凸显出来，同时给人高端、精致的视觉感受。
- 产品本色的运用，让用户对产品有一个清晰直观的认识，瞬间拉近了与用户的距离。

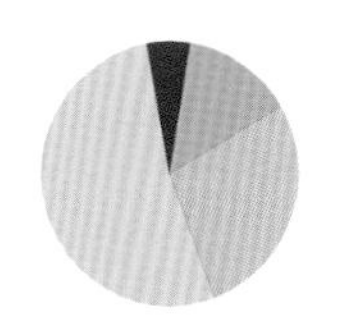

CMYK：0,14,93,0　CMYK：31,13,15,0
CMYK：0,47,68,0　CMYK：20,100,35,0

推荐色彩搭配

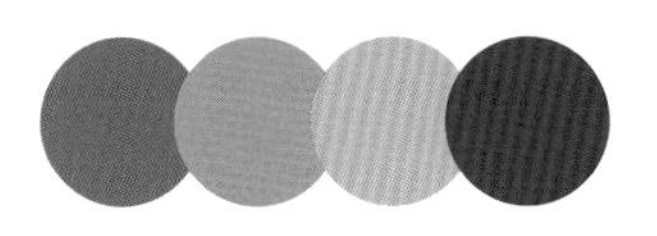

C：67	C：0	C：31	C：98
M：48	M：56	M：22	M：68
Y：43	Y：86	Y：21	Y：4
K：0	K：0	K：0	K：0

C：93	C：71	C：0	C：80
M：93	M：0	M：47	M：80
Y：70	Y：84	Y：68	Y：0
K：61	K：0	K：0	K：0

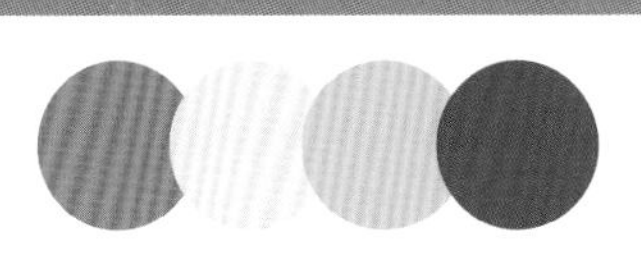

C：0	C：9	C：0	C：81
M：67	M：9	M：14	M：58
Y：43	Y：0	Y：93	Y：9
K：0	K：0	K：0	K：0

这是一款电商APP 的UI设计。采用并置型的构图方式，将产品以并排两列的形式进行呈现，让界面尽显整齐与统一。

圆角矩形载体底部阴影的添加，增强了版面的层次立体感。界面中主次分明的文字，将信息直接传达出来。

色彩点评

- 版面以浅灰色为主色调，给人淡雅、直观的印象。深青色的运用，凸显出产品的高端与精致。
- 少量橙色的运用，为单调的版面增添了色彩。

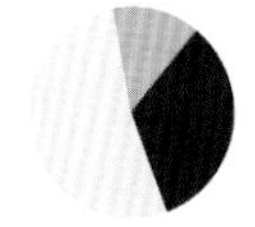

CMYK：11,7,5,0　CMYK：97,89,64,46
CMYK：0,35,63,0

推荐色彩搭配

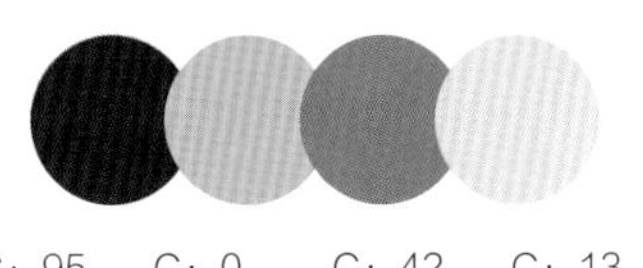

C：95	C：0	C：42	C：13
M：86	M：34	M：46	M：4
Y：62	Y：63	Y：89	Y：58
K：39	K：0	K：0	K：0

C：25	C：71	C：39	C：95
M：10	M：40	M：51	M：89
Y：4	Y：0	Y：0	Y：86
K：0	K：0	K：0	K：77

C：0	C：0	C：4	C：91
M：70	M：14	M：49	M：87
Y：62	Y：8	Y：86	Y：64
K：0	K：0	K：0	K：47

这是一款宠物领养APP的UI设计。采用并置型的构图方式，将宠物以相同尺寸的圆角矩形进行呈现，为用户营造了一个良好的阅读环境，同时也让版面显得整齐、统一。

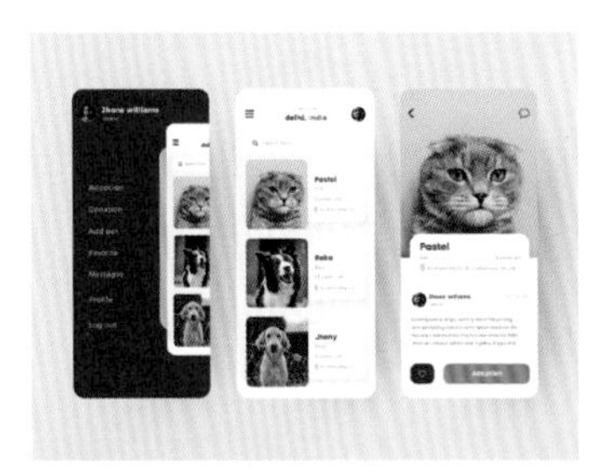

色彩点评

- 界面以浅色作为背景的主色调，将主体对象清楚地凸显出来。蓝色的运用，给人稳重、理性的视觉感受。
- 少量青色以及红色的点缀，将信息着重凸显，同时也让版面的色彩更加丰富。

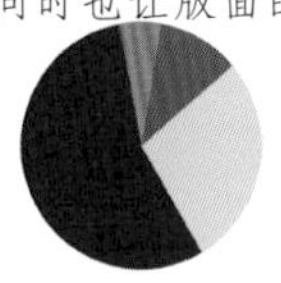

CMYK：100,98,32,0　CMYK：36,0,11,0
CMYK：64,62,67,12　CMYK：0,73,8,0

推荐色彩搭配

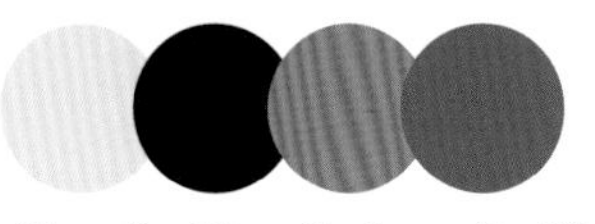

C：15	C：98	C：0	C：81
M：7	M：89	M：73	M：58
Y：7	Y：85	Y：80	Y：9
K：31	K：77	K：0	K：0

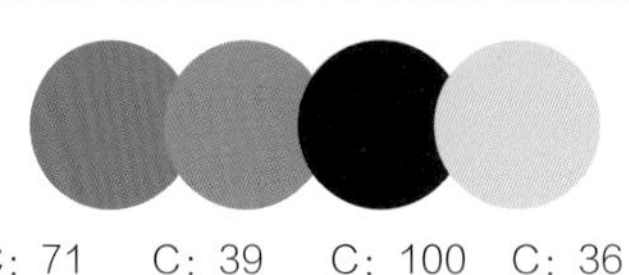

C：71	C：39	C：100	C：36
M：40	M：51	M：96	M：0
Y：0	Y：0	Y：63	Y：11
K：0	K：0	K：54	K：0

C：79	C：60	C：0	C：0
M：100	M：4	M：82	M：49
Y：65	Y：40	Y：44	Y：98
K：56	K：0	K：0	K：0

这是一款家具电商APP的UI设计。采用并置型的构图方式，将各种家具图像以相同的尺寸进行呈现。并排放置的方式，为用户对比与选择提供了便利。

整齐排列的文字，将信息直接传达出来，使用户一目了然。适当留白的运用，让版面有呼吸顺畅之感。

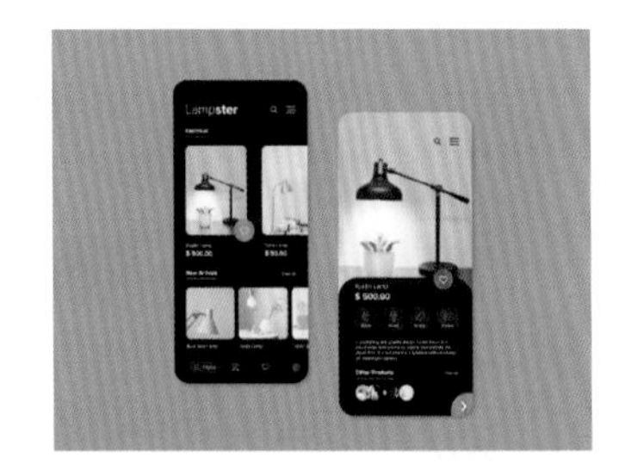

色彩点评

- 界面以深色为主色调，凸显出产品的高端、大气，同时将主体对象进行凸显。
- 少量橙色的点缀，将重要信息进行直接凸显，十分引人注目。

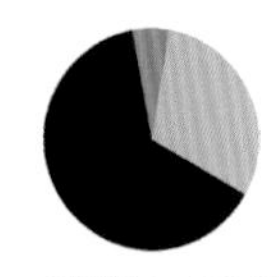

CMYK：99,97,75,69　CMYK：24,22,24,0
CMYK：0,67,60,0

推荐色彩搭配

C：45	C：78	C：68	C：0
M：37	M：80	M：2	M：67
Y：22	Y：84	Y：7	Y：60
K：0	K：62	K：0	K：0

C：2	C：0	C：2	C：54
M：29	M：73	M：22	M：15
Y：21	Y：32	Y：70	Y：39
K：0	K：0	K：0	K：0

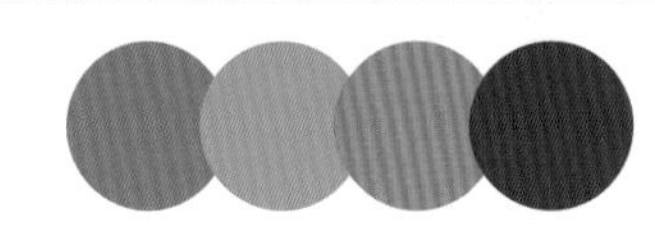

C：79	C：71	C：0	C：84
M：22	M：0	M：67	M：71
Y：35	Y：22	Y：60	Y：57
K：0	K：0	K：0	K：20

5.10 中轴型

色彩调性：复古、理性、对比、柔和、甜美、细腻、沉默、稳重。

常用主题色：

CMYK:63,89,60,24

CMYK:7,16,52,0

CMYK:83,38,69,1

CMYK:3,45,2,0

CMYK:16,69,76,0

CMYK:75,46,9,0

常用色彩搭配

CMYK：3,45,2,0
CMYK：18,81,4,0

不同明纯度的红色相搭配，给人统一、和谐的感受，同时也让界面极具层次感。

CMYK：1,33,61,0
CMYK：93,94,39,5

橙色搭配午夜蓝，在蓝色的鲜明对比中，给人醒目同时又不失稳重的印象。

CMYK：5,69,46,0
CMYK：78,34,44,0

红色搭配绿色，明度和纯度适中，在互补色的对比中十分引人注目。

CMYK：25,1,28,0
CMYK：48,14,7,0

纯度偏高的淡绿色搭配淡蓝色，在邻近色的对比中，给人清凉、放松的感受。

配色速查

复古

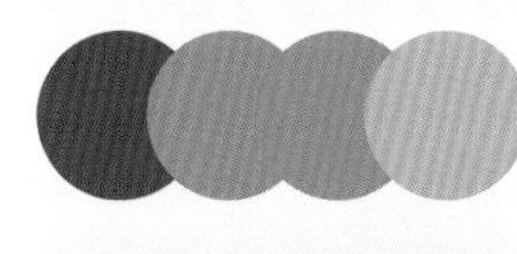

CMYK：76,20,79,23
CMYK：51,37,57,0
CMYK：25,57,41,0
CMYK：35,25,23,0

理性

CMYK：58,17,35,0
CMYK：67,33,21,0
CMYK：75,46,9,0
CMYK：87,78,63,36

对比

CMYK：0,72,9,0
CMYK：70,82,0,0
CMYK：64,17,5,0
CMYK：21,16,15,0

柔和

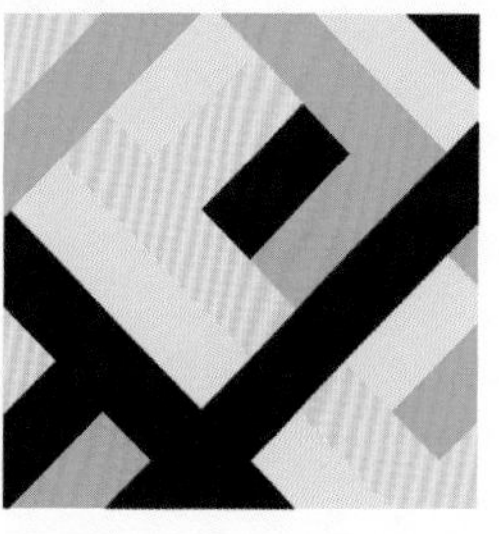

CMYK：4,22,49,0
CMYK：0,56,11,0
CMYK：33,0,18,0
CMYK：84,79,78,63

这是一款运动APP的UI设计。采用中轴型的构图方式，将插画图像和文字在界面中轴线部位呈现出来，使用户一目了然。适当留白的运用，为用户阅读与理解提供了便利。

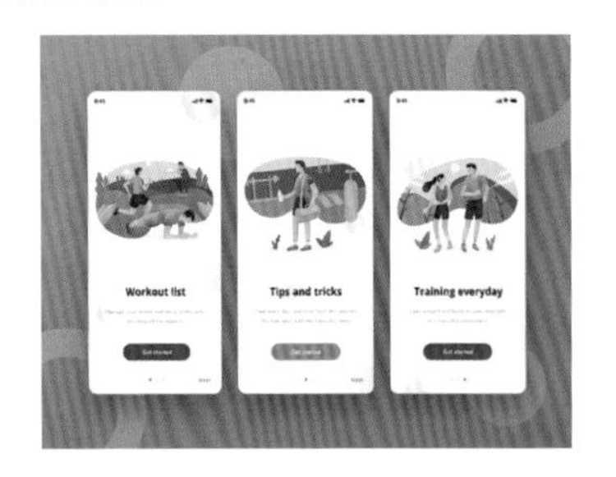

色彩点评

- 界面以白色为主色调，将主体对象直接凸显出来，给人干净、整洁的视觉感受。
- 少量橙色、紫色等色彩的运用，在鲜明的颜色对比中营造了满满的活力氛围。

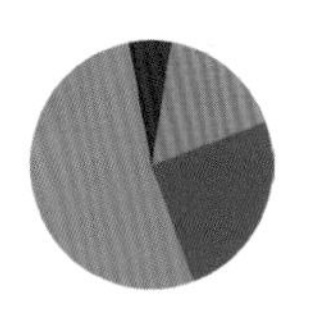

CMYK：62,21,7,0　CMYK：84,54,45,1
CMYK：0,65,75,0　CMYK：80,91,0,0

推荐色彩搭配

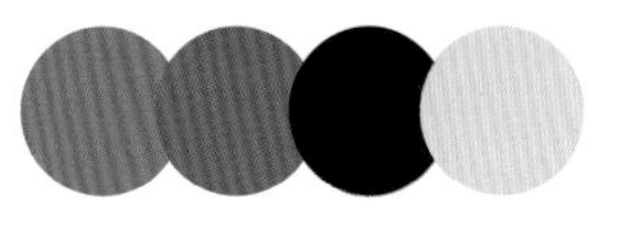

C：5	C：56	C：100	C：11
M：69	M：64	M：99	M：4
Y：86	Y：0	Y：70	Y：50
K：0	K：0	K：64	K：0

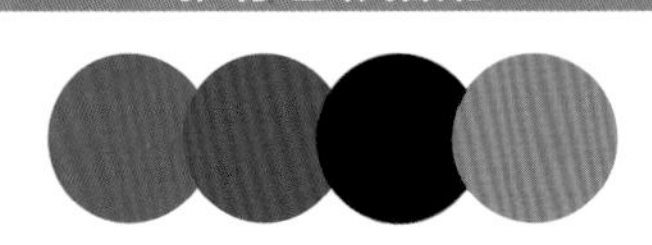

C：86	C：88	C：93	C：0
M：31	M：63	M：89	M：65
Y：85	Y：0	Y：88	Y：75
K：0	K：0	K：80	K：0

C：53	C：56	C：51	C：84
M：18	M：80	M：4	M：54
Y：0	Y：0	Y：0	Y：45
K：0	K：0	K：0	K：1

这是一款美容美发预约APP的 UI设计。采用中轴型的构图方式，将正在理发的插画图案作为展示主图，直接表明了APP的宣传内容。

版面中主次分明的文字，将信息直接传达出来。圆角矩形呈现载体的运用，对用户具有积极的引导作用。

色彩点评

- 界面以黑色作为背景的主色调，无彩色的运用，给人稳重、高端之感。
- 少量橙色的运用，打破了纯色背景的枯燥感，同时为版面增添了一抹亮丽的色彩。

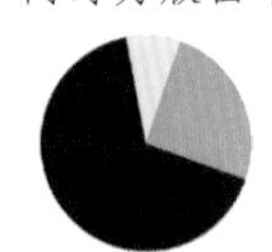

CMYK：99,94,68,57　CMYK：0,45,74,0
CMYK：11,9,3,0

推荐色彩搭配

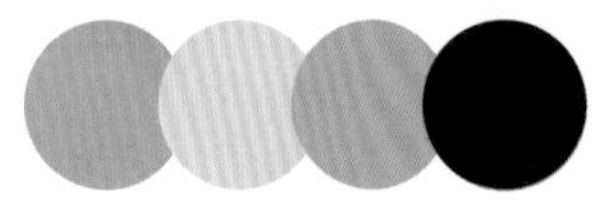

C：0	C：6	C：22	C：100
M：47	M：15	M：35	M：95
Y：69	Y：24	Y：11	Y：75
K：0	K：0	K：0	K：69

C：78	C：1	C：19	C：53
M：35	M：43	M：87	M：44
Y：22	Y：73	Y：58	Y：38
K：0	K：0	K：0	K：0

C：0	C：91	C：100	C：0
M：51	M：65	M：94	M：84
Y：88	Y：0	Y：55	Y：69
K：0	K：0	K：23	K：0

这是一款美食网页的UI设计。采用中轴型的构图方式，将产品在中间部位呈现出来，使受众一目了然。大面积留白的运用，为受众营造了一个良好的阅读与想象空间。

色彩点评

- 界面以明纯度适中的红色为主色调，给人甜腻、满足的感受，好像所有的烦恼都一扫而光了。
- 产品本色的运用，可以极大限度地刺激受众的味蕾，激发其购买欲望。

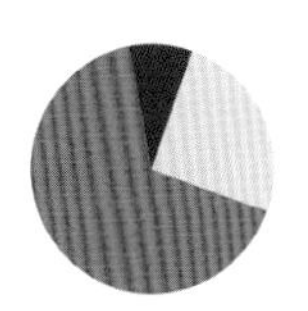

CMYK：0,79,36,0　CMYK：11,13,16,0
CMYK：27,100,100,0

推荐色彩搭配

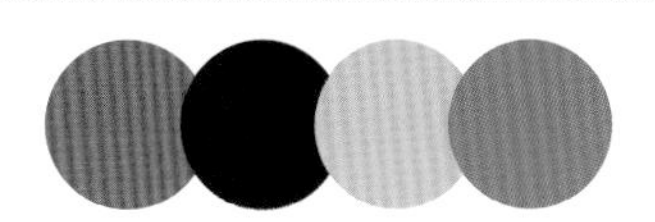

C：0	C：91	C：0	C：76
M：81	M：86	M：19	M：9
Y：47	Y：87	Y：95	Y：31
K：0	K：77	K：0	K：0

C：40	C：4	C：0	C：0
M：41	M：44	M：45	M：79
Y：0	Y：3	Y：98	Y：36
K：0	K：0	K：0	K：0

C：88	C：3	C：93	C：27
M：53	M：29	M：88	M：100
Y：84	Y：21	Y：89	Y：100
K：18	K：0	K：80	K：0

这是一款甜品美食网页的UI设计。采用中轴型的构图方式，将产品在中间部位呈现出来，十分引人注目。在产品左右两侧的文字，也将信息直接传达给受众。

版面以一个矩形作为呈现载体，极具视觉聚拢感。适当留白的运用，给人简约、大方的印象。

色彩点评

- 网页以白色为主色调，无彩色的运用，将版面内容清楚地凸显出来。
- 少量红色的点缀，丰富了整体的色彩感，同时对受众具有积极的引导作用。

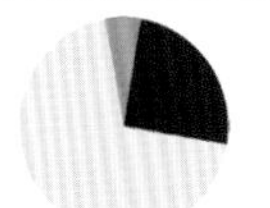

CMYK：0,9,37,0　CMYK：60,91,100,53
CMYK：0,60,18,0

推荐色彩搭配

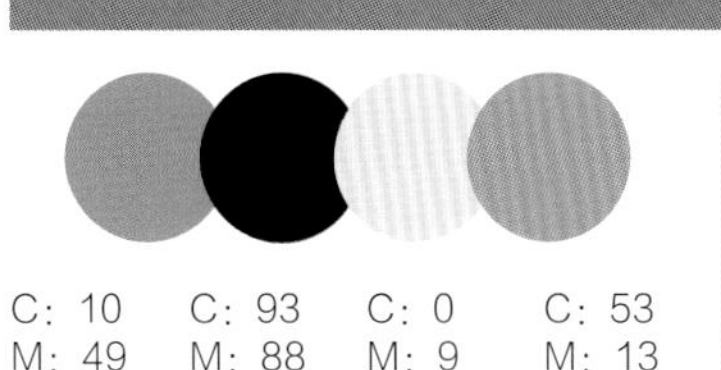

C：10	C：93	C：0	C：53
M：49	M：88	M：9	M：13
Y：70	Y：89	Y：37	Y：20
K：0	K：80	K：0	K：0

C：24	C：79	C：0	C：72
M：29	M：69	M：60	M：66
Y：58	Y：3	Y：18	Y：36
K：0	K：0	K：0	K：0

C：6	C：67	C：79	C：60
M：20	M：0	M：55	M：91
Y：58	Y：54	Y：0	Y：100
K：0	K：0	K：0	K：53

5.11 自由型

色彩调性：尊贵、简约、明快、成熟、稳重、专业、自由、随性、平淡。

常用主题色：

CMYK：57,58,54,2

CMYK：3,31,84,0

CMYK：60,0,60,0

CMYK：23,9,13,0

CMYK：67,71,5,0

CMYK：6,43,66,0

常用色彩搭配

CMYK：65,28,55,0
CMYK：31,24,24,0

绿色搭配灰色，明度和纯度适中，既具有生机与活力，同时又不乏稳定感。

CMYK：2,42,91,0
CMYK：43,59,100,2

橙色是十分醒目的颜色，在同类色的搭配对比中，给人统一、有序的印象。

CMYK：63,27,0,0
CMYK：13,14,74,0

蓝色搭配黄色，在冷暖色调的鲜明对比中，让人充满了活力与自信。

CMYK：0,37,13,0
CMYK：83,76,18,0

纯度偏低的粉色，给人甜美、柔和之感。搭配深蓝色，则增添了些许成熟感。

配色速查

尊贵

CMYK：90,86,88,78
CMYK：61,63,89,21
CMYK：11,29,63,0
CMYK：16,12,12,0

简约

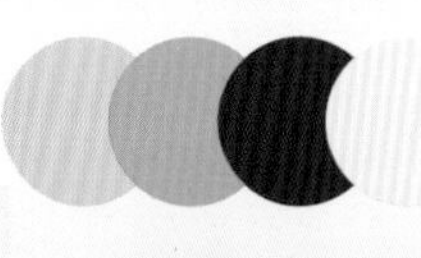

CMYK：31,9,19,0
CMYK：12,41,29,0
CMYK：86,82,62,40
CMYK：5,8,15,0

明快

CMYK：76,76,0,0
CMYK：5,17,85,0
CMYK：0,40,52,0
CMYK：75,69,63,25

成熟

CMYK：94,85,66,49
CMYK：73,31,21,0
CMYK：5,21,88,0
CMYK：34,27,25,0

这是一款电商APP的UI设计。将产品图像作为展示主图，直接表明了APP的经营性质。将圆角矩形作为呈现载体，极具视觉聚拢感。

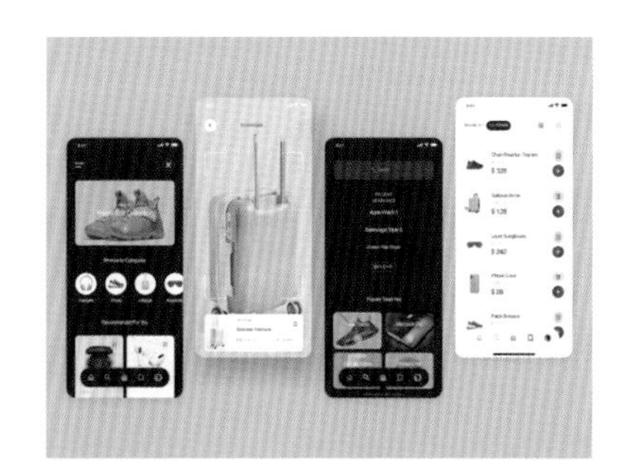

色彩点评

- 界面以黑色为主色调，将主体对象直接凸显出来，同时给人高端、精致的视觉感受。
- 产品本色的运用，为受众营造了一个良好的阅读环境，同时也丰富了整体的色彩感。

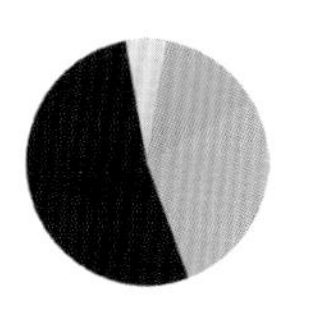

CMYK：93,88,89,80 CMYK：36,28,27,0
CMYK：59,8,25,0 CMYK：0,14,86,0

推荐色彩搭配

C：43	C：0	C：62	C：0
M：14	M：35	M：53	M：14
Y：29	Y：18	Y：52	Y：86
K：0	K：0	K：0	K：0

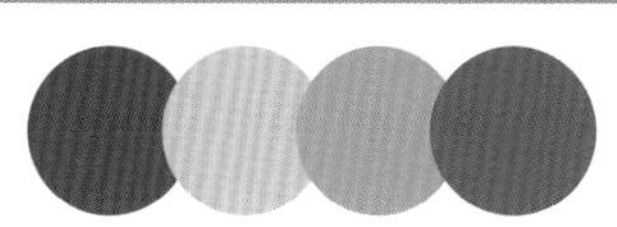

C：93	C：7	C：28	C：84
M：62	M：25	M：41	M：58
Y：56	Y：84	Y：58	Y：0
K：12	K：0	K：0	K：0

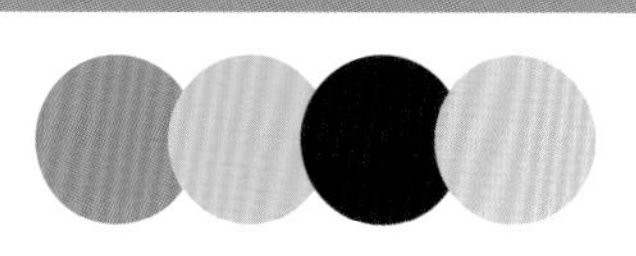

C：77	C：0	C：93	C：8
M：14	M：37	M：89	M：27
Y：32	Y：16	Y：85	Y：27
K：0	K：0	K：78	K：0

这是一款数字货币钱包的APP的UI设计。将各种信息整齐有序地在版面中呈现出来，为用户阅读与理解提供了便利。

版面中主次分明的文字，将信息直接传达出来。同时适当留白的运用，为用户阅读营造了一个良好的环境。

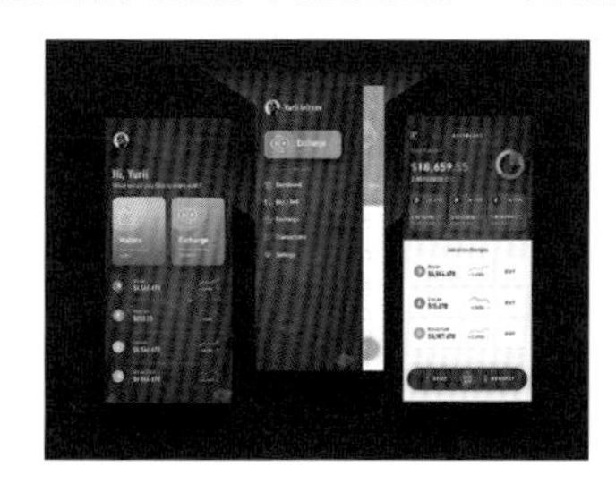

色彩点评

- 整个网页以蓝紫色为主色调，明度和纯度适中，给人安全、信任的印象。
- 少量橙色的运用，将重要信息凸显出来，对用户具有很好的引导作用。

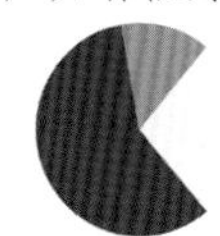

CMYK：87,87,0,0 CMYK：6,4,0,0
CMYK：0,64,100,0

推荐色彩搭配

C：84	C：82	C：45	C：13
M：78	M：56	M：42	M：4
Y：0	Y：0	Y：39	Y：58
K：0	K：0	K：0	K：0

C：75	C：60	C：42	C：16
M：48	M：45	M：45	M：44
Y：0	Y：0	Y：0	Y：0
K：0	K：0	K：0	K：0

C：100	C：65	C：0	C：69
M：90	M：41	M：33	M：29
Y：25	Y：0	Y：93	Y：85
K：0	K：0	K：0	K：0

这是一款瑜伽APP的UI设计。将正在做瑜伽的插画人物作为展示主图，直接表明了APP的宣传内容，十分引人注目。

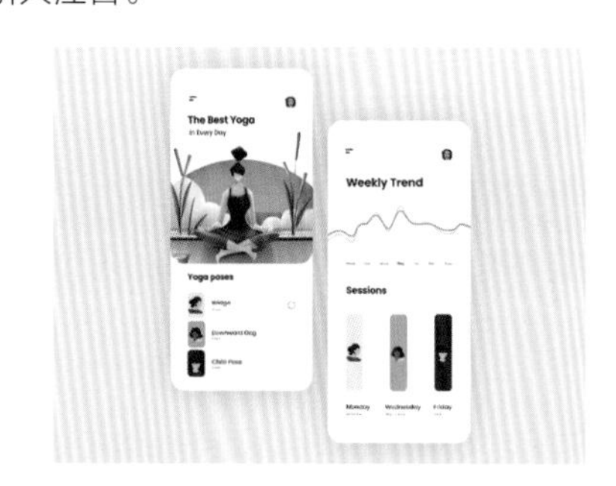

色彩点评

- 界面以浅色为主色调，将版面内容直接凸显出来，同时给人放松、纯净的感受。
- 明度偏低的橙色的运用，凸显出瑜伽可以令人身心放松并给人以舒畅的特征。

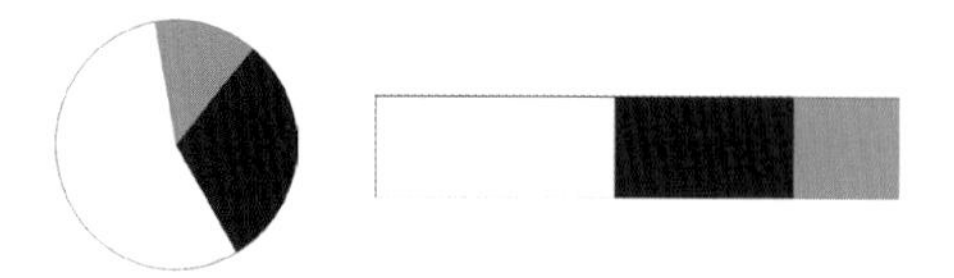

CMYK：0,0,1,0　CMYK：92,91,56,33
CMYK：3,55,49,0

推荐色彩搭配

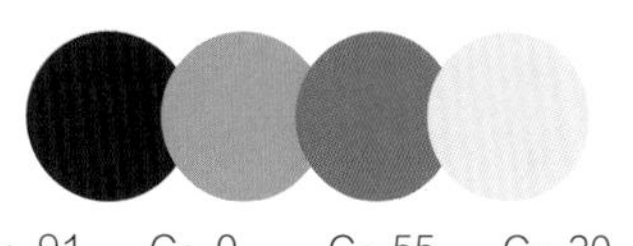

C：91	C：0	C：55	C：20
M：88	M：46	M：48	M：2
Y：56	Y：42	Y：27	Y：0
K：31	K：0	K：0	K：0

C：9	C：99	C：30	C：4
M：42	M：96	M：7	M：8
Y：29	Y：73	Y：18	Y：15
K：0	K：65	K：0	K：0

C：0	C：74	C：0	C：95
M：40	M：4	M：58	M：89
Y：16	Y：30	Y：98	Y：85
K：0	K：0	K：0	K：77

这是一款智能家居APP的UI设计。将家具图像作为展示主图，并且运用数据可视化的设计风格，让用户可以对产品进行任意的调控与监测。

整齐排列的文字，将信息直接传达出来，使用户一目了然。圆角矩形呈现载体的运用，极具视觉聚拢感。

色彩点评

- 界面以深色为主色调，凸显出产品的高端、大气。
- 橙色的运用，将重要信息进行直接凸显，对用户阅读有积极的引导作用。

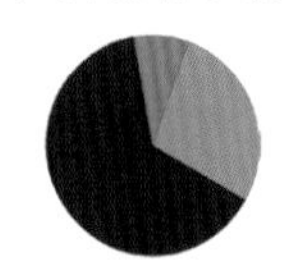

CMYK：82,76,74,52　CMYK：44,34,33,0
CMYK：0,63,94,0

推荐色彩搭配

C：84	C：27	C：0	C：68
M：78	M：23	M：30	M：25
Y：89	Y：33	Y：88	Y：25
K：68	K：0	K：0	K：0

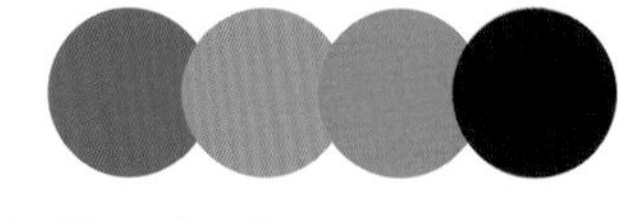

C：77	C：45	C：0	C：86
M：37	M：28	M：55	M：82
Y：18	Y：18	Y：84	Y：82
K：0	K：0	K：0	K：69

C：0	C：77	C：65	C：39
M：22	M：71	M：17	M：31
Y：95	Y：69	Y：0	Y：24
K：0	K：35	K：0	K：0

第6章

APP UI设计的风格

不同种类的APP UI设计风格具有不同的设计特点与要求，常见的设计风格有扁平化、数据可视化、图像化、极简风、卡片化、拟物化、大标题化、网格化、单色调等。

- 扁平化设计风格，就是将简单的线条以及图形作为展示图案的基本元素。
- 数据可视化设计风格，就是将数据以饼图、柱形图、折线图等方式在界面中呈现，方便用户直观醒目地了解到各种数据的变化以及走向。
- 大标题化设计风格，就是将主标题文字以较大的字号呈现，十分引人注目。
- 单色调设计风格，就是在设计中运用单色作为界面主色调。这里的单色不是说只允许用一种颜色，而是以一种颜色为主色调，同时少量运用其他颜色作为辅助色。

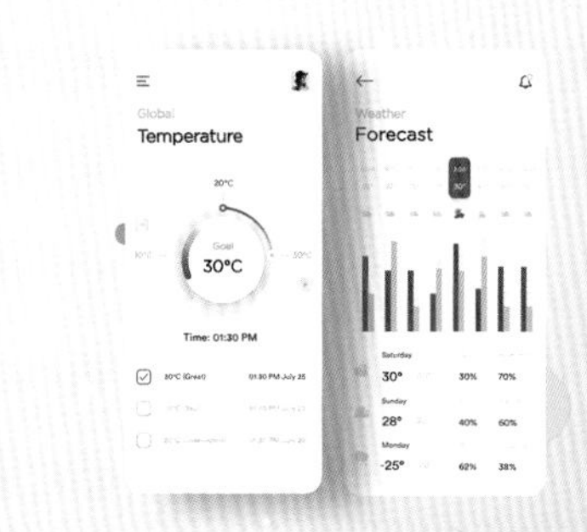

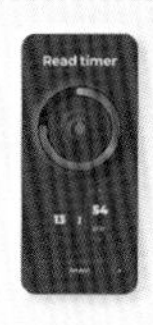

色彩调性：活跃、经典、童趣、理智、可爱、热情、开朗、搞笑。

常用主题色：

CMYK：5,53,64,0

CMYK：0,25,11,0

CMYK：67,8,50,0

CMYK：29,23,22,0

CMYK：7,3,86,0

CMYK：54,32,0,0

常用色彩搭配

CMYK：26,18,15,0
CMYK：71,0,100,0

浅灰色搭配明度较高的绿色，给人清新透亮同时又不失稳重的视觉印象。

CMYK：16,38,90,0
CMYK：78,73,80,5

橙色搭配深灰色，经典的组合方式，是女性产品中常用的配色方式。

CMYK：63,0,15,0
CMYK：5,2,50,0

青色搭配纯度偏低的淡黄色，在鲜明的颜色对比中多给人柔和的感受。

CMYK：57,59,0,0
CMYK：73,32,51,0

紫色搭配绿色，是一种稳重、成熟的色彩组合方式，同时又不乏些许优雅感。

配色速查

活跃

CMYK：8,70,67,0
CMYK：12,88,61,0
CMYK：84,59,0,0
CMYK：1,50,62,0

经典

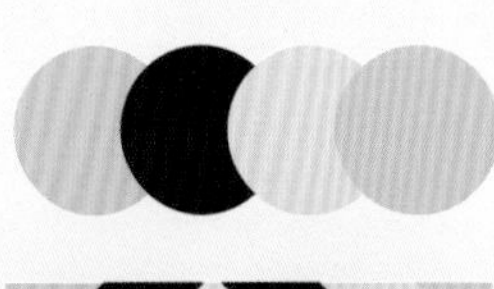

CMYK：4,24,83,0
CMYK：85,78,83,66
CMYK：12,15,20,0
CMYK：25,19,18,0

童趣

CMYK：0,25,11,0
CMYK：0,52,53,0
CMYK：59,0,72,0
CMYK：58,82,77,34

理智

CMYK：68,42,0,0
CMYK：73,32,51,0
CMYK：46,20,77,0
CMYK：57,59,0,0

这是一款APP搜索页的UI设计。将由简单几何图形组成的扁平化图案作为界面展示主图，给用户营造了愉悦的视觉氛围。版面中主次分明的文字，将信息进行清楚的传达。

色彩点评

- 界面以深色作为主色调，给人稳重、放心的印象。
- 红色、黄色、绿色等色彩的运用，以较高的明度让版面尽显活跃与积极。

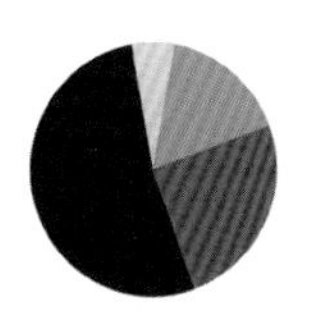

CMYK：96,100,61,46　CMYK：0,91,100,0
CMYK：80,7,71,0　CMYK：0,20,95,0

推荐色彩搭配

C: 27	C: 80	C: 2	C: 85
M: 22	M: 7	M: 29	M: 83
Y: 12	Y: 71	Y: 77	Y: 93
K: 0	K: 0	K: 0	K: 75

C: 5	C: 75	C: 77	C: 22
M: 91	M: 40	M: 10	M: 17
Y: 64	Y: 0	Y: 89	Y: 19
K: 0	K: 0	K: 0	K: 0

C: 41	C: 38	C: 52	C: 78
M: 84	M: 31	M: 7	M: 21
Y: 100	Y: 100	Y: 98	Y: 48
K: 6	K: 0	K: 0	K: 0

这是一款APP引导页的UI设计。将扁平化的图案作为界面展示主图，在不同形态的变化中将信息直接传达给广大用户，为其阅读与理解提供了便利。

在界面顶部层级分明的文字，一方面将信息进行清楚的传达，另一方面也让细节效果更加丰富。

色彩点评

- 界面以绿色作为主色调，在不同明纯度的变化中，让版面具有很强的层次感。
- 少量红色的点缀，让界面瞬间鲜活起来，同时也让整体的色彩质感更加丰富。

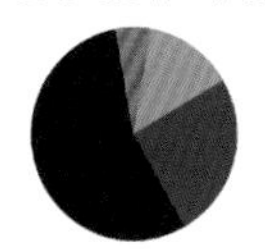

CMYK：100,91,73,64　CMYK：98,56,100,33
CMYK：79,4,85,0　CMYK：0,79,67,0

推荐色彩搭配

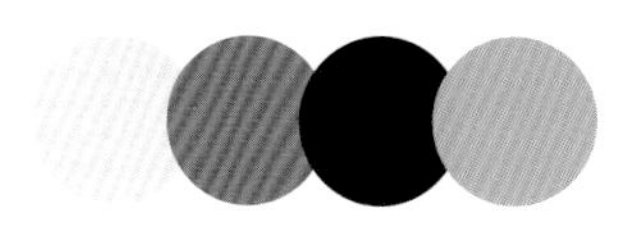

C: 11	C: 0	C: 94	C: 57
M: 7	M: 77	M: 89	M: 4
Y: 10	Y: 69	Y: 86	Y: 24
K: 0	K: 0	K: 79	K: 0

C: 17	C: 95	C: 13	C: 93
M: 100	M: 55	M: 7	M: 88
Y: 100	Y: 100	Y: 73	Y: 89
K: 0	K: 33	K: 0	K: 80

C: 100	C: 0	C: 11	C: 87
M: 91	M: 79	M: 7	M: 38
Y: 71	Y: 67	Y: 7	Y: 100
K: 61	K: 0	K: 0	K: 3

这是一款天气APP的UI设计。采用分割型的构图方式，将扁平化的森林作为展示图案，以简单直观的方式表明了天气状况。

色彩点评

- 界面以绿色和紫色作为主色调，在不同明纯度的变化中，增强了版面的层次感。
- 少量黄色的点缀，让阳光明媚的天气一览无余。

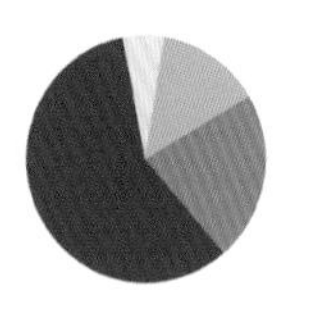

CMYK：91,57,74,22 CMYK：72,20,55,0
CMYK：57,0,38,0 CMYK：1,5,53,0

推荐色彩搭配

C：88	C：69	C：43	C：1
M：91	M：56	M：32	M：2
Y：0	Y：0	Y：0	Y：54
K：0	K：0	K：0	K：0

C：27	C：41	C：5	C：24
M：30	M：0	M：0	M：18
Y：0	Y：18	Y：33	Y：21
K：0	K：0	K：0	K：0

C：58	C：74	C：0	C：7
M：58	M：30	M：54	M：0
Y：0	Y：51	Y：66	Y：60
K：0	K：0	K：0	K：0

这是一款注册登录UI的设计。采用分割型的构图方式，将扁平化的人物故事场景在版面右侧呈现，打破了纯色背景的枯燥感。

在版面左侧以骨骼型呈现的文字，将信息直接传达给用户，对用户具有很强的引导作用。

色彩点评

- 界面以蓝色作为主色调，不同明纯度的运用，给人冷静、理智的印象。
- 少量橙色以及红色的点缀，为版面增添了鲜活气息。

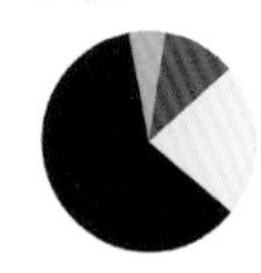

CMYK：100,100,55,13 CMYK：18,4,0,0
CMYK：0,91,65,0 CMYK：0,42,97,0

推荐色彩搭配

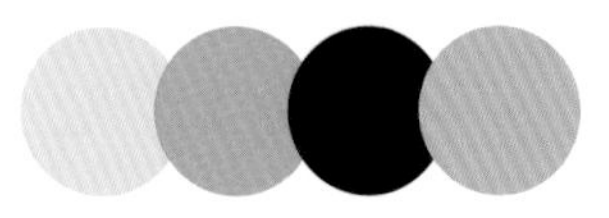

C：22	C：0	C：100	C：28
M：5	M：42	M：99	M：22
Y：0	Y：98	Y：57	Y：21
K：0	K：0	K：48	K：0

C：0	C：5	C：86	C：63
M：66	M：30	M：100	M：0
Y：64	Y：59	Y：57	Y：13
K：0	K：0	K：28	K：0

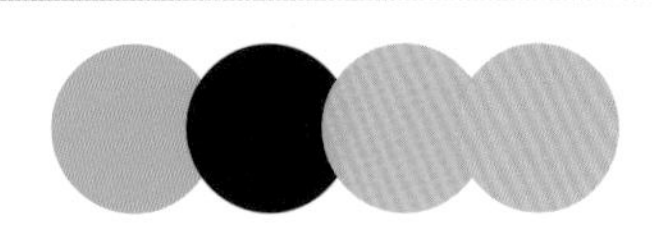

C：62	C：100	C：0	C：27
M：0	M：100	M：31	M：21
Y：60	Y：55	Y：95	Y：22
K：0	K：13	K：0	K：0

6.2 数据可视化设计风格

色彩调性： 理性、稳重、专业、成熟、清晰、冷静、耐心。

常用主题色：

CMYK:79,29,30,0

CMYK:54,7,48,0

CMYK:6,51,93,0

CMYK:34,27,25,0

CMYK:100,94,44,2

CMYK:93,88,89,80

常用色彩搭配

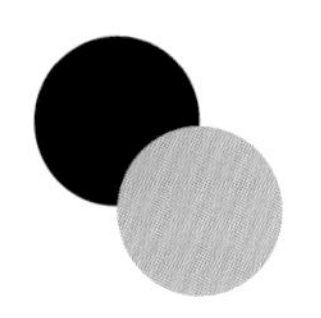
CMYK：93,88,89,80
CMYK：52,5,51,0

黑色搭配青绿色，给人通透、环保的视觉感受，同时又具有稳定性。

CMYK：78,37,37,0
CMYK：16,56,15,0

纯度偏高的青色搭配粉色，在颜色的鲜明对比中，给人优雅、时尚的印象。

CMYK：29,23,22,0
CMYK：38,51,74,0

浅灰色搭配棕色，同为明度偏低的颜色，独特的组合方式令人身心舒畅。

CMYK：89,79,0,0
CMYK：13,9,71,0

蓝色搭配黄色，十分引人注目。在冷暖色调的鲜明对比中，尽显活跃与激情。

配色速查

理性

CMYK：18,10,0,0
CMYK：82,64,0,0
CMYK：59,0,6,0
CMYK：97,100,57,21

环保

CMYK：88,77,62,35
CMYK：85,48,60,3
CMYK：54,7,48,0
CMYK：15,53,88,0

专注

CMYK：81,92,53,25
CMYK：11,33,59,0
CMYK：63,0,15,0
CMYK：21,16,15,0

古朴

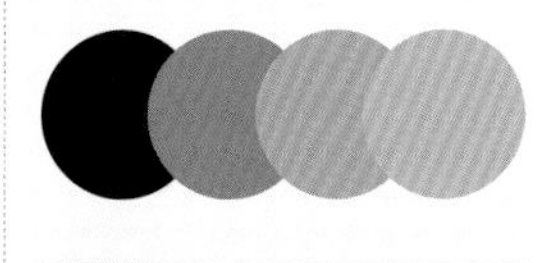

CMYK：88,87,88,87
CMYK：35,55,71,0
CMYK：34,32,55,0
CMYK：33,26,22,0

这是一款APP的UI设计。将各种信息以柱状图的形式在界面中呈现出来，相对于单纯的文字和数字来说，具有更加直观的视觉效果。

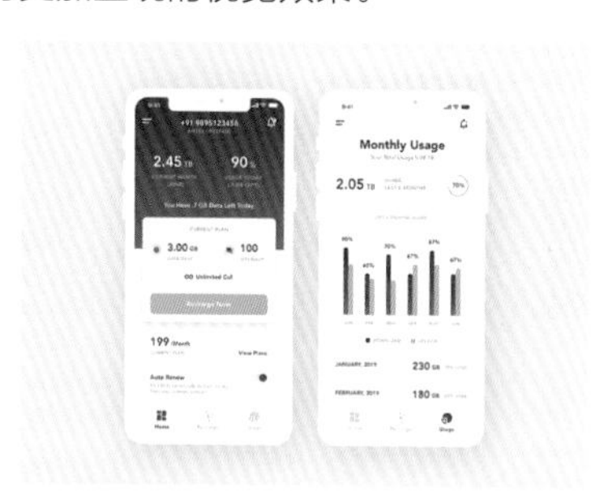

色彩点评

- 界面以白色作为背景色，将版面内容进行清楚的凸显，同时给人清爽、醒目的印象。
- 蓝色和青色的运用，为用户营造了一种冷静、客观的阅读氛围。

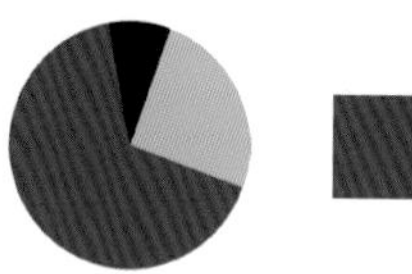

CMYK：87,75,0,0　CMYK：65,0,15,0
CMYK：93,88,89,80

推荐色彩搭配

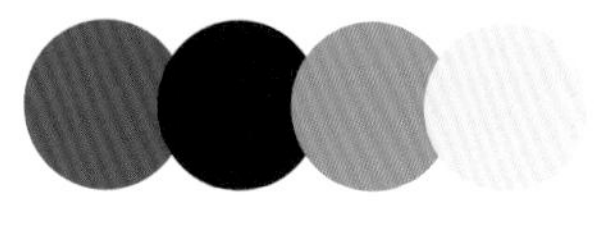
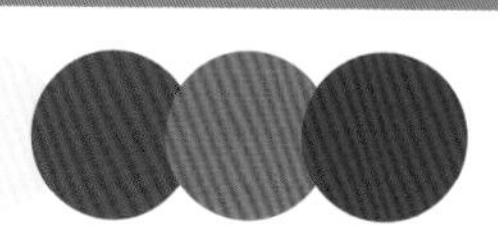

C：84	C：96	C：75	C：12	C：7	C：82	C：0	C：93	C：0	C：59	C：78	C：65
M：62	M：100	M：1	M：5	M：5	M：71	M：82	M：71	M：24	M：4	M：71	M：0
Y：0	Y：69	Y：36	Y：2	Y：5	Y：0	Y：57	Y：0	Y：75	Y：2	Y：0	Y：36
K：0	K：62	K：0	K：0	K：0	K：0	K：0	K：0	K：0	K：0	K：0	K：0

这是一款儿童教育APP的UI设计。将渐变插画的人物图案作为界面展示主图，给人温馨、柔和的印象，同时也从侧面凸显出家庭教育对儿童的重要性。

界面中以骨骼型呈现的文字，在整齐有序的排列中，将信息直接传达出来。同时适当留白的运用，让整个版面有呼吸顺畅之感。

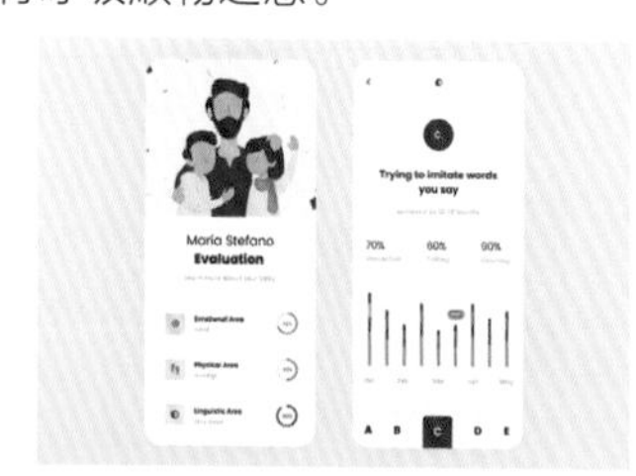

色彩点评

- 界面中深绿色的运用，以偏高的纯度给人安全、可靠的视觉感受。
- 少量橙色的点缀，让数据十分醒目，对用户阅读具有积极的引导作用。

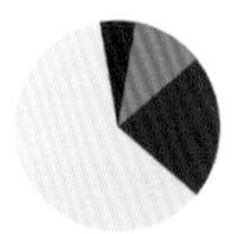

CMYK：14,7,9,0　CMYK：100,67,73,39
CMYK：0,71,69,0　CMYK：100,88,64,47

推荐色彩搭配

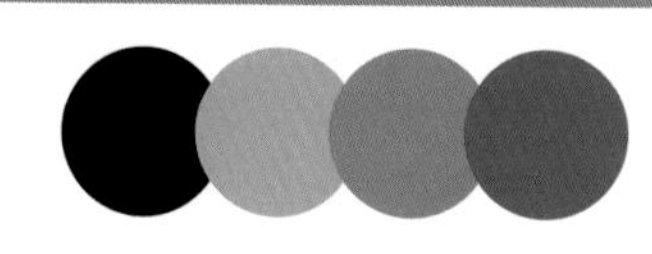

C：35	C：38	C：91	C：0	C：2	C：14	C：93	C：0	C：93	C：2	C：49	C：80
M：46	M：19	M：87	M：53	M：31	M：7	M：54	M：51	M：89	M：40	M：49	M：47
Y：71	Y：10	Y：90	Y：75	Y：87	Y：9	Y：89	Y：31	Y：87	Y：100	Y：58	Y：100
K：0	K：0	K：79	K：0	K：0	K：0	K：24	K：0	K：79	K：0	K：0	K：10

这是一款音乐APP 的UI设计。以一个圆角矩形作为数据呈现载体，极具视觉聚拢感，可以让用户在第一时间注意到，十分醒目。

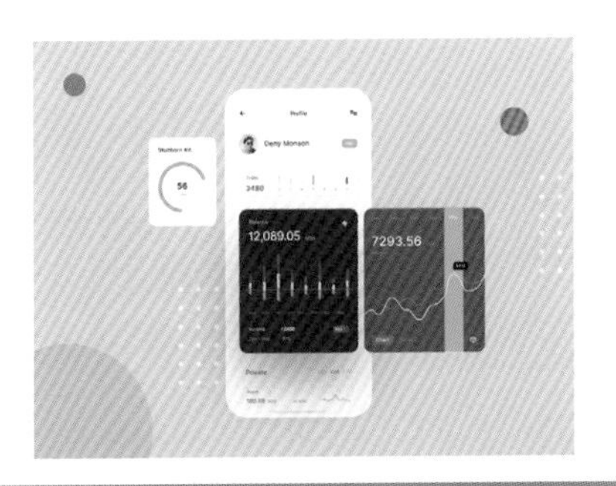

色彩点评

- 界面以蓝色为主色调，在白色背景的衬托下，给人理性、冷静的视觉感受。
- 少量橙色、紫色的点缀，一方面增强了版面的色彩感，另一方面将重要信息着重突出。

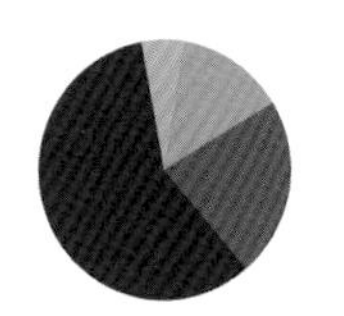

CMYK：100,93,16,0 CMYK：83,67,0,0
CMYK：0,59,87,0 CMYK：32,38,0,0

推荐色彩搭配

C：25	C：100	C：31	C：0	C：91	C：14	C：100	C：7	C：84	C：56	C：68	C：0
M：18	M：93	M：35	M：80	M：78	M：10	M：76	M：67	M：65	M：69	M：0	M：57
Y：0	Y：16	Y：0	Y：7	Y：0	Y：9	Y：55	Y：67	Y：0	Y：0	Y：32	Y：69
K：0	K：0	K：0	K：0	K：0	K：0	K：20	K：0	K：0	K：0	K：0	K：0

这是一款银行APP的UI设计。将折线图在界面中间部位呈现出来，给用户直观醒目的感受。同时再结合主次分明的文字，让用户对各种信息一目了然。

主次分明的文字一方面将信息直接传达，另一方面丰富了整体的细节效果。

色彩点评

- 界面以蓝色作为主色调，明度和纯度适中，为用户营造了一个良好的阅读环境。
- 少量橙色以及红色的点缀，将重要信息进行着重突出，十分引人注目。

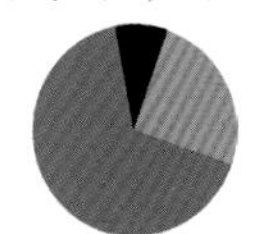

CMYK：82,58,0,0 CMYK：0,70,75,0
CMYK：93,88,89,80

推荐色彩搭配

C：11	C：11	C：100	C：64	C：91	C：31	C：91	C：0	C：87	C：5	C：100	C：6
M：7	M：42	M：96	M：3	M：87	M：64	M：55	M：73	M：49	M：71	M：93	M：22
Y：4	Y：98	Y：29	Y：27	Y：90	Y：0	Y：11	Y：84	Y：2	Y：19	Y：7	Y：76
K：0	K：0	K：0	K：0	K：79	K：0	K：0	K：0	K：0	K：0	K：0	K：0

6.3 图像化设计风格

色彩调性：积极、素雅、文艺、愉悦、平和、安稳、个性。

常用主题色：

CMYK：88,72,0,0

CMYK：4,20,73,0

CMYK：40,58,0,0

CMYK：63,0,44,0

CMYK：15,6,72,0

CMYK：36,69,94,1

常用色彩搭配

CMYK：4,55,77,0
CMYK：82,29,78,0

橙色搭配绿色，极具视觉张力，在活跃之中又给人些许通透之感。

CMYK：67,33,0,0
CMYK：76,75,10,0

纯度适中的天蓝色搭配蓝紫色，在邻近色的对比中，给人统一、和谐的感受。

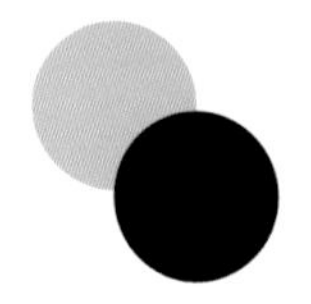
CMYK：45,0,35,0
CMYK：93,88,87,79

明度较高的绿色搭配黑色，在颜色的对比中极具视觉冲击力。

CMYK：8,15,77,0
CMYK：20,71,59,0

黄色搭配红色，明度和纯度适中，该种颜色组合方式多用在与食物有关的界面中。

配色速查

积极

CMYK：86,86,70,58
CMYK：7,26,88,0
CMYK：58,74,0,0
CMYK：54,0,18,0

素雅

CMYK：0,20,29,0
CMYK：47,28,23,0
CMYK：79,74,71,44
CMYK：78,51,100,15

愉悦

CMYK：0,79,44,0
CMYK：3,29,88,0
CMYK：72,94,57,31
CMYK：83,36,48,0

稳定

CMYK：23,11,3,0
CMYK：95,91,46,12
CMYK：75,17,97,0
CMYK：18,57,36,0

这是以动物为主题的APP UI设计。将动物图像作为界面展示主图，直接表明了该款APP的宣传内容，给用户直观醒目的印象。

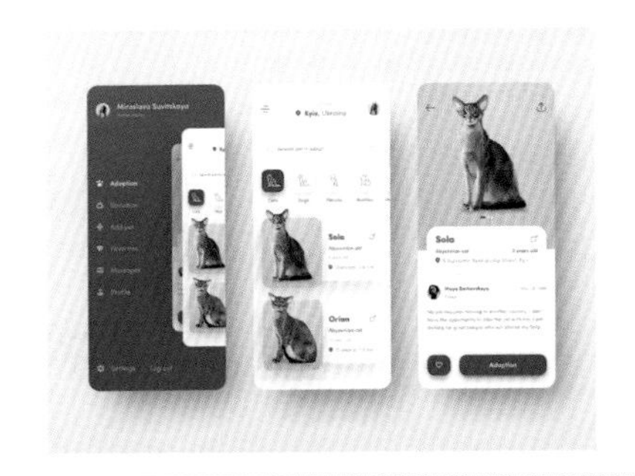

色彩点评

- 界面以明度和纯度适中的青色为主色调，给人很强的信赖感。
- 整齐排列的图像以及文字，将信息直接传达出来，让界面十分整洁、统一。

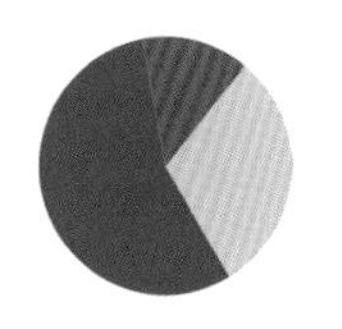

CMYK：83,53,58,6　CMYK：25,15,13,0
CMYK：47,67,78,6

推荐色彩搭配

C：24	C：76	C：16	C：78
M：62	M：82	M：6	M：26
Y：77	Y：98	Y：6	Y：41
K：0	K：69	K：0	K：0

C：57	C：96	C：4	C：39
M：75	M：93	M：27	M：26
Y：0	Y：78	Y：97	Y：27
K：0	K：73	K：0	K：0

C：83	C：45	C：39	C：93
M：53	M：65	M：95	M：88
Y：58	Y：0	Y：95	Y：89
K：6	K：0	K：5	K：80

这是国外美食APP的UI设计。将美食直接作为展示主图，在版面右侧位置呈现。超出画面的部分，具有很强的视觉延展性。

版面中整齐有序排列的文字，为受众阅读提供了便利。适当留白的运用，让界面具有通透、清凉之感。

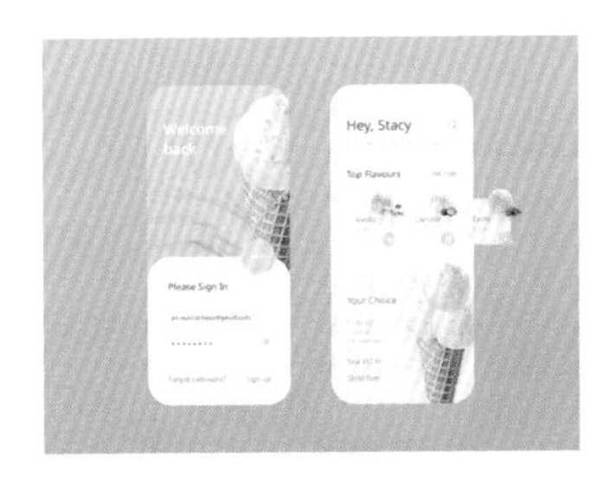

色彩点评

- 界面以纯度偏高的粉色为主色调，让产品具有的甜腻特征得到淋漓尽致的凸显。
- 产品本色的运用，可以极大限度地刺激受众的味蕾，激发其购买欲望。

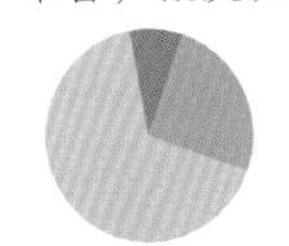

CMYK：8,30,20,0　CMYK：17,40,51,0
CMYK：51,45,44,0

推荐色彩搭配

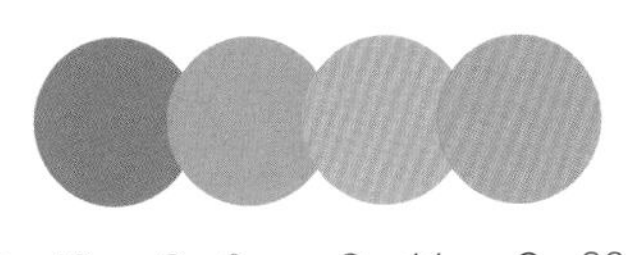

C：42	C：0	C：11	C：36
M：50	M：51	M：31	M：29
Y：51	Y：28	Y：65	Y：24
K：0	K：0	K：0	K：0

C：93	C：0	C：11	C：53
M：89	M：29	M：51	M：16
Y：55	Y：94	Y：31	Y：54
K：29	K：0	K：0	K：0

C：80	C：27	C：19	C：0
M：72	M：24	M：48	M：45
Y：63	Y：23	Y：64	Y：98
K：29	K：0	K：0	K：0

这是移动电商的网页UI设计。将放大的产品图像作为展示内容，将更多细节直观地呈现在受众眼前，非常容易拉近与受众的距离。

色彩点评

- 网页以浅灰色作为主色调，将版面内容进行清楚的凸显。深棕色的运用，凸显出产品的高档与精致。
- 版面左侧整齐排列的文字，为受众阅读提供了便利。

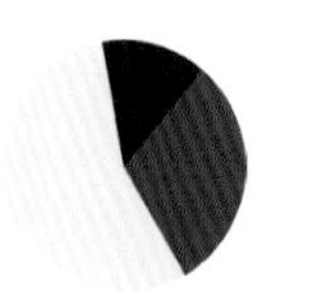

CMYK：9,7,6,0　　CMYK：55,84,100,35
CMYK：93,89,88,80

推荐色彩搭配

C：43	C：53	C：36	C：93
M：73	M：25	M：33	M：88
Y：100	Y：38	Y：33	Y：89
K：7	K：0	K：0	K：80

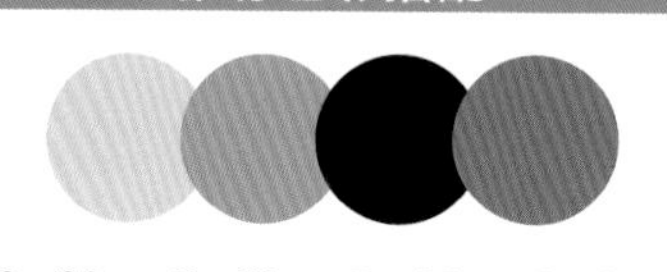

C：22	C：60	C：93	C：31
M：15	M：15	M：89	M：64
Y：11	Y：56	Y：88	Y：80
K：0	K：0	K：80	K：0

C：6	C：66	C：27	C：47
M：24	M：38	M：58	M：88
Y：62	Y：64	Y：87	Y：100
K：0	K：0	K：0	K：16

这是一款旅游APP的UI设计。将风景图像充满整个界面，对受众形成强烈的视觉冲击，使受众有一种身临其境之感。

以骨骼型呈现的风景图像以及文字，将信息直接传达给受众，同时也让界面十分整齐、统一。

色彩点评

- 界面以风景本色作为主色调，给人自然、和谐、放松的视觉印象。
- 少量青色的点缀，丰富了版面的色彩感，同时对受众阅读具有一定的引导作用。

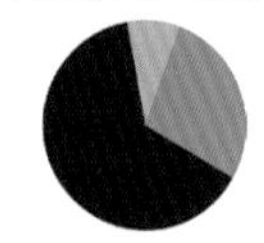

CMYK：98,88,80,71　CMYK：75,18,29,0
CMYK：22,33,43,0

推荐色彩搭配

C：47	C：66	C：24	C：51
M：31	M：2	M：34	M：23
Y：25	Y：24	Y：38	Y：0
K：0	K：0	K：0	K：0

C：82	C：22	C：45	C：79
M：78	M：59	M：25	M：24
Y：76	Y：100	Y：14	Y：45
K：58	K：0	K：0	K：0

C：100	C：16	C：69	C：22
M：98	M：71	M：44	M：33
Y：53	Y：38	Y：66	Y：43
K：15	K：0	K：1	K：0

6.4 极简风设计风格

色彩调性： 理性、稳重、专业、成熟、清晰、冷静、耐心。

常用主题色：

CMYK:24,28,35,0

CMYK:16,12,12,0

CMYK:16,50,61,0

CMYK:20,21,32,0

CMYK:56,42,0,0

CMYK:76,35,26,0

常用色彩搭配

CMYK：76,35,26,0
CMYK：24,37,58,0

青色搭配棕色，以较低的明度给人稳重、大方之感，十分凸显用户气质。

CMYK：84,79,78,63
CMYK：25,19,18,0

无彩色的黑色搭配灰色，在不同明纯度的变化中给人高雅、简约的印象。

CMYK：19,50,17,0
CMYK：53,23,21,0

纯度偏高的粉色搭配青灰色，在颜色的鲜明对比中，营造了甜美、纯净的氛围。

CMYK：67,38,75,0
CMYK：23,25,36,0

绿色具有环保、健康的特征。搭配纯度适中的棕灰色，使受众获得了稳定的视觉效果。

配色速查

简约

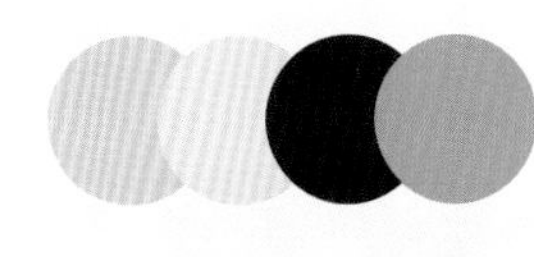

CMYK：15,20,28,0
CMYK：15,12,11,0
CMYK：85,81,80,67
CMYK：16,48,59,0

素净

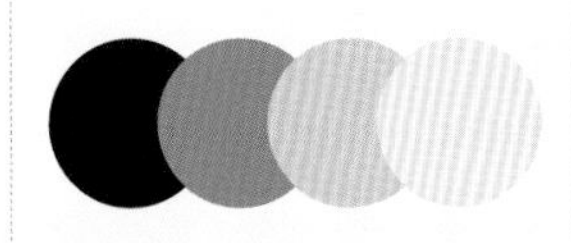

CMYK：88,85,84,75
CMYK：54,45,45,0
CMYK：24,18,20,0
CMYK：1,12,29,0

淡雅

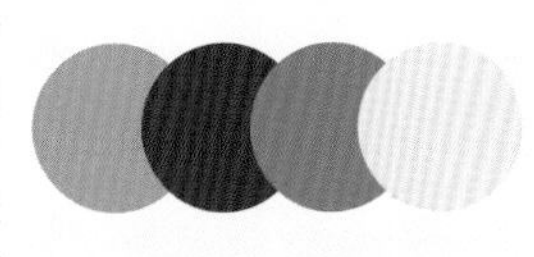

CMYK：27,43,56,0
CMYK：78,72,69,38
CMYK：78,38,24,0
CMYK：14,11,12,0

鲜明

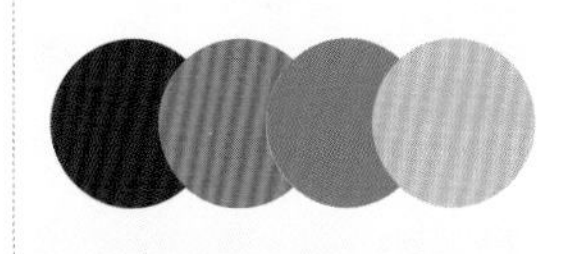

CMYK：84,79,67,46
CMYK：0,74,82,0
CMYK：61,49,39,0
CMYK：23,25,36,0

这是一款服装的网页UI设计。采用矩形作为服饰呈现载体，具有很强的视觉聚拢感。清晰可见的布料纹理，直接凸显出产品大方、简约的品质。

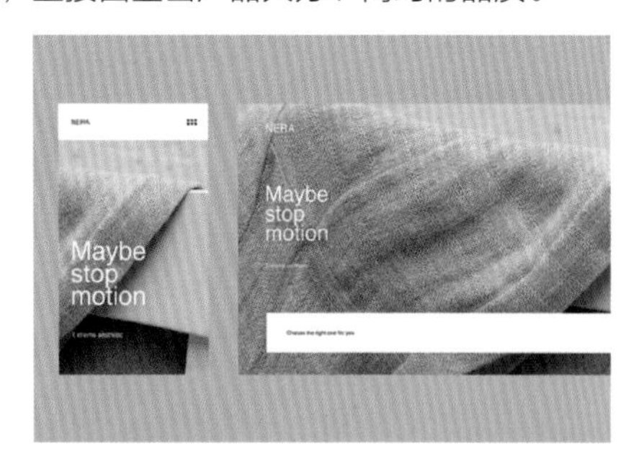

色彩点评

- 界面以产品颜色作为主色调，给受众直观的视觉感受，非常容易拉近与受众的距离。
- 少量白色的点缀，提高了版面的亮度，同时将文字清楚地凸显出来。

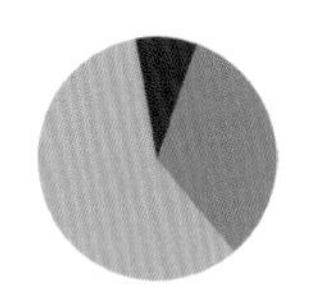

CMYK：25,24,22,0　CMYK：45,43,42,0
CMYK：69,73,74,37

推荐色彩搭配

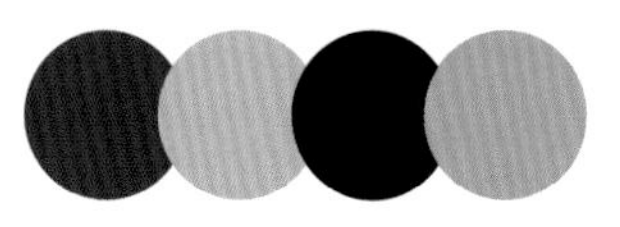

C：65	C：26	C：93	C：22
M：71	M：22	M：88	M：33
Y：73	Y：19	Y：89	Y：43
K：30	K：0	K：80	K：0

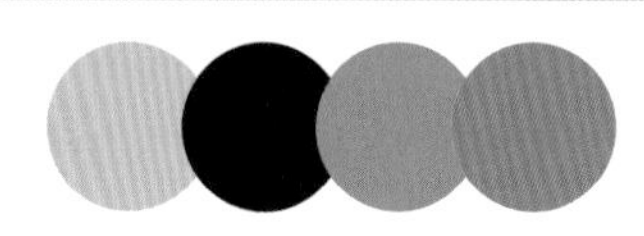

C：14	C：89	C：11	C：65
M：20	M：85	M：48	M：16
Y：28	Y：85	Y：61	Y：29
K：0	K：75	K：0	K：0

C：25	C：60	C：70	C：93
M：24	M：28	M：65	M：88
Y：22	Y：84	Y：79	Y：89
K：0	K：0	K：31	K：80

这是国外美食APP的UI设计。将美食作为展示主图，在版面中间偏上部位进行呈现，可以极大限度地刺激受众的味蕾，激发其购买欲望。

主次分明的文字将信息直接传达，使用户一目了然。界面中适当留白的运用，提高了整个APP的档次与格调。

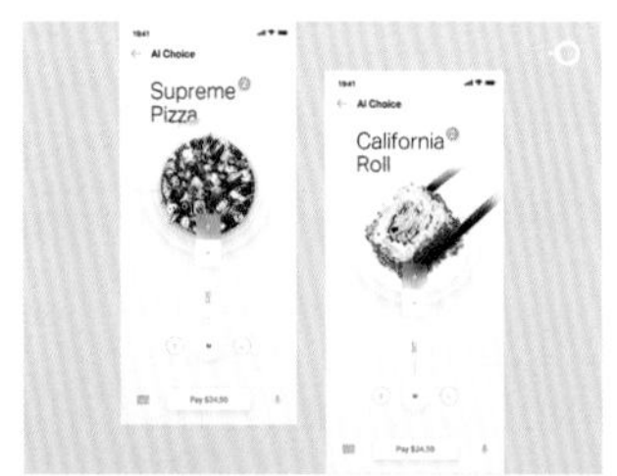

色彩点评

- 界面以浅灰色作为主色调，将版面内容直接凸显，给人精致、美味的印象。
- 美食本身颜色的运用，丰富了整体的色彩感，同时也表明了产品的安全与健康。

CMYK：16,11,4,0　CMYK：4,3,3,0
CMYK：1,91,100,0　CMYK：100,100,67,61

推荐色彩搭配

C：36	C：49	C：67	C：3
M：29	M：20	M：61	M：38
Y：22	Y：64	Y：57	Y：22
K：0	K：0	K：7	K：0

C：80	C：3	C：71	C：32
M：73	M：24	M：35	M：14
Y：60	Y：20	Y：13	Y：42
K：25	K：0	K：0	K：0

C：82	C：24	C：16	C：9
M：78	M：39	M：11	M：54
Y：76	Y：51	Y：4	Y：12
K：58	K：0	K：0	K：0

这是一款首饰网页的UI设计。采用分割型的构图方式，将版面划分为不同大小的区域，营造了些许活跃氛围。立体摆放的产品，可以给受众直观醒目的视觉印象。

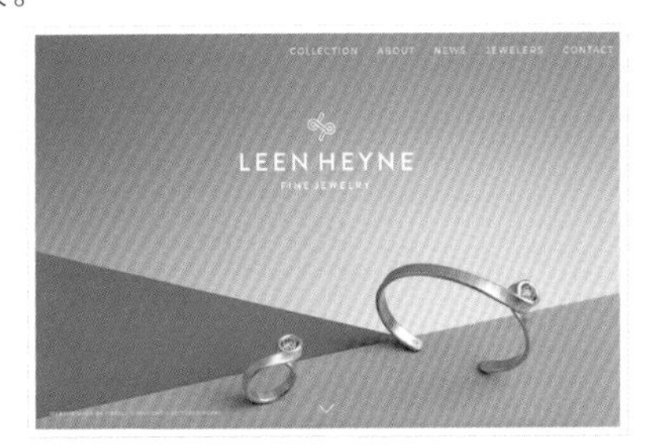

色彩点评

- 网页以青灰色作为主色调，在不同明纯度的变化中，让版面具有很强的层次感。
- 产品金色的运用，丰富了整体的色彩质感，同时也凸显出饰品的精致。

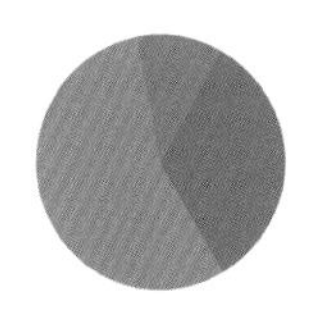

CMYK：55,41,36,0　CMYK：67,50,40,0
CMYK：45,51,78,0

推荐色彩搭配

C：3	C：31	C：66	C：93	C：85	C：1	C：21	C：55	C：45	C：70	C：36	C：4
M：8	M：34	M：50	M：88	M：91	M：42	M：18	M：41	M：51	M：28	M：29	M：57
Y：20	Y：51	Y：40	Y：89	Y：41	Y：46	Y：9	Y：36	Y：78	Y：49	Y：26	Y：7
K：0	K：0	K：0	K：80	K：5	K：0	K：0	K：5	K：0	K：0	K：0	K：0

这是创新家具网页的UI设计。将家具陈设作为展示主图，直接表明了网页的宣传内容。整体的构造布局，为受众装修提供了很强的参考价值。

界面中主次分明的文字，一方面将信息直接传达，另一方面也让整体的细节效果更加丰富。

色彩点评

- 网页以不同明纯度的灰色作为主色调，让版面极具空间立体感。
- 少量纯度偏高的粉红色的运用，以较低的明度尽显家具素净、简约的格调。

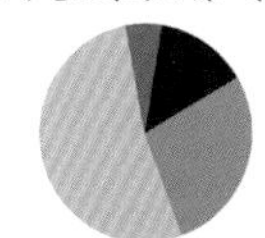

CMYK：29,26,23,0　CMYK：46,53,40,0
CMYK：100,100,67,61　CMYK：85,56,0,0

推荐色彩搭配

C：100	C：13	C：55	C：29	C：47	C：74	C：0	C：92	C：76	C：18	C：38	C：77
M：93	M：61	M：21	M：26	M：90	M：51	M：24	M：88	M：58	M：15	M：31	M：42
Y：48	Y：71	Y：11	Y：23	Y：84	Y：11	Y：9	Y：89	Y：0	Y：40	Y：29	Y：35
K：9	K：0	K：0	K：0	K：16	K：0	K：0	K：80	K：0	K：0	K：0	K：0

6.5 卡片化设计风格

色彩调性：踏实、利落、高端、踏实、艺术、冲击、镇静、古典、单一。

常用主题色：

CMYK：8,11,10,0 CMYK：87,47,61,3 CMYK：5,81,64,0 CMYK：43,35,33,0 CMYK：91,68,20,0 CMYK：10,2,57,0

常用色彩搭配

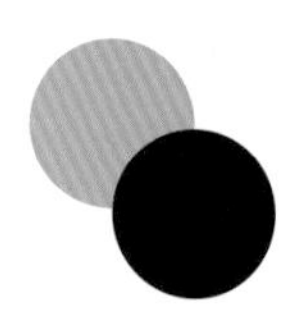

CMYK：23,25,93,0
CMYK：98,97,62,49

黄绿色搭配深灰色，既具有活跃、律动的色彩特征，同时又不乏稳定与踏实之感。

CMYK：34,73,55,0
CMYK：72,13,37,0

深红色搭配明度和纯度适中的青色，在颜色的鲜明对比中营造出一种极强的视觉冲击力。

CMYK：65,34,0,0
CMYK：89,85,54,25

天蓝色搭配午夜蓝，在不同明纯度的变化中，让界面尽显统一与和谐。

CMYK：2,50,69,0
CMYK：80,47,92,8

橙色搭配深绿色，醒目而不张扬，能准确地向受众传达宣传主题，十分引人注目。

配色速查

踏实

CMYK：25,12,0,0
CMYK：77,58,56,7
CMYK：13,36,60,0
CMYK：38,61,83,1

利落

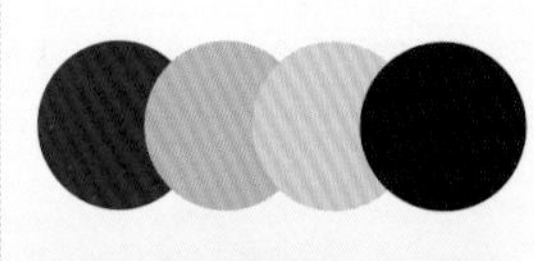

CMYK：93,96,4,0
CMYK：36,26,18,0
CMYK：11,17,73,0
CMYK：87,82,82,70

通透

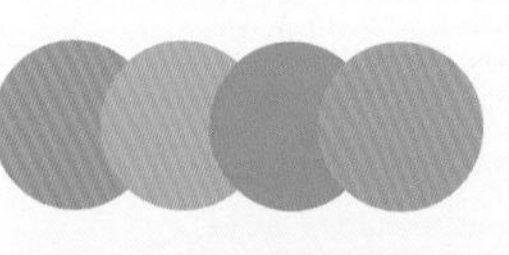

CMYK：64,25,22,0
CMYK：64,7,35,0
CMYK：15,54,77,0
CMYK：43,35,33,0

高端

CMYK：34,32,55,0
CMYK：51,75,99,18
CMYK：70,61,57,8
CMYK：75,31,18,0

这是一款APP应用的卡片式UI设计。采用分割型的构图方式，将产品在版面顶部呈现，给受众直观醒目的视觉印象。底部简单的文字，将相关信息进行直接传达。

色彩点评

- 界面整体以产品本色作为主色调，凸显出食物的健康，非常容易拉近与用户的距离。
- 少量紫色的点缀，提升了整个界面的格调，同时具有很好的引导作用。

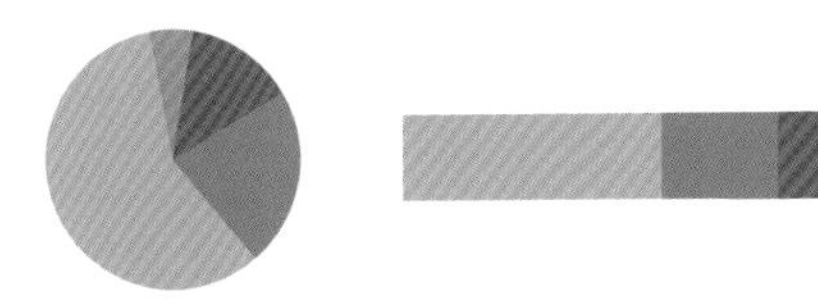

CMYK：36,32,33,0　CMYK：53,55,58,1
CMYK：58,75,0,0　CMYK：76,16,22,0

推荐色彩搭配

C：79	C：37	C：15	C：26
M：39	M：35	M：4	M：21
Y：42	Y：44	Y：13	Y：23
K：0	K：0	K：0	K：0

C：73	C：62	C：18	C：0
M：64	M：25	M：14	M：28
Y：0	Y：16	Y：13	Y：65
K：0	K：0	K：0	K：0

C：7	C：62	C：62	C：2
M：7	M：0	M：54	M：54
Y：2	Y：19	Y：51	Y：9
K：0	K：0	K：1	K：0

这是一款天气APP的UI设计。将扁平化的图案作为展示主图，以简单直白的方式，将天气状况进行清楚的呈现。

图案下方简单的文字，可将信息直接传达于受众。周围适当留白的运用，为用户阅读提供了便利。

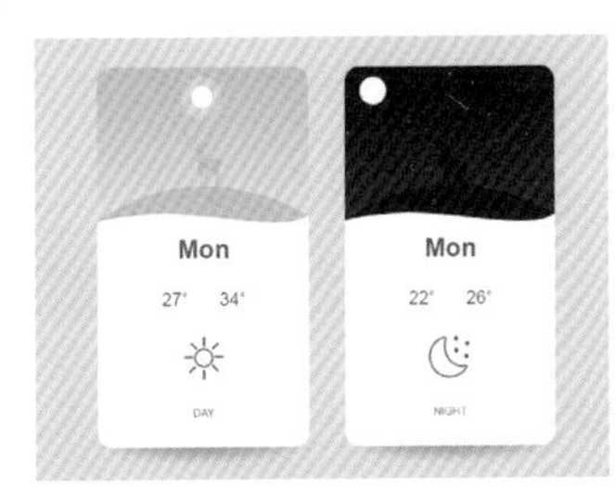

色彩点评

- 界面以橙色和深蓝色作为主色调，将白天和夜晚进行区分，使用户一目了然。
- 白色的运用，将版面内容进行清楚的凸显，同时提高了版面的亮度。

CMYK：0,38,73,0　CMYK：100,99,50,10
CMYK：77,69,58,17

推荐色彩搭配

C：15	C：0	C：100	C：27
M：22	M：25	M：100	M：21
Y：15	Y：58	Y：52	Y：20
K：0	K：0	K：12	K：0

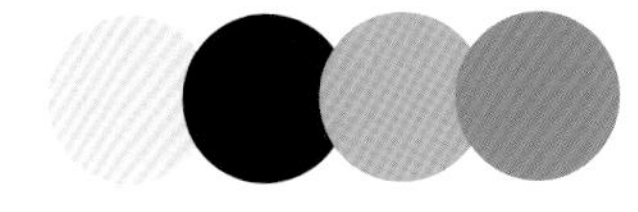

C：5	C：93	C：4	C：62
M：13	M：89	M：40	M：41
Y：13	Y：87	Y：100	Y：4
K：0	K：79	K：0	K：0

C：100	C：4	C：78	C：33
M：80	M：4	M：56	M：27
Y：5	Y：11	Y：100	Y：93
K：0	K：0	K：27	K：0

这是一款支付页面的UI设计。将产品在版面左侧以较大的图像进行呈现，这样为用户支付时提供了方便，可以清楚地知道产品的状态。支付页面整齐排列的文字，对用户具有积极的引导作用。

色彩点评

- 支付页面以明度和纯度适中的蓝色作为主色调，具有镇静、理智、安全的特征。
- 左侧白色背景的运用，将版面内容进行清楚的凸显，十分引人注目，同时提高了亮度。

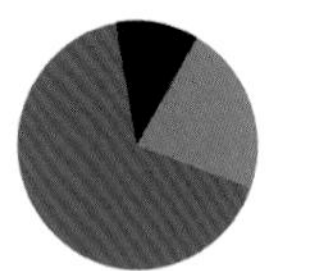

CMYK：86,68,0,0　CMYK：35,58,78,0
CMYK：93,88,89,80

推荐色彩搭配

C：18	C：69	C：86	C：57
M：25	M：0	M：68	M：48
Y：15	Y：49	Y：0	Y：45
K：0	K：0	K：0	K：0

C：16	C：84	C：31	C：93
M：44	M：65	M：30	M：88
Y：100	Y：0	Y：5	Y：89
K：0	K：0	K：0	K：80

C：35	C：85	C：11	C：7
M：58	M：39	M：10	M：42
Y：78	Y：54	Y：47	Y：9
K：0	K：0	K：0	K：0

这是一款手机登录和注册的UI设计。将甜甜圈作为展示主图，以对角线的形式进行呈现，直接表明了该款APP的宣传内容，同时具有很强的稳定效果。

以骨骼型排列的登录注册文字，对用户具有很好引导作用。界面中适当留白的运用，让整体有呼吸顺畅之感。

色彩点评

- 界面以浅色作为主色调，将版面内容清楚地凸显。特别是浅绿色的运用，营造了浓浓的甜美氛围。
- 产品本色的运用，直接表明了甜品带给受众的愉悦感。

CMYK：40,4,31,0　CMYK：49,71,68,7
CMYK：68,38,6,0　CMYK：6,67,71,0

推荐色彩搭配

C：65	C：53	C：5	C：69
M：9	M：57	M：5	M：37
Y：87	Y：84	Y：87	Y：4
K：0	K：6	K：0	K：0

C：2	C：60	C：24	C：0
M：22	M：10	M：18	M：58
Y：22	Y：56	Y：16	Y：89
K：0	K：0	K：0	K：0

C：0	C：87	C：27	C：82
M：24	M：34	M：0	M：51
Y：16	Y：67	Y：20	Y：20
K：0	K：0	K：0	K：0

6.6 拟物化设计风格

色彩调性： 浪漫、甜美、婉约、温柔、安定、舒适、开阔、理智、极简。

常用主题色：

CMYK:27,12,7,0

CMYK:28,67,66,0

CMYK:97,78,28,1

CMYK:52,52,8,0

CMYK:7,2,70,0

CMYK:41,74,8,0

常用色彩搭配

CMYK：23,56,99,0
CMYK：78,46,86,7

青灰色搭配淡粉色，在颜色的冷暖对比中给人以柔和、舒适的视觉印象。

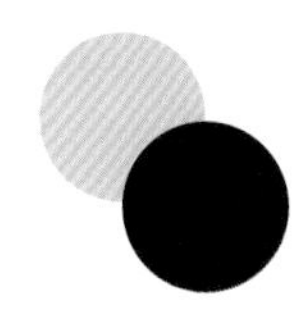

CMYK：15,21,24,0
CMYK：91,89,73,65

纯度偏低、明度适中的浅棕色较为中性，搭配黑色，很好地提高了界面的格调。

CMYK：87,62,0,0
CMYK：1,20,11,0

蓝色具有镇静、忧郁的色彩特征。搭配纯度较低的淡粉色，具有中和效果。

CMYK：55,22,21,0
CMYK：7,28,50,0

青色搭配橙色，明度和纯度较为适中，多用在儿童产品中，给人放心、安全的感受。

配色速查

甜美

CMYK：49,60,0,0
CMYK：8,40,15,0
CMYK：4,14,53,0
CMYK：11,3,0,0

安定

CMYK：77,42,29,0
CMYK：85,74,8,0
CMYK：0,61,66,0
CMYK：14,22,25,0

理智

CMYK：56,53,36,0
CMYK：92,63,51,8
CMYK：11,81,88,0
CMYK：100,100,57,10

极简

CMYK：12,10,9,0
CMYK：91,89,73,65
CMYK：12,31,64,0
CMYK：60,43,33,0

这是一款计算器APP的UI设计。将每个数字底部的正圆，以拟物化的形式呈现出来，为用户呈现了一个现实生活中的触摸手感。适当阴影的添加，让整个界面具有较强的立体感。

色彩点评

- 界面以不同明纯度的灰色作为主色调，运用无彩色，给人简约、大方的视觉感受。
- 蓝紫色的数字，丰富了界面的色彩感，同时具有很好的引导作用。

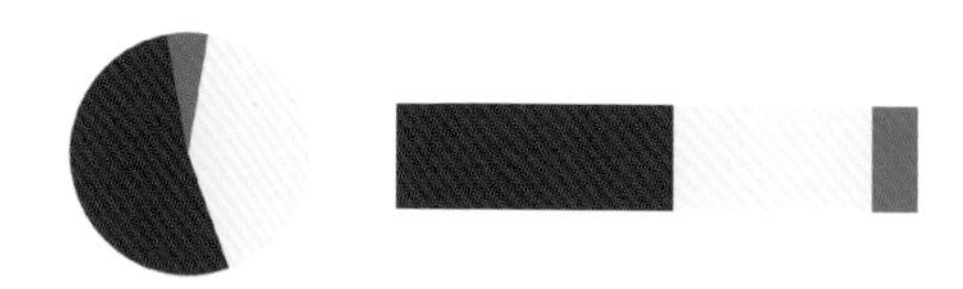

CMYK：79,73,71,43　　CMYK：7,7,5,0
CMYK：75,57,0,0

推荐色彩搭配

C：89	C：100	C：0	C：0
M：62	M：97	M：71	M：20
Y：0	Y：60	Y：51	Y：9
K：0	K：33	K：0	K：0

C：7	C：95	C：58	C：14
M：7	M：69	M：22	M：19
Y：5	Y：1	Y：4	Y：65
K：0	K：0	K：0	K：0

C：57	C：62	C：2	C：79
M：21	M：39	M：81	M：73
Y：20	Y：2	Y：93	Y：71
K：0	K：0	K：0	K：43

这是一款时钟APP的UI设计。采用拟物化的设计风格，将界面中的按钮模拟实际情况进行呈现。相对于扁平化来说，立体效果具有更强的吸引力和代入感。

采用相同尺寸呈现的圆角矩形，让整个界面十分整齐、统一，同时也方便用户进行理解与阅读。

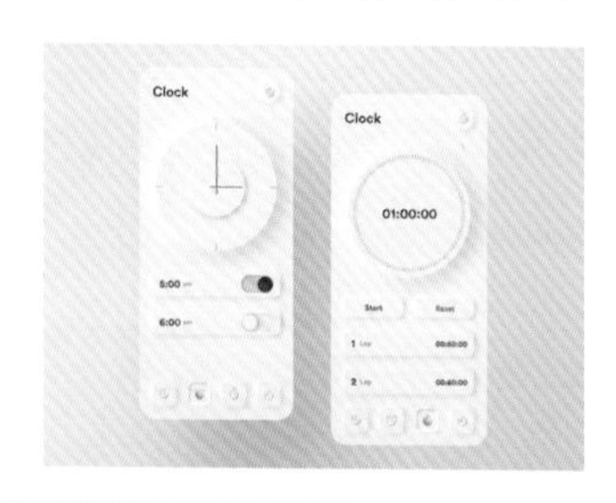

色彩点评

- 时钟界面以浅灰色作为主色调，将主体对象进行清楚的凸显。
- 一抹橙红色的点缀，丰富了整体的色彩，十分引人注目。

CMYK：13,4,1,0　　CMYK：98,88,48,13
CMYK：9,78,55,0

推荐色彩搭配

C：26	C：77	C：0	C：0
M：13	M：55	M：29	M：58
Y：5	Y：40	Y：55	Y：33
K：0	K：0	K：0	K：0

C：40	C：21	C：100	C：31
M：10	M：28	M：68	M：15
Y：16	Y：30	Y：90	Y：9
K：0	K：0	K：56	K：0

C：98	C：6	C：0	C：8
M：88	M：5	M：41	M：18
Y：48	Y：4	Y：78	Y：0
K：13	K：0	K：0	K：0

这是一款天气温度的APP UI设计。以正圆形作为温度呈现载体，极具视觉聚拢感。同时采用拟物化的设计方式，模拟正常按钮触感，让界面具有很强的层次立体感。

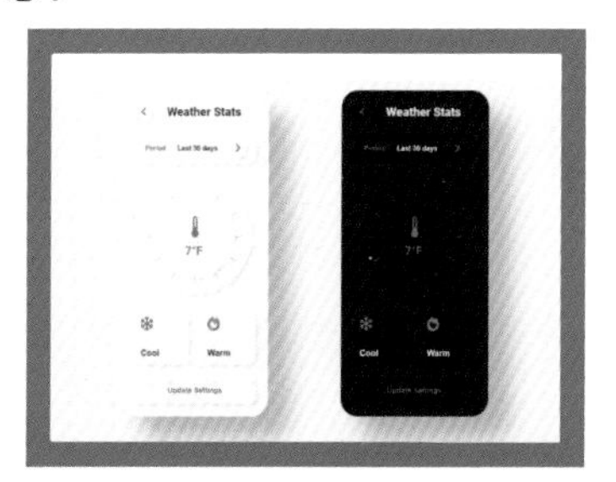

色彩点评

- 界面以无彩色的浅灰色和黑色作为主色调，将版面内容进行清楚的凸显。
- 少量纯度偏高的蓝色以及橙色的点缀，对用户具有很好的引导作用。

CMYK：93,88,89,80　CMYK：5,4,1,0
CMYK：80,47,0,0　CMYK：0,68,100,0

推荐色彩搭配

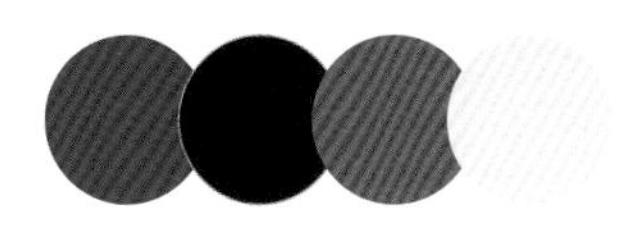

C：96	C：100	C：5	C：6
M：71	M：97	M：85	M：5
Y：5	Y：62	Y：100	Y：16
K：0	K：53	K：0	K：0

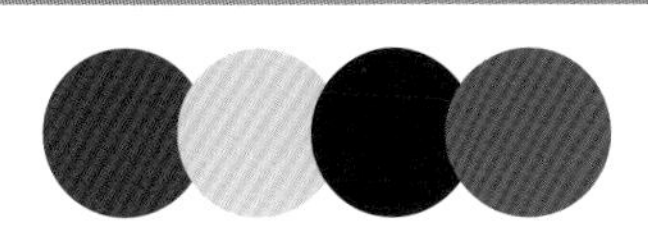

C：36	C：22	C：100	C：80
M：100	M：17	M：100	M：66
Y：40	Y：15	Y：58	Y：0
K：0	K：0	K：25	K：0

C：4	C：63	C：0	C：87
M：5	M：29	M：32	M：85
Y：18	Y：42	Y：56	Y：73
K：0	K：0	K：0	K：60

这是一款音乐APP的UI设计。将每个按钮以拟物化的形式进行呈现，不仅为用户阅读提供了便利，同时也具有很强的代入感和使用体验。

以骨骼型呈现的文字，将信息清楚地传达出来。音乐播放界面中适当留白的运用，让用户具有呼吸顺畅之感。

色彩点评

- 界面以浅灰色作为主色调，凸显出音乐的类型以及风格，给人舒缓、柔和的感受。
- 少量紫色、橙色的点缀，打破了纯色背景的枯燥感。

CMYK：6,2,0,0　CMYK：24,23,0,0
CMYK：0,31,27,0

推荐色彩搭配

C：43	C：24	C：3	C：25
M：58	M：23	M：16	M：58
Y：5	Y：0	Y：91	Y：100
K：0	K：0	K：0	K：0

C：82	C：0	C：32	C：6
M：29	M：68	M：45	M：6
Y：29	Y：26	Y：0	Y：7
K：0	K：0	K：0	K：0

C：0	C：1	C：0	C：84
M：5	M：36	M：88	M：98
Y：18	Y：85	Y：53	Y：74
K：0	K：0	K：0	K：68

6.7 大标题化设计风格

色彩调性：和谐、理智、朴实、灵活、欢快、稳重、纯净、古典。

常用主题色：

CMYK：3,25,67,0

CMYK：47,3,14,0

CMYK：16,71,17,0

CMYK：81,77,66,40

CMYK：21,16,15,0

CMYK：52,0,40,0

常用色彩搭配

CMYK：26,70,12,0
CMYK：17,41,83,0

红色搭配橙色，是一种充满生机与活力的色彩搭配方式，十分引人注目。

CMYK：47,3,14,0
CMYK：76,69,53,12

青色具有通透、纯澈的色彩特征，使人身心放松。搭配深灰色，极具稳定效果。

CMYK：88,50,61,5
CMYK：36,3,23,0

绿色是一种健康自然的色彩，不同明纯度的绿色搭配，给人以统一的印象。

CMYK：11,33,64,0
CMYK：69,92,86,65

纯度偏低的橙黄色搭配咖啡色，在颜色的对比中，具有很强的层次立体感。

配色速查

和谐

CMYK：100,100,55,11
CMYK：6,10,10,0
CMYK：18,57,30,0
CMYK：21,14,45,0

理智

CMYK：93,88,89,80
CMYK：74,35,42,0
CMYK：68,77,67,33
CMYK：41,8,25,0

朴实

CMYK：46,45,48,0
CMYK：54,33,46,0
CMYK：42,67,47,0
CMYK：65,67,71,22

灵活

CMYK：90,57,74,6
CMYK：4,21,53,0
CMYK：5,25,33,0
CMYK：64,0,16,0

这是家具网页的UI设计。将家具在版面右侧呈现，给受众直观醒目的视觉印象。特别是页面中留白的运用，为产品展示提供了一个良好的空间。以较大字号呈现的标题文字，十分引人注目，将信息直接传达出来。

色彩点评

- 网页以灰色作为背景色，将主体对象进行清楚的凸显。无彩色的运用，尽显家具的高端与时尚。
- 产品本色的运用，呈现出家具本身具有的状态，非常容易获得受众信任。

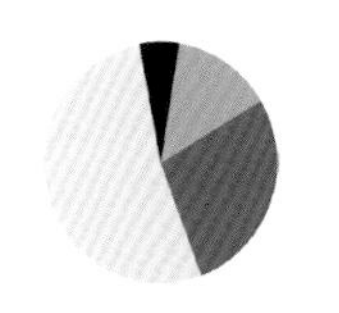

CMYK：18,12,7,0　CMYK：88,64,5,0
CMYK：24,43,41,0　CMYK：93,88,89,80

推荐色彩搭配

C：100	C：24	C：0	C：87
M：82	M：33	M：20	M：85
Y：31	Y：35	Y：95	Y：73
K：0	K：0	K：0	K：60

C：100	C：11	C：19	C：5
M：100	M：68	M：13	M：9
Y：58	Y：35	Y：45	Y：9
K：34	K：0	K：0	K：0

C：93	C：52	C：94	C：0
M：89	M：44	M：60	M：42
Y：87	Y：37	Y：19	Y：46
K：79	K：0	K：0	K：0

这是动物主题的APP UI设计。将各种动物图像作为展示主图在版面中呈现，直接表明了APP的宣传内容。圆角矩形载体的运用，具有很强的视觉聚拢感。

以较大字号呈现的文字，将信息直接传达出来，同时也为受众阅读提供了便利，使其可以迅速获取重要内容。

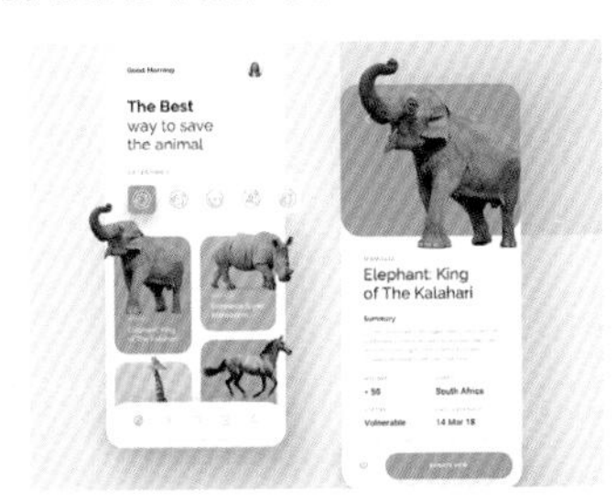

色彩点评

- 界面以白色作为底色，将版面内容进行清楚的凸显，同时也具有很强的警示作用，呼吁人们对动物进行保护。
- 青色、蓝色等色彩的运用，打破了纯色背景的枯燥感。

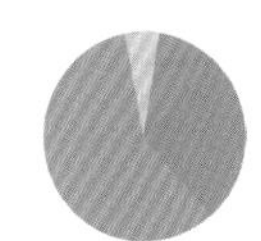

CMYK：66,18,44,0　CMYK：46,47,55,0
CMYK：63,35,0,0　CMYK：0,29,56,0

推荐色彩搭配

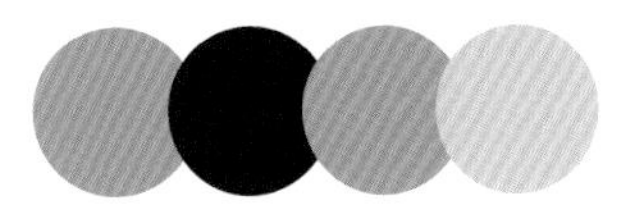

C：66	C：86	C：51	C：56
M：18	M：85	M：29	M：36
Y：44	Y：92	Y：78	Y：64
K：0	K：76	K：0	K：0

C：85	C：0	C：36	C：34
M：35	M：20	M：100	M：31
Y：36	Y：64	Y：100	Y：37
K：0	K：0	K：4	K：0

C：64	C：55	C：100	C：0
M：20	M：38	M：89	M：77
Y：45	Y：77	Y：76	Y：60
K：0	K：0	K：68	K：0

这是运动鞋品牌网页的UI设计。采用倾斜型的构图方式，将鞋子在右侧版面进行呈现，同时在底部不规则图形的作用下，让效果极具视觉冲击力。版面左侧以较大字号呈现的标题文字，使受众可以直接获取到重要信息。

色彩点评

- 网页以深灰色作为主色调，将版面内容直接凸显出来，同时也表明了产品品质。
- 红色、紫色的运用，在渐变过渡中尽显产品的时尚与个性，同时也让界面的色彩感更加丰富。

CMYK：91,87,45,11 CMYK：70,73,0,0
CMYK：11,82,27,0 CMYK：6,12,9,0

推荐色彩搭配

C：12	C：71	C：22	C：98
M：82	M：73	M：24	M：82
Y：27	Y：0	Y：15	Y：71
K：0	K：0	K：0	K：56

C：4	C：0	C：66	C：61
M：71	M：24	M：86	M：53
Y：7	Y：69	Y：0	Y：34
K：0	K：0	K：0	K：0

C：58	C：29	C：33	C：98
M：60	M：33	M：1	M：86
Y：0	Y：100	Y：18	Y：82
K：0	K：0	K：0	K：73

这是绿植APP的UI设计。将绿植直接作为界面展示主图，给用户直观醒目的视觉印象。不同环境中的绿植呈现方式，为用户搭配提供了参考。

在界面顶部以较大字号呈现的文字，将信息直接传达给用户。衬线字体的运用，为版面增添了些许文艺气息。

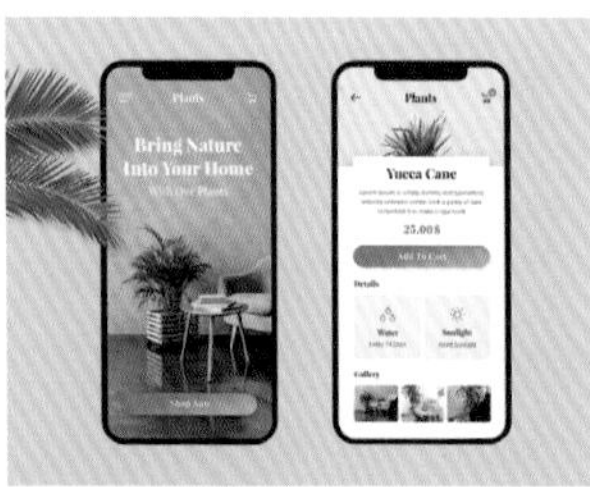

色彩点评

- 界面以灰色作为主色调，给人简约、精致的视觉印象。
- 绿色植物的添加，让沉闷、单调的界面瞬间鲜活起来，好像所有的烦恼都一扫而光了。

CMYK：44,33,30,0 CMYK：71,31,87,0
CMYK：35,57,87,0

推荐色彩搭配

C：20	C：64	C：51	C：1
M：15	M：78	M：8	M：11
Y：16	Y：100	Y：84	Y：45
K：0	K：49	K：0	K：0

C：4	C：80	C：53	C：93
M：10	M：31	M：76	M：88
Y：15	Y：71	Y：90	Y：89
K：0	K：0	K：24	K：80

C：0	C：78	C：42	C：75
M：40	M：36	M：33	M：49
Y：6	Y：13	Y：29	Y：100
K：0	K：0	K：0	K：11

6.8 网格化设计风格

色彩调性： 明了、鲜明、舒适、大方、个性、稳定、释放、启动、清晰。

常用主题色：

CMYK:79,80,0,0

CMYK:5,18,64,0

CMYK:63,2,32,0

CMYK:0,12,8,0

CMYK:86,77,63,35

CMYK:83,39,68,1

常用色彩搭配

CMYK：80,49,0,0
CMYK：4,28,87,0

亮眼的蓝色搭配黄色，在鲜明的颜色对比中，给人活跃、积极的印象。

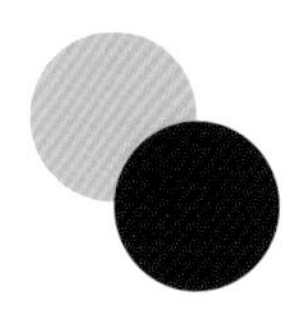

CMYK：1,35,54,0
CMYK：84,80,78,64

纯度偏低的橙色，具有柔和的色彩特征，搭配黑色可以很好地收到稳定视觉的效果。

CMYK：15,82,59,0
CMYK：51,43,40,0

明度和纯度适中的红色搭配无彩色的灰色，给人活力又不失稳重的感受。

CMYK：18,11,11,0
CMYK：96,75,58,26

青色具有科技、探索的色彩特征，不同明纯度的青色相互搭配，让界面更和谐、统一。

配色速查

清晰

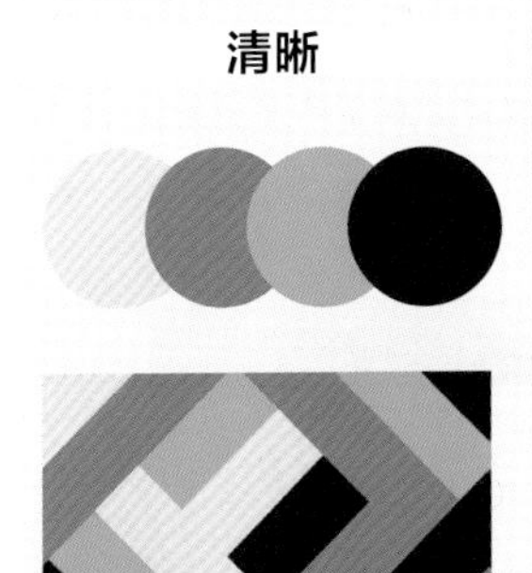

CMYK：18,11,6,0
CMYK：70,47,0,0
CMYK：66,0,67,0
CMYK：95,88,70,59

鲜明

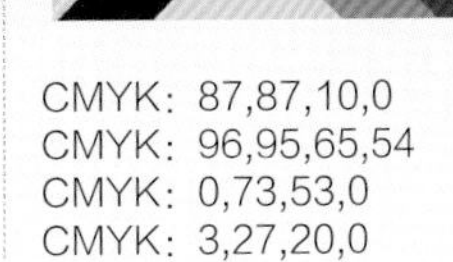

CMYK：87,87,10,0
CMYK：96,95,65,54
CMYK：0,73,53,0
CMYK：3,27,20,0

舒适

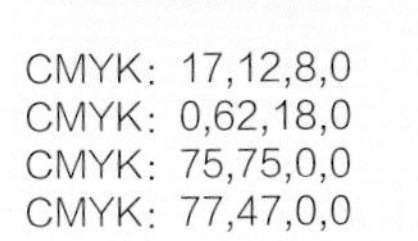

CMYK：17,12,8,0
CMYK：0,62,18,0
CMYK：75,75,0,0
CMYK：77,47,0,0

大方

CMYK：86,82,81,69
CMYK：15,39,47,0
CMYK：22,85,61,0
CMYK：59,34,21,0

这是APP搜索页的UI设计。整个版面内容以网格化的形式进行呈现，这样不仅可以让信息清楚直观地传递，同时也为用户阅读提供了便利。界面中适当留白的运用，让版面有呼吸顺畅之感。

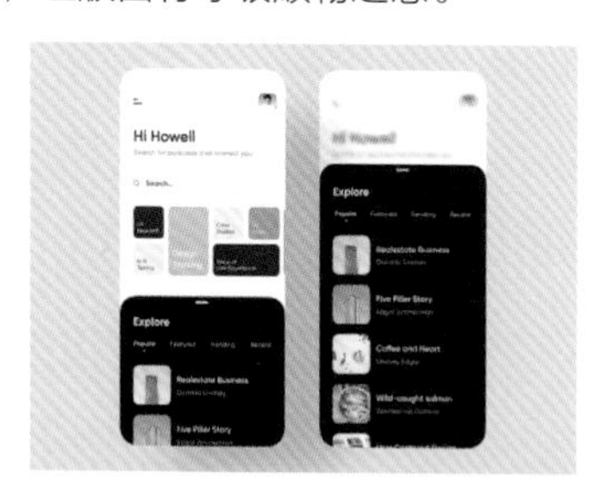

色彩点评

- 界面以午夜蓝作为主色调，给人稳重、信任的视觉感受。适当紫色、青色的点缀，让这种氛围更加浓厚。
- 白色背景的运用，很好地提高了界面的亮度，对用户有积极的引导作用。

CMYK：100,100,62,56　CMYK：53,1,7,0
CMYK：82,100,40,1

推荐色彩搭配

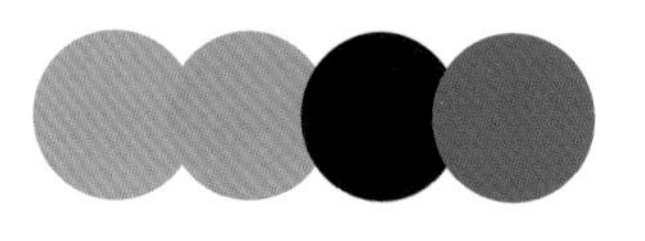

C：50	C：48	C：100	C：75
M：29	M：38	M：100	M：49
Y：23	Y：0	Y：62	Y：100
K：0	K：0	K：56	K：11

C：100	C：49	C：0	C：31
M：97	M：14	M：25	M：59
Y：49	Y：64	Y：59	Y：0
K：4	K：0	K：0	K：0

C：24	C：0	C：75	C：76
M：18	M：63	M：38	M：75
Y：9	Y：15	Y：0	Y：0
K：0	K：0	K：0	K：0

这是PC端应用UI的设计。整个界面运用网格系统进行呈现，大小统一的图形与文字，让版面具有很强的统一性，尽显简洁、整齐之美。

以相同尺寸的圆角矩形作为呈现载体，为用户营造了一个良好的阅读环境，而且不同明纯度灰色的运用，让版面极具层次感。

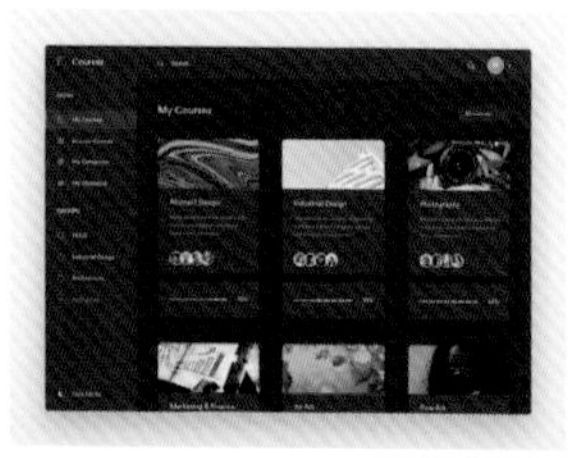

色彩点评

- 界面以深灰色为背景，将主体对象进行清楚的凸显，同时给人成熟、安定的视觉印象。
- 图像中不同颜色的运用，打破了纯色背景的枯燥感，让界面的色彩感更加丰富。

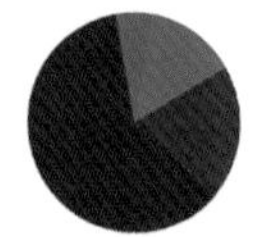

CMYK：93,84, 64,44　CMYK：33,100,100,2
CMYK：85,58,0,0　CMYK：93,44,88,0

推荐色彩搭配

C：96	C：53	C：0	C：93
M：96	M：87	M：57	M：44
Y：76	Y：60	Y：39	Y：88
K：71	K：11	K：0	K：6

C：93	C：80	C：84	C：0
M：89	M：6	M：62	M：41
Y：87	Y：79	Y：36	Y：92
K：78	K：0	K：0	K：0

C：100	C：9	C：47	C：47
M：64	M：50	M：35	M：60
Y：77	Y：26	Y：32	Y：100
K：39	K：0	K：0	K：5

这是旅游APP的UI设计。将风景图像作为展示主图，十分引人注目。运用网格系统将图像与文字进行整齐排列，使版面尽显整齐与统一。主次分明的文字，将信息直接传达出来，同时也让细节效果更加丰富。

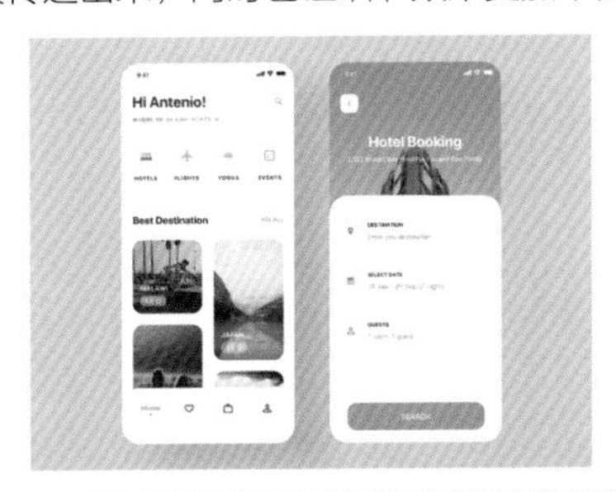

色彩点评

- 界面以白色作为背景主色调，给人通透、舒畅的感受。
- 适当青色的运用，在与白色的对比中下，让人瞬间身心放松。

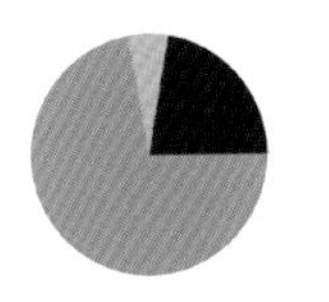

CMYK：62,25,28,0　CMYK：94,89,87,78
CMYK：0,45,59,0

推荐色彩搭配

C：62	C：0	C：65	C：0
M：25	M：56	M：51	M：18
Y：28	Y：31	Y：0	Y：49
K：0	K：0	K：0	K：0

C：100	C：74	C：30	C：35
M：78	M：11	M：20	M：35
Y：55	Y：24	Y：18	Y：50
K：22	K：0	K：0	K：0

C：95	C：5	C：20	C：93
M：62	M：75	M：15	M：88
Y：57	Y：49	Y：15	Y：89
K：13	K：0	K：0	K：80

这是一款手机APP的UI设计。运用网格系统将界面进行合理划分，让主体对象清楚直观地呈现，方便用户进行阅读与理解。

以不同大小呈现的图像，在变化之中为版面增添了些许活力。主次分明的文字，将信息直接传达出来，使用户一目了然。

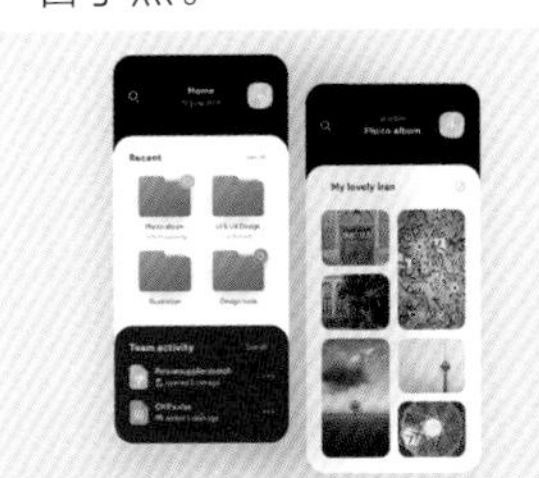

色彩点评

- 界面以白色和黑色作为主色调，给人简约、明了的视觉印象。
- 蓝色的运用，在不同明纯度的变化中对用户具有很好的引导作用，十分醒目。

CMYK：95,91, 84,77　CMYK：100,99,56,24
CMYK：78,40,0,0　CMYK：0,31,81,0

推荐色彩搭配

C：17	C：67	C：100	C：0
M：11	M：0	M：98	M：31
Y：20	Y：20	Y：63	Y：81
K：0	K：0	K：44	K：0

C：100	C：26	C：78	C：85
M：99	M：18	M：9	M：82
Y：56	Y：16	Y：78	Y：85
K：24	K：0	K：0	K：70

C：78	C：78	C：7	C：85
M：40	M：15	M：24	M：82
Y：0	Y：45	Y：96	Y：85
K：0	K：0	K：0	K：70

6.9 单色调设计风格

色彩调性：素净、活跃、整洁、干练、沉稳、统一、成熟、冷静。

常用主题色：

CMYK：100,100,62,31

CMYK：5,41,85,0

CMYK：14,80,54,0

CMYK：44,17,32,0

CMYK：25,16,10,0

CMYK：8,1,44,0

常用色彩搭配

CMYK：9,75,42,0
CMYK：100,91,51,15

明纯度适中的红色，搭配深蓝色，在具有亮丽气质的同时又不乏稳重之感。

CMYK：24,27,25,0
CMYK：73,100,46,7

浅青色搭配淡橘色，是较为柔和的组合方式，多用在婴儿产品中。

CMYK：7,18,74,0
CMYK：91,80,66,45

亮黄色搭配黑色，是经典的颜色组合方式，可给人醒目但又不失成熟的印象。

CMYK：8,44,31,0
CMYK：15,22,15,0

纯度偏高的粉色，给人甜美、温馨之感。在不同明纯度的变化中，让界面统一、和谐。

配色速查

活跃

CMYK：84,94,0,0
CMYK：88,55,53,5
CMYK：71,4,22,0
CMYK：7,2,70,0

干练

CMYK：77,55,53,4
CMYK：13,11,10,0
CMYK：89,80,61,34
CMYK：32,42,100,0

冷静

CMYK：99,83,27,0
CMYK：0,79,60,0
CMYK：43,20,38,0
CMYK：24,22,23,0

统一

CMYK：61,36,34,0
CMYK：74,54,50,2
CMYK：39,24,27,0
CMYK：30,17,27,0

这是一款计算器的UI设计。采用网格化的界面，将数字以及符号进行清楚的呈现，使用户一目了然。

色彩点评

- 界面以纯色作为主色调，单一色调的运用，虽然有一些枯燥，但是可给人安静、平和的视觉感受。
- 不同颜色呈现的文字和符号，为用户使用提供了便利。

CMYK：79,64,0,0　CMYK：5,2,0,0
CMYK：84,71,0,0

推荐色彩搭配

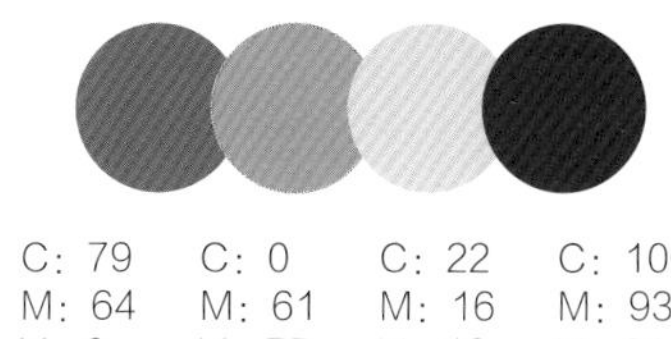

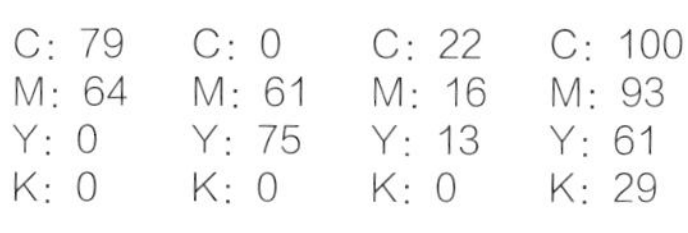

C：79	C：0	C：22	C：100
M：64	M：61	M：16	M：93
Y：0	Y：75	Y：13	Y：61
K：0	K：0	K：0	K：29

C：75	C：34	C：38	C：84
M：34	M：9	M：34	M：71
Y：40	Y：21	Y：25	Y：0
K：0	K：0	K：0	K：0

C：15	C：7	C：79	C：87
M：87	M：27	M：64	M：87
Y：60	Y：7	Y：0	Y：72
K：0	K：0	K：0	K：60

这是动物保护网站的UI设计。以一个矩形作为图像以及文字呈现载体，具有很强的视觉聚拢感，给受众直观醒目的感受。

以较大字号呈现的主标题文字，将网页主题思想直接传达出来。特别是底部模糊背景的添加，为受众营造了一个广阔的想象空间。

色彩点评

- 整个网页以无彩色的黑白灰作为主色调，在不同明纯度的变化中，极具视觉冲击力，呼吁人们加强对动物的保护。
- 少量白色的运用，提高了版面的亮度，让信息十分醒目。

CMYK：93,88,89,80　CMYK：78,72,70,39
CMYK：30,23,22,0

推荐色彩搭配

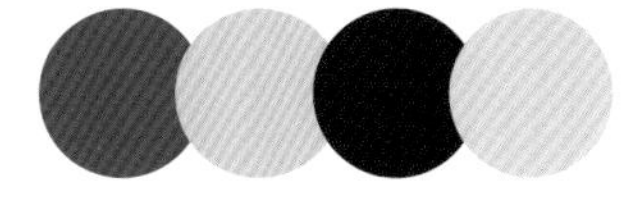
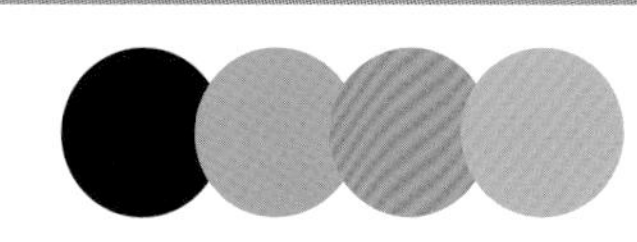

C：16	C：87	C：45	C：92
M：48	M：87	M：42	M：58
Y：15	Y：79	Y：39	Y：100
K：0	K：69	K：0	K：36

C：100	C：7	C：89	C：24
M：76	M：20	M：89	M：15
Y：33	Y：70	Y：89	Y：8
K：0	K：0	K：78	K：0

C：93	C：0	C：0	C：0
M：88	M：54	M：65	M：48
Y：89	Y：87	Y：17	Y：33
K：80	K：0	K：0	K：0

这是一款APP的UI设计。将信息以圆角矩形作为呈现载体，极具视觉聚拢感，对于用户阅读与理解具有很强的引导作用。

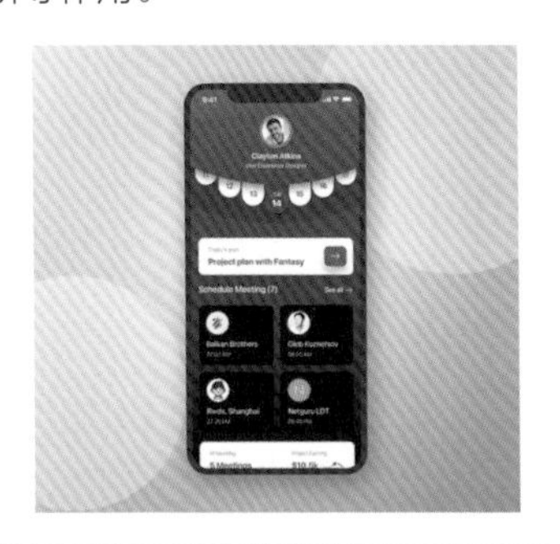

色彩点评

- 界面以蓝色作为主色调，在不同明纯度的变化中，给人统一、和谐的视觉印象，同时也增强了整体的层次感。
- 少量白色的运用，提高了整个版面的亮度。

CMYK：80,65,0,0　CMYK：100,100,56,16
CMYK：20,13,6,0

推荐色彩搭配

C：84	C：53	C：100	C：18
M：69	M：37	M：100	M：18
Y：0	Y：0	Y：56	Y：73
K：0	K：0	K：16	K：0

C：100	C：92	C：38	C：0
M：96	M：87	M：25	M：40
Y：64	Y：9	Y：0	Y：91
K：60	K：0	K：0	K：0

C：25	C：42	C：92	C：100
M：7	M：89	M：66	M：91
Y：62	Y：59	Y：0	Y：41
K：0	K：2	K：0	K：1

这是一款闹钟APP的UI设计。将类似太阳的渐变插画作为界面展示主图，丰富了整体的设计感。底部以较大字号呈现的文字，方便用户进行阅读。

整个界面除了基本的文字信息之外，没有其他多余的装饰元素。特别是适当留白的运用，为用户营造了一个良好的阅读环境。

色彩点评

- 早晨的闹钟界面以橙色作为主色调，在渐变过渡中给人元气满满的视觉印象。
- 夜晚闹钟以黑色为主，无彩色的运用，不会对用户眼睛产生太强的刺激。

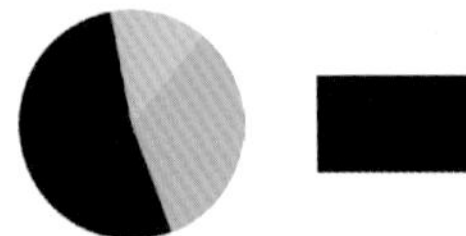

CMYK：93,89,87,79　CMYK：0,42,76,0
CMYK：0,27,85,0

推荐色彩搭配

C：0	C：2	C：96	C：47
M：41	M：25	M：88	M：18
Y：90	Y：56	Y：80	Y：57
K：0	K：0	K：71	K：0

C：0	C：0	C：19	C：93
M：41	M：55	M：78	M：88
Y：40	Y：19	Y：37	Y：89
K：75	K：0	K：0	K：80

C：34	C：73	C：75	C：93
M：9	M：7	M：34	M：87
Y：20	Y：36	Y：40	Y：89
K：0	K：0	K：0	K：79

6.10 渐变色设计风格

色彩调性：文艺、收获、亲肤、活跃、稳定、柔和、时尚、甜美。

常用主题色：

CMYK:0,56,87,0 CMYK:81,47,100,10 CMYK:0,56,21,0 CMYK:93,88,89,80 CMYK:25,16,10,0 CMYK:60,15,29,0

常用色彩搭配

CMYK：60,15,29,0
CMYK：1,41,87,0

青色搭配橙色，在颜色的鲜明对比中，给人活力满满的视觉印象。

CMYK：5,24,17,0
CMYK：29,7,9,0

亮度偏低的壳黄红搭配淡蓝色，具有柔和、亲肤的色彩特征，深受人们喜爱。

CMYK：41,78,0,0
CMYK：73,60,0,0

洋红色搭配蓝紫色，十分引人注目，但是大面积运用会让人产生视觉疲劳。

CMYK：11,8,87,0
CMYK：53,24,78,0

亮黄色搭配明度偏低的绿色，是一种充满生机与活力的色彩组合方式。

配色速查

文艺

CMYK：72,86,59,32
CMYK：45,89,56,2
CMYK：43,21,47,0
CMYK：29,14,44,0

收获

CMYK：72,94,89,70
CMYK：56,96,98,46
CMYK：45,88,100,12
CMYK：5,55,89,0

亲肤

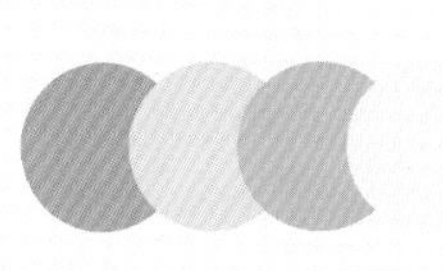

CMYK：60,15,29,0
CMYK：30,7,8,0
CMYK：7,38,28,0
CMYK：9,3,32,0

活力

CMYK：93,88,89,80
CMYK：0,84,62,0
CMYK：10,44,64,0
CMYK：0,57,19,0

这是一款移动APP的UI设计。采用正圆形和圆角矩形作为文字呈现载体，具有很强的视觉聚拢作用，也对用户阅读具有积极的引导作用。

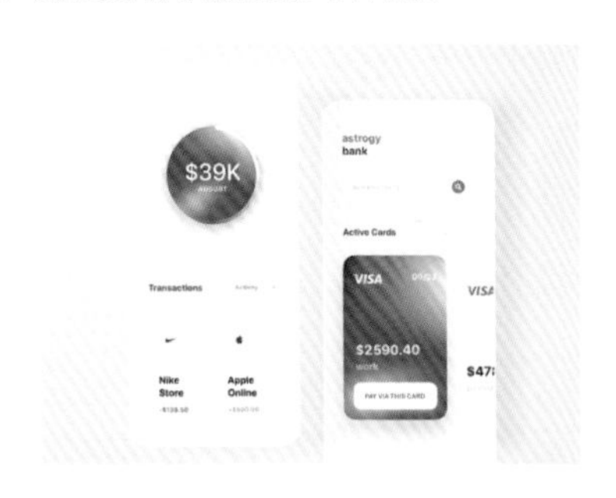

色彩点评

- 界面以浅灰色作为主色调，将版面内容进行清楚的凸显，给人简洁、大方的印象。
- 洋红色到蓝色渐变的运用，打破了纯色背景的枯燥感，同时也让版面色彩感更加丰富。

CMYK：13,9,2,0　CMYK：84,70,0,0
CMYK：16,68,0,0

推荐色彩搭配

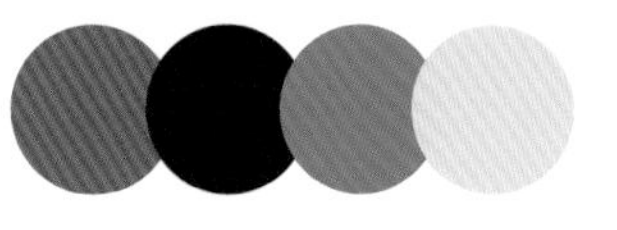

C: 54	C: 93	C: 77	C: 11
M: 70	M: 87	M: 38	M: 3
Y: 0	Y: 89	Y: 0	Y: 60
K: 0	K: 79	K: 0	K: 0

C: 42	C: 48	C: 0	C: 41
M: 16	M: 85	M: 57	M: 33
Y: 0	Y: 0	Y: 8	Y: 32
K: 0	K: 0	K: 0	K: 0

C: 76	C: 26	C: 18	C: 16
M: 75	M: 20	M: 37	M: 68
Y: 0	Y: 7	Y: 78	Y: 0
K: 0	K: 0	K: 0	K: 0

这是PC端应用UI的设计。将文字以几何图形为载体进行呈现，使用户对各种信息一目了然，同时也让界面更加整洁、统一。

主次分明的文字，在整齐有序的排列中将信息直接传达出来。同时界面中适当留白的运用，为受众营造了一个良好的阅读环境。

色彩点评

- 整个界面以无彩色的灰色作为背景主色调，将版面主体对象进行直接凸显。
- 不同渐变颜色的运用，在对比中丰富了界面的色彩感。

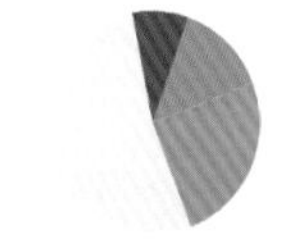

CMYK：7,5,4,0　CMYK：0,62,15,0
CMYK：73,26,0,0　CMYK：76,76,0,0

推荐色彩搭配

C: 74	C: 0	C: 4	C: 25
M: 89	M: 64	M: 30	M: 18
Y: 63	Y: 13	Y: 0	Y: 9
K: 42	K: 0	K: 0	K: 0

C: 38	C: 55	C: 5	C: 0
M: 35	M: 0	M: 21	M: 65
Y: 0	Y: 18	Y: 15	Y: 22
K: 0	K: 0	K: 0	K: 0

C: 73	C: 98	C: 75	C: 0
M: 26	M: 93	M: 73	M: 27
Y: 0	Y: 76	Y: 0	Y: 89
K: 0	K: 69	K: 0	K: 0

这是一款移动APP的UI设计。以圆角矩形作为各种图案的呈现载体，在整齐有序的排列中使用户一目了然。同时简单的文字，具有解释说明与丰富细节效果的双重作用。

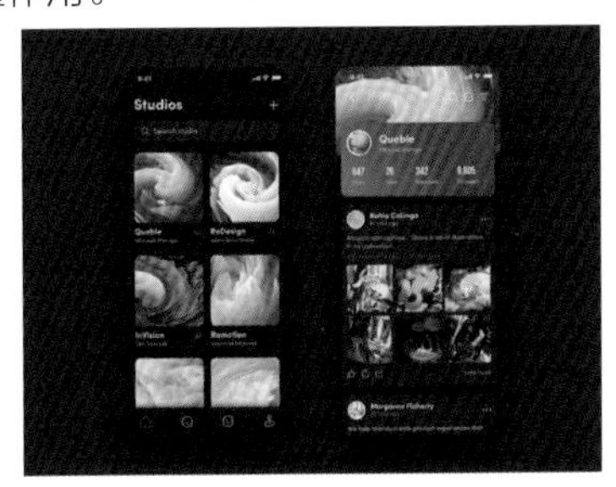

色彩点评

- 界面以深色作为背景主色调，给人神秘、稳重的视觉印象。
- 图案中不同渐变颜色的运用，在过渡中给人强烈的视觉冲击，十分引人注目。

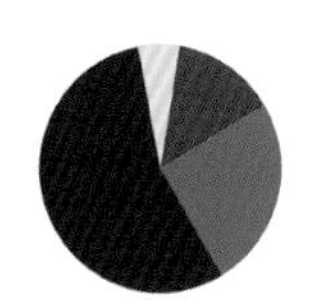

CMYK：100,100,63,48　CMYK：91,56,37,0
CMYK：24,100,44,0　CMYK：0,22,17,0

推荐色彩搭配

C：100	C：0	C：69	C：59
M：100	M：50	M：22	M：38
Y：64	Y：97	Y：36	Y：100
K：54	K：0	K：0	K：0

C：61	C：18	C：0	C：80
M：56	M：43	M：67	M：83
Y：37	Y：0	Y：85	Y：96
K：0	K：0	K：0	K：72

C：7	C：67	C：91	C：0
M：40	M：78	M：56	M：82
Y：29	Y：84	Y：37	Y：69
K：0	K：50	K：0	K：0

这是一款APP UI的数据可视化设计。将数据以折线图的形式进行呈现，可以让用户对整体趋势具有清晰直观的了解。

将数据文字以较大字号的无衬线字体进行呈现，使用户对数据变化一目了然，同时具有很好的引导作用。

色彩点评

- 界面以从橙色到紫色的渐变作为主色调，在颜色对比中增强了视觉动感。
- 黑色适当地运用，一方面促进了信息的传播，另一方面稳定了版面的视觉效果。

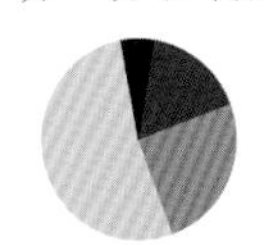

CMYK：0,27,66,0　CMYK：2,73,51,0
CMYK：67,100,32,0　CMYK：93,88,89,80

推荐色彩搭配

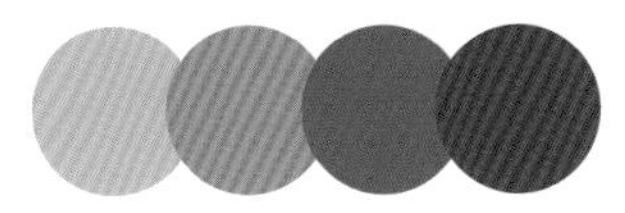

C：36	C：0	C：91	C：49
M：29	M：69	M：49	M：97
Y：13	Y：55	Y：87	Y：29
K：0	K：0	K：12	K：0

C：22	C：73	C：14	C：93
M：38	M：57	M：11	M：88
Y：78	Y：97	Y：27	Y：89
K：0	K：22	K：0	K：80

C：91	C：64	C：56	C：0
M：64	M：0	M：94	M：27
Y：64	Y：77	Y：100	Y：66
K：23	K：0	K：46	K：0

6.11 多色彩设计风格

色彩调性：丰富、成熟、跳动、柔和、活跃、冲击、个性、强烈。

常用主题色：

CMYK：0,56,87,0

CMYK：6,0,52,0

CMYK：3,46,57,0

CMYK：98,100,64,41

CMYK：60,0,27,0

CMYK：50,53,72,1

常用色彩搭配

CMYK：8,71,98,0
CMYK：67,0,28,0

明度偏高的橙色搭配青色，在鲜明的颜色对比中，极具视觉冲击力。

CMYK：4,19,70,0
CMYK：78,36,0,0

黄色搭配蓝色，明度和纯度较为适中，是一种比较青春、亮丽的色彩组合方式。

CMYK：0,17,18,0
CMYK：22,59,48,0

纯度偏低的红色具有稳重、古典的色彩特征，在同类色的变化中具有统一感。

CMYK：86,53,50,3
CMYK：100,92,2,0

明度较低的青色搭配蓝色，给人以成熟之感。同时也具有些许压抑与烦闷感。

配色速查

丰富

CMYK：64,68,0,0
CMYK：67,27,0,0
CMYK：10,9,86,0
CMYK：3,49,79,0

成熟

CMYK：85,79,73,57
CMYK：5,69,46,0
CMYK：93,94,39,5
CMYK：78,34,44,0

跳动

CMYK：12,13,87,0
CMYK：84,80,79,65
CMYK：58,0,19,0
CMYK：27,59,78,0

柔和

CMYK：8,17,54,0
CMYK：3,18,4,0
CMYK：35,0,22,0
CMYK：51,36,23,0

这是一款广播FM 音频APP播放页的UI设计。采用并置型的构图方式，将播放内容以相同尺寸的圆角矩形进行呈现。在整齐有序的排列中，为用户阅读提供了便利。

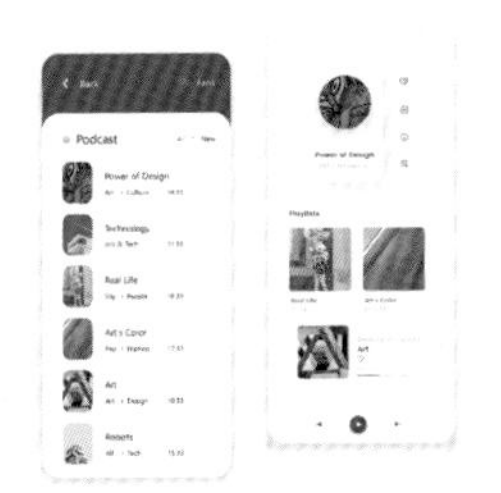

色彩点评

- 界面以浅色作为主色调，将版面内容进行清楚的凸显。适当留白的运用，给人呼吸顺畅之感。
- 版面中多种色彩的运用，在鲜明的颜色对比中，给人营造了满满的活力与激情氛围。

CMYK：7,5,5,0　　CMYK：87,75,0,0
CMYK：0,80,97,0　　CMYK：78,3,62,0

推荐色彩搭配

C：47	C：0	C：84	C：64
M：0	M：100	M：63	M：36
Y：1	Y：38	Y：0	Y：53
K：0	K：0	K：0	K：0

C：0	C：73	C：32	C：78
M：74	M：82	M：0	M：3
Y：5	Y：0	Y：1	Y：62
K：0	K：0	K：0	K：0

C：5	C：100	C：40	C：0
M：16	M：90	M：0	M：80
Y：55	Y：31	Y：7	Y：97
K：0	K：0	K：0	K：0

这是一款记账APP的UI设计。运用不规则的图形将版面进行划分，让版面充满活力与动感气息，十分引人注目。

版面中以骨骼型呈现的文字，将信息直接传达出来。将各种数据以饼图的形式进行呈现，为用户阅读提供了便利。

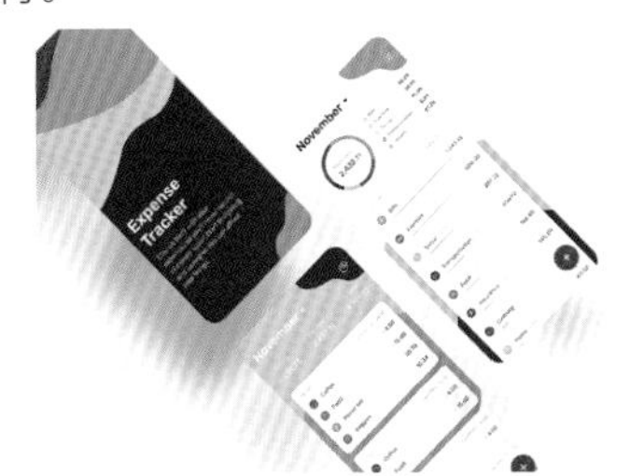

色彩点评

- 界面中多种色彩的运用，在鲜明的颜色对比中，打破了纯色的单调与乏味。
- 白色的运用，中和了色彩对比中的刺激感，同时适当缓解了用户的视觉疲劳。

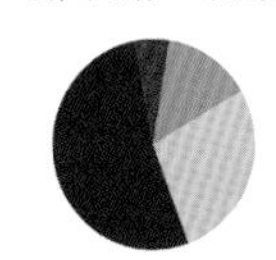

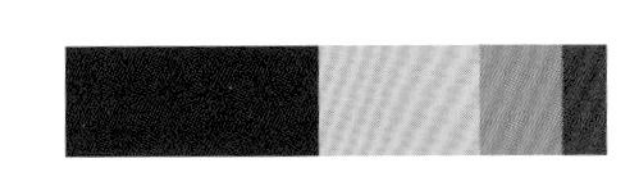

CMYK：64,100,42,4　　CMYK：0,30,86,0
CMYK：79,5,68,0　　CMYK：10,100,31,0

推荐色彩搭配

C：0	C：24	C：79	C：98
M：25	M：0	M：5	M：92
Y：84	Y：5	Y：68	Y：36
K：0	K：0	K：0	K：1

C：0	C：0	C：80	C：42
M：75	M：45	M：88	M：33
Y：30	Y：47	Y：0	Y：28
K：0	K：0	K：0	K：0

C：67	C：74	C：76	C：64
M：4	M：57	M：44	M：100
Y：45	Y：0	Y：0	Y：42
K：0	K：0	K：0	K：4

这是一款社交APP的UI设计。采用并置型的构图方式，将各种图像以相同尺寸的圆角矩形进行呈现，使用户一目了然，同时也让界面十分整洁、统一。

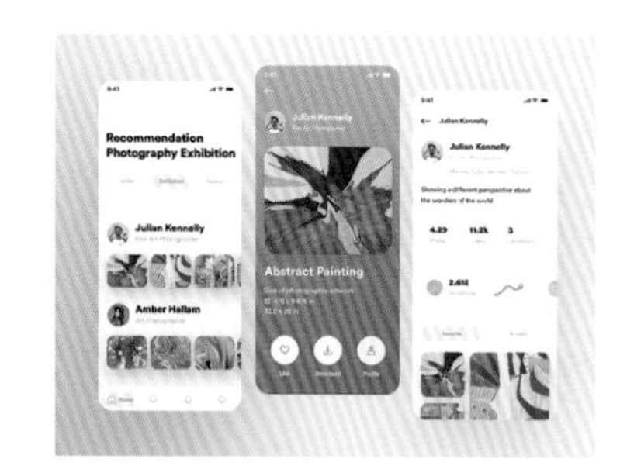

色彩点评

- 界面运用多种色彩，在不同颜色的鲜明对比中，给人极强的艺术氛围与视觉冲击。
- 白色的运用，具有很好的中和效果，而且将主体对象进行清楚的凸显。

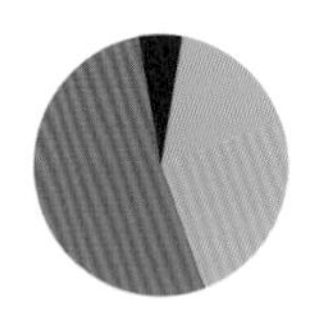

CMYK：0,83,51,0　　CMYK：46,24,0,0
CMYK：65,0,34,0　　CMYK：100,96,56,13

推荐色彩搭配

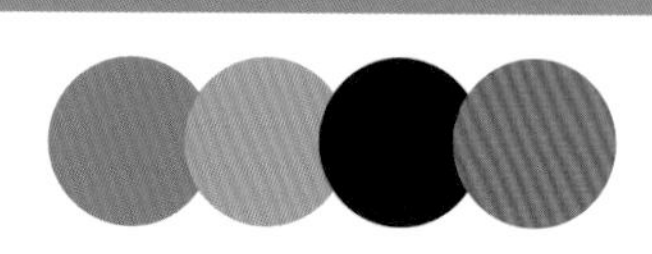

C：0	C：47	C：4	C：31	C：19	C：67	C：100	C：0	C：74	C：67	C：97	C：0
M：84	M：0	M：18	M：24	M：15	M：7	M：93	M：49	M：37	M：7	M：91	M：83
Y：31	Y：13	Y：84	Y：0	Y：14	Y：36	Y：51	Y：18	Y：15	Y：36	Y：81	Y：51
K：0	K：0	K：0	K：0	K：0	K：0	K：5	K：0	K：0	K：0	K：74	K：0

这是一款甜品美食网页的UI设计。将产品作为展示主图，在版面中间偏右部位呈现，可以极大限度地刺激受众的味蕾，激发其购买欲望。

界面左侧主次分明的文字，将信息直接传达出来，同时丰富了版面的细节效果。适当留白的运用，为受众阅读提供了便利。

色彩点评

- 界面以纯度和明度适中的红色作为主色调，给人甜蜜、愉悦的感受。
- 产品本色的运用，营造了浓浓的夏日凉爽氛围。同时在颜色的鲜明对比中，丰富了整体的色彩质感。

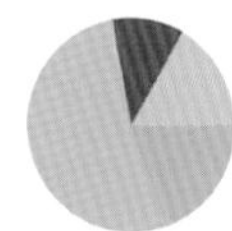

CMYK：0,40,6,0　　CMYK：0,40,91,0
CMYK：22,2,99,0　　CMYK：0,98,25,0

推荐色彩搭配

C：0	C：58	C：49	C：7	C：0	C：33	C：76	C：93	C：22	C：66	C：0	C：0
M：79	M：0	M：0	M：8	M：75	M：80	M：9	M：88	M：16	M：70	M：40	M：62
Y：26	Y：51	Y：9	Y：73	Y：93	Y：0	Y：40	Y：89	Y：8	Y：0	Y：6	Y：89
K：0	K：0	K：0	K：0	K：0	K：0	K：0	K：80	K：0	K：0	K：0	K：0

6.12 几何化设计风格

色彩调性：理性、多彩、饱满、积极、丰富、强烈、规整、呆板。

常用主题色：

CMYK:91,63,33,0　CMYK:1,42,91,0　CMYK:30,17,18,0　CMYK:28,94,84,0　CMYK:67,23,34,0　CMYK:86,62,9,0

常用色彩搭配

CMYK：43,22,31,0
CMYK：11,50,82,0

青灰色搭配橙色，在活力之中又具有些许稳定性，是十分舒适的颜色组合。

CMYK：36,84,0,0
CMYK：94,88,13,0

葵锦紫搭配明度偏低的深蓝色，给人以神秘、稳重的视觉感受。

CMYK：24,17,13,0
CMYK：83,46,63,3

浅灰色搭配青绿色，是一种理性、放松的色彩组合方式，可以很好地缓解视觉疲劳。

CMYK：0,58,6,0
CMYK：7,2,70,0

粉色搭配亮黄色，具有积极、活跃的色彩特征，十分引人注目，深受人们喜爱。

配色速查

理性

CMYK：100,92,2,0
CMYK：80,67,0,0
CMYK：60,48,0,0
CMYK：10,83,64,0

多彩

CMYK：0,54,31,0
CMYK：2,80,94,0
CMYK：4,28,89,0
CMYK：82,77,75,56

饱满

CMYK：97,100,60,20
CMYK：79,79,0,0
CMYK：21,91,0,0
CMYK：67,23,0,0

积极

CMYK：80,75,73,49
CMYK：0,63,58,0
CMYK：73,1,54,0
CMYK：0,36,79,0

这是一款事件邀请函APP的UI设计。运用几何图形将版面进行划分，给人活跃、积极的视觉印象。同时椭圆形的添加，丰富了版面的细节效果。

色彩点评

- 界面以午夜蓝作为背景主色调，给人稳重、成熟的感受，刚好与APP性质相吻合。
- 绿色、红色、橙色等渐变色的运用，增强了版面的层次感，同时也让色彩感更加丰富。

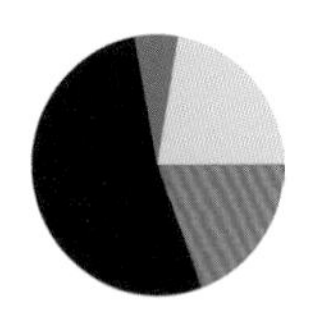

CMYK：100,99,61,53　CMYK：0,78,76,0
CMYK：36,0,32,0　CMYK：80,55,0,0

推荐色彩搭配

C：0	C：73	C：0	C：100
M：30	M：27	M：79	M：99
Y：76	Y：25	Y：9	Y：61
K：0	K：0	K：0	K：53

C：97	C：0	C：22	C：86
M：64	M：64	M：46	M：55
Y：30	Y：54	Y：100	Y：2
K：0	K：0	K：0	K：0

C：68	C：0	C：80	C：100
M：73	M：93	M：55	M：91
Y：0	Y：27	Y：0	Y：9
K：0	K：0	K：0	K：0

这是一款APP登录UI设计。运用几何图形将版面进行划分，不仅为版面增添了些许活力，同时也更加引人注目。

运用圆角矩形作为文字呈现载体，极具视觉聚拢感，同时对用户具有积极的引导作用。

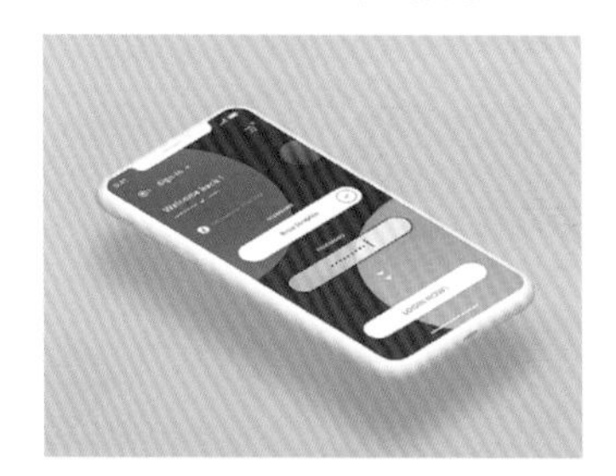

色彩点评

- 界面以紫色系的渐变作为主色调，具有时尚个性的特征，使用户过目不忘。
- 少量蓝色、橙色的运用，在鲜明的颜色对比中，让界面的色彩感更加丰富。

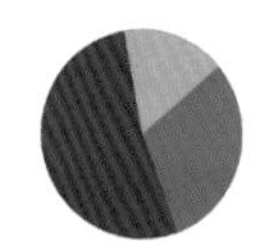

CMYK：81,85,0,0　CMYK：51,56,0,0
CMYK：0,49,82,0

推荐色彩搭配

C：13	C：85	C：0	C：60
M：14	M：45	M：49	M：91
Y：15	Y：64	Y：82	Y：100
K：0	K：3	K：0	K：53

C：0	C：65	C：13	C：100
M：72	M：32	M：12	M：89
Y：7	Y：7	Y：26	Y：62
K：0	K：0	K：0	K：38

C：31	C：0	C：71	C：0
M：0	M：4	M：60	M：36
Y：9	Y：48	Y：0	Y：87
K：0	K：0	K：0	K：0

这是一款健身APP的UI设计。将几何图形作为版面的装饰元素，一方面可将信息进行直观的呈现；另一方面增强了版面的细节效果，给人简洁、统一的印象。

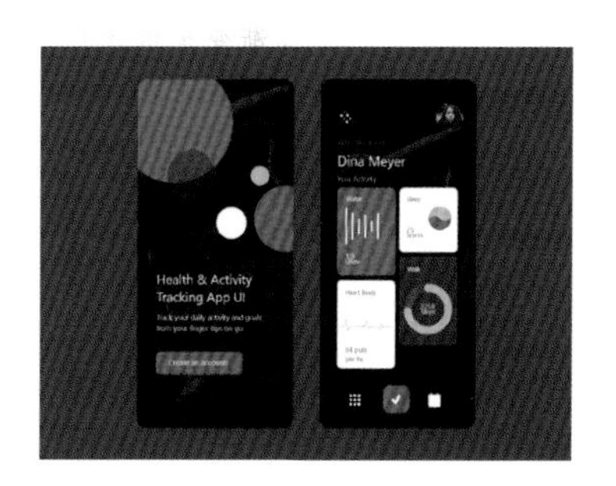

色彩点评

- 界面以黑色作为背景主色调，无彩色的运用，具有满满的力量感与稳定性。
- 少量红色和橙色的运用，打破了纯色背景的枯燥感，十分引人注目。

CMYK：84,87,91,77 CMYK：0,96,49,0
CMYK：0,43,80,0

推荐色彩搭配

C：100	C：67	C：0	C：31
M：98	M：0	M：56	M：17
Y：73	Y：35	Y：73	Y：20
K：67	K：0	K：0	K：0

C：0	C：93	C：56	C：7
M：67	M：73	M：9	M：63
Y：58	Y：94	Y：36	Y：20
K：0	K：66	K：0	K：0

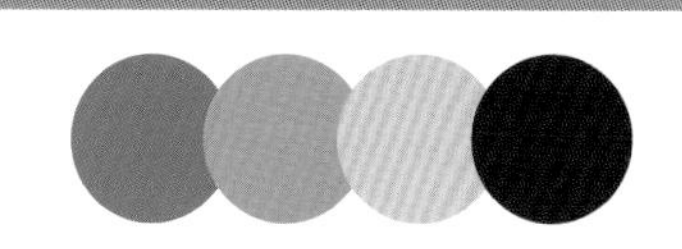

C：77	C：0	C：5	C：81
M：53	M：59	M：24	M：84
Y：5	Y：77	Y：79	Y：95
K：0	K：0	K：0	K：73

这是一款信息订阅APP的UI设计。将由简单几何图形构图的信封图案作为展示主图，直接表明了APP的宣传内容。

主次分明的文字，将信息直接传达出来。适当留白的运用，让版面尽显简洁与大方。

色彩点评

- 界面以白色作为背景主色调，将版面内容进行清楚的凸显。
- 红色和青色的运用表明了信息订阅的不同状态，为用户阅读与理解提供了便利。

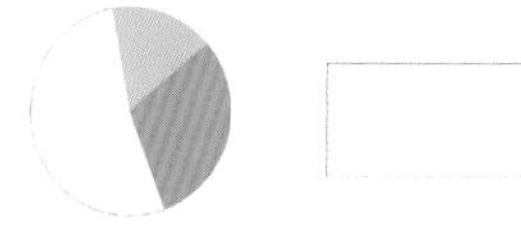

CMYK：0,0,0,0 CMYK：0,61,27,0
CMYK：55,0,27,0

推荐色彩搭配

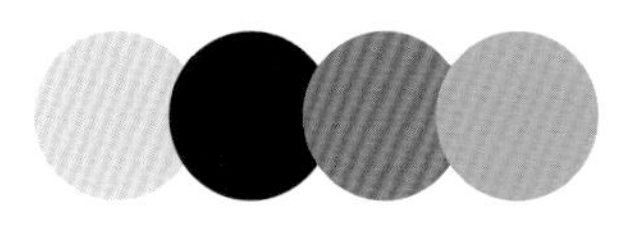

C：21	C：95	C：2	C：0
M：16	M：89	M：80	M：49
Y：14	Y：84	Y：45	Y：69
K：0	K：77	K：0	K：0

C：0	C：41	C：91	C：55
M：29	M：38	M：100	M：0
Y：9	Y：0	Y：62	Y：27
K：0	K：0	K：39	K：0

C：90	C：56	C：7	C：27
M：91	M：11	M：63	M：22
Y：82	Y：7	Y：33	Y：20
K：76	K：0	K：0	K：0

6.13 插画式设计风格

色彩调性：鲜明、和谐、朴素、自然、统一、协调、平淡、乏味。

常用主题色：

CMYK：10,82,54,0

CMYK：41,0,31,0

CMYK：78,71,65,31

CMYK：3,28,23,0

CMYK：3,38,73,0

CMYK：49,39,4,0

常用色彩搭配

CMYK：3,49,47,0
CMYK：55,2,43,0

橙色搭配绿色，纯度和明度适中，在冷暖色调对比中给人活力与生机之感。

CMYK：5,2,48,0
CMYK：95,89,12,0

淡黄色具有柔软、轻快的色彩特征，搭配深蓝色，增强了界面的视觉稳定性。

CMYK：20,18,31,0
CMYK：64,34,27,0

纯度偏低的棕色搭配青色，给人素净、简约的印象，同时也会有一定的枯燥感。

CMYK：0,14,14,0
CMYK：3,35,11,0

浅橙色搭配粉色，给人温馨、亲肤的印象，可以很好地缓解压力与烦恼。

配色速查

鲜明

CMYK：46,3,60,0
CMYK：74,66,0,0
CMYK：0,74,71,0
CMYK：70,62,59,11

和谐

CMYK：38,43,0,0
CMYK：80,83,0,0
CMYK：81,50,0,0
CMYK：4,38,62,0

朴素

CMYK：56,57,54,1
CMYK：30,17,41,0
CMYK：38,35,0,0
CMYK：26,20,18,0

自然

CMYK：93,88,89,80
CMYK：0,84,62,0
CMYK：10,44,64,0
CMYK：0,57,19,0

这是一款户外冒险APP的UI设计。将各种探险场景以插画的形式进行呈现，既为版面增添了趣味性，同时又将信息直接传达，让用户具有很强的代入感。

色彩点评

- 界面以橙色作为主色调，在不同明纯度的变化中，让版面具有较强的层次感。
- 其他色彩的运用，增强了插画场景的真实性，同时也丰富了版面的色彩感。

CMYK：0,16,71,0　　CMYK：93,100,65,56
CMYK：54,73,100,22　CMYK：0,84,96,0

推荐色彩搭配

C：6	C：93	C：72	C：20
M：27	M：100	M：13	M：90
Y：71	Y：64	Y：31	Y：100
K：0	K：52	K：0	K：0

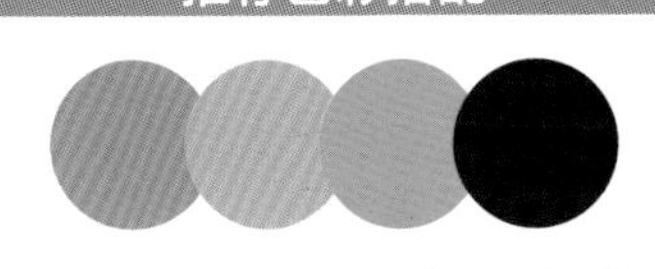

C：60	C：38	C：0	C：84
M：18	M：30	M：55	M：80
Y：99	Y：29	Y：88	Y：95
K：0	K：0	K：0	K：73

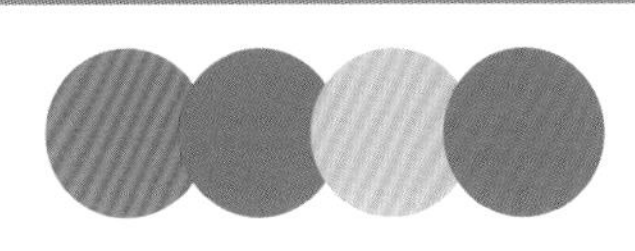

C：2	C：55	C：21	C：73
M：68	M：55	M：22	M：42
Y：100	Y：64	Y：29	Y：31
K：0	K：2	K：0	K：0

这是一款潜水培训APP的UI设计。将潜水培训场景以插画的形式进行呈现，以简单直白的方式将信息直接传达出来，具有很强的创意感与趣味性。

主次分明的文字，在整齐有序的排列中将信息直接传达出来。运用色块将版面进行分割，对用户具有很好的引导作用。

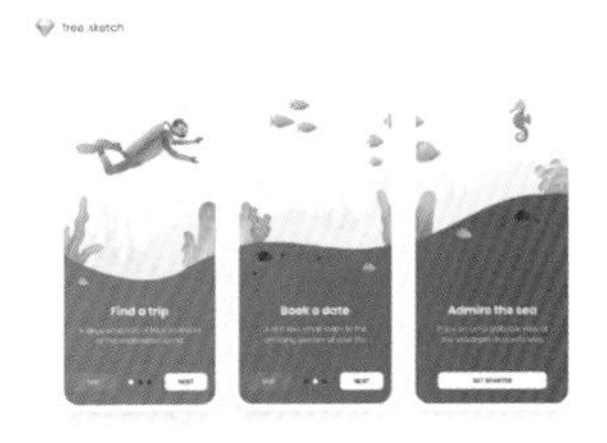

色彩点评

- 界面以蓝色作为主色调，在不同明纯度的变化中，给人以层次立体感。
- 渐变橙色的点缀，为版面增添了一抹亮丽的色彩，十分引人注目。

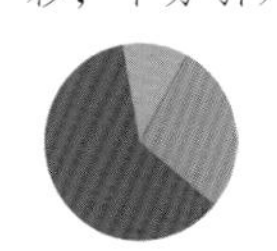

CMYK：89,64,0,0　　CMYK：73,27,0,0
CMYK：0,56,88,0

推荐色彩搭配

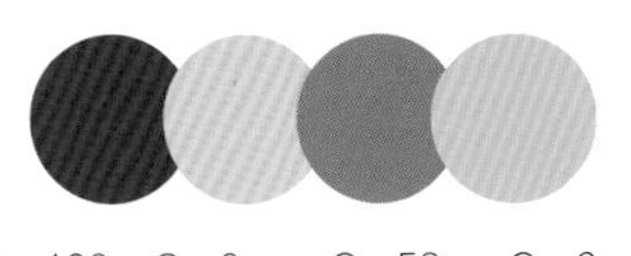

C：100	C：0	C：59	C：0
M：87	M：24	M：53	M：36
Y：19	Y：85	Y：55	Y：42
K：0	K：0	K：1	K：0

C：85	C：68	C：49	C：1
M：83	M：21	M：23	M：48
Y：82	Y：0	Y：62	Y：73
K：70	K：0	K：0	K：0

C：13	C：54	C：17	C：1
M：58	M：24	M：40	M：27
Y：54	Y：0	Y：55	Y：91
K：0	K：0	K：0	K：0

这是一款移动APP的UI设计。将各种插画场景作为展示主图，相对于实际情况来说，插画具有更强的视觉吸引力和代入感。在底部呈现的文字，对用户具有积极的引导作用。

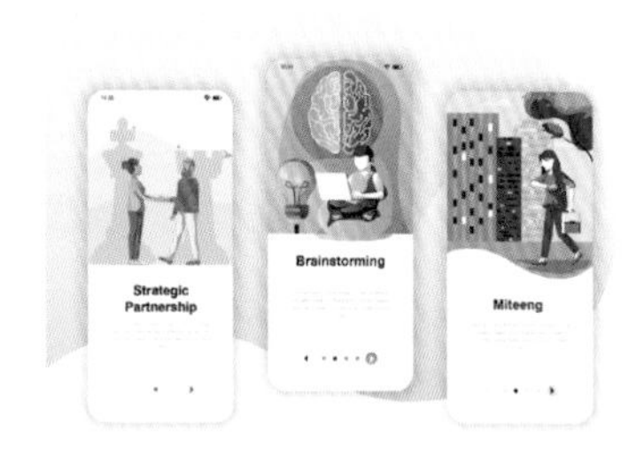

色彩点评

- 界面中不同颜色的运用，在对比中丰富了版面的色彩感，同时也增强了场景的真实性。
- 白色的运用，很好地中和了颜色的刺激感。

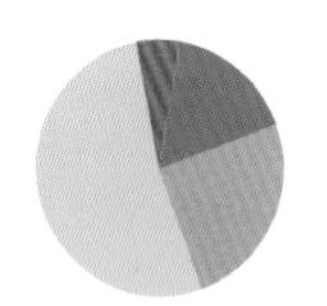

CMYK：42,0,24,0　CMYK：28,42,0,0
CMYK：76,50,0,0　CMYK：0,85,47,0

推荐色彩搭配

C：78	C：42	C：0	C：0
M：48	M：0	M：31	M：86
Y：46	Y：24	Y：63	Y：51
K：0	K：0	K：0	K：0

C：22	C：84	C：0	C：79
M：36	M：75	M：43	M：74
Y：0	Y：0	Y：40	Y：71
K：0	K：0	K：0	K：45

C：53	C：100	C：47	C：20
M：27	M：82	M：53	M：0
Y：0	Y：21	Y：64	Y：7
K：0	K：0	K：0	K：0

这是一款旅游APP的UI设计。将旅游中的风景以插画的形式进行呈现，直接表明了APP的宣传内容，使用户一目了然。

将主标题文字以较大字号的无衬线字体进行呈现，对用户阅读与理解具有积极的引导作用。

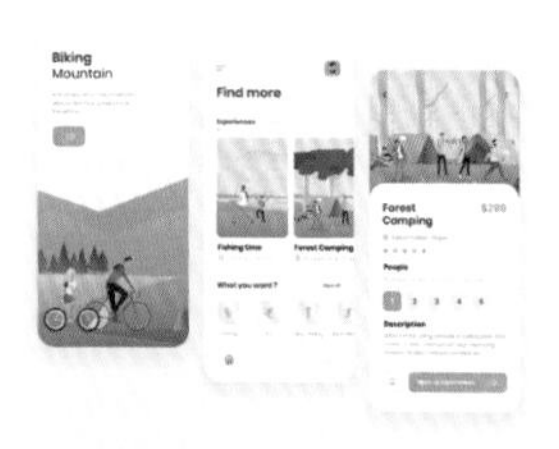

色彩点评

- 界面以橙色作为主色调，给人悠闲、放松的感受。同时在不同明纯度的变化中，增强了版面的层次感。
- 其他色彩的运用，在颜色对比中让旅游惬意、舒适的氛围更加浓厚。

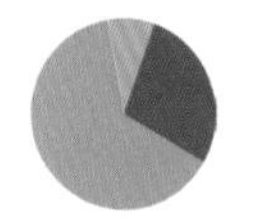

CMYK：4,49,69,0　CMYK：78,52,100,16
CMYK：58,16,0,0

推荐色彩搭配

C：0	C：31	C：0	C：47
M：18	M：42	M：76	M：69
Y：9	Y：89	Y：91	Y：90
K：0	K：0	K：0	K：8

C：36	C：28	C：73	C：0
M：45	M：29	M：42	M：22
Y：0	Y：28	Y：100	Y：70
K：0	K：0	K：3	K：0

C：82	C：0	C：78	C：4
M：61	M：18	M：74	M：49
Y：0	Y：73	Y：69	Y：69
K：0	K：0	K：40	K：0

6.14 立体化设计风格

色彩调性： 科技、强烈、淡雅、欢快、积极、时尚、个性、强调。

常用主题色：

CMYK:82,55,0,0

CMYK:6,40,81,0

CMYK:13,97,84,0

CMYK:6,5,10,0

CMYK:56,8,35,0

CMYK:77,58,37,0

常用色彩搭配

CMYK：17,54,40,0
CMYK：55,16,52,0

纯度偏低的红色搭配绿色，在互补色对比中给人稳重、鲜明的感受。

CMYK：4,23,87,0
CMYK：1,97,56,0

明度偏高的橙色搭配红色，十分引人注目，具有强烈、醒目的色彩特征。

CMYK：34,34,77,0
CMYK：71,40,30,0

棕色搭配青色，低饱和度的色彩组合方式，多给人素净、淡雅的印象。

CMYK：74,50,0,0
CMYK：6,23,58,0

蓝色搭配橙黄色，明度和纯度适中，在颜色的鲜明对比中十分引人注目。

配色速查

科技

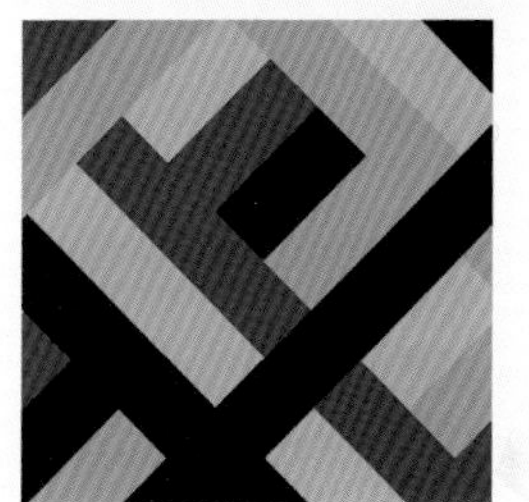

CMYK：89,90,0,0
CMYK：69,32,0,0
CMYK：45,38,0,0
CMYK：89,85,85,76

强烈

CMYK：77,47,0,0
CMYK：28,99,98,0
CMYK：7,43,82,0
CMYK：59,81,78,36

淡雅

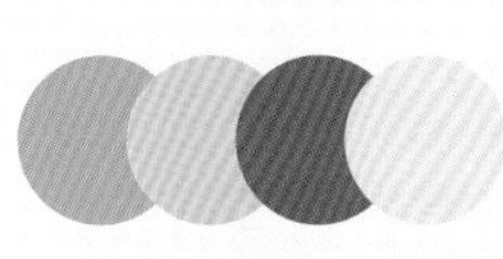

CMYK：64,10,32,0
CMYK：4,29,71,0
CMYK：51,68,68,8
CMYK：16,12,12,0

欢快

CMYK：79,30,79,0
CMYK：55,2,33,0
CMYK：12,66,76,0
CMYK：79,78,75,55

这是一款儿童教育APP的UI设计。将立体化的卡通小熊作为展示主图，给人可爱、童真的印象。同时在底部呈现，极大限度地增强了版面的稳定性。

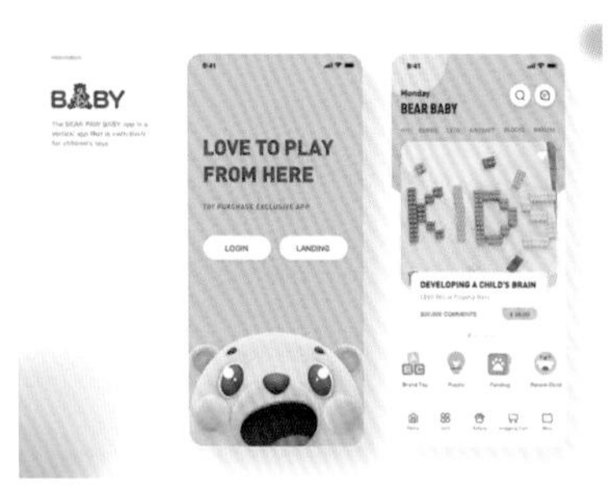

色彩点评

- 界面以橙色作为主色调，以适中的明度和纯度营造了一种愉悦、放松的学习氛围。
- 少量蓝色、绿色等色彩的点缀，在对比之中丰富了界面的色彩质感，十分引人注目。

CMYK：0,22,95,0　　CMYK：0,58,98,0
CMYK：58,76,100,36　　CMYK：85,60,0,0

推荐色彩搭配

C：71	C：0	C：49	C：73
M：84	M：22	M：2	M：59
Y：76	Y：95	Y：69	Y：43
K：55	K：0	K：0	K：1

C：76	C：4	C：3	C：64
M：10	M：6	M：87	M：0
Y：24	Y：94	Y：60	Y：7
K：0	K：0	K：0	K：0

C：11	C：80	C：87	C：0
M：18	M：22	M：46	M：18
Y：15	Y：33	Y：0	Y：89
K：0	K：0	K：0	K：0

这是创意机构网站的UI设计。运用立体化的设计风格，将插画图案在版面左侧呈现，让用户产生了很强的代入感。特别是浅色间隔曲线的添加，增强了版面的层次立体感。

主次分明的文字，在整齐有序的排列中将信息直接传达出来。同时界面中适当留白的运用，为受众营造了一个良好的阅读环境。

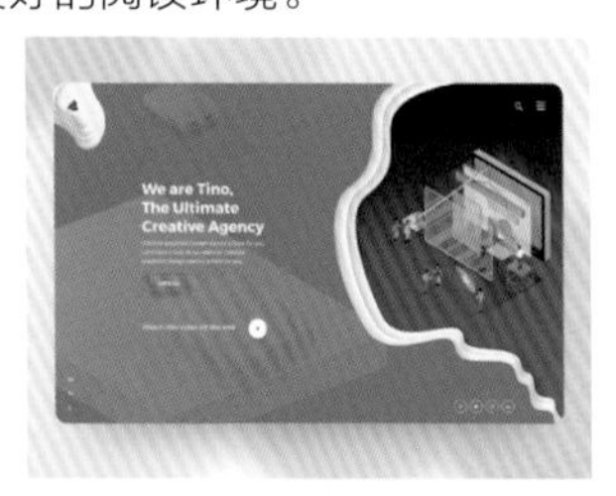

色彩点评

- 网页以明度和纯度适中的蓝色作为主色调，给人科技、专业的感受。
- 少量葵锦紫的点缀，丰富了版面的色彩感，并且使用明纯度的变化，让界面具有较强的层次感。

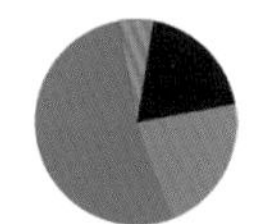

CMYK：67,56,0,0　　CMYK：47,56,0,0
CMYK：98,100,60,34　　CMYK：0,71,36,0

推荐色彩搭配

C：2	C：96	C：36	C：100
M：93	M：58	M：69	M：98
Y：86	Y：55	Y：100	Y：58
K：0	K：8	K：1	K：17

C：27	C：47	C：100	C：16
M：32	M：58	M：95	M：95
Y：26	Y：49	Y：75	Y：67
K：0	K：0	K：69	K：0

C：30	C：67	C：56	C：93
M：18	M：77	M：16	M：89
Y：9	Y：0	Y：0	Y：87
K：0	K：0	K：0	K：78

这是一款移动APP的UI设计。将卡通插画图像以立体化的形式进行呈现，相对于扁平化来说，具有更强的视觉冲击力和代入感。以较大字体呈现的主标题文字，将信息直接传达出来。

色彩点评

- 界面以浅色作为主色调，将版面内容进行清楚的凸显，同时给人简洁大方的视觉感受。
- 纯度和明度适中的青色，具有通透、纯净的特征，与APP的整体调性十分吻合。

CMYK：12,7,4,0　　CMYK：53,20,32,0
CMYK：59,40,7,0

推荐色彩搭配

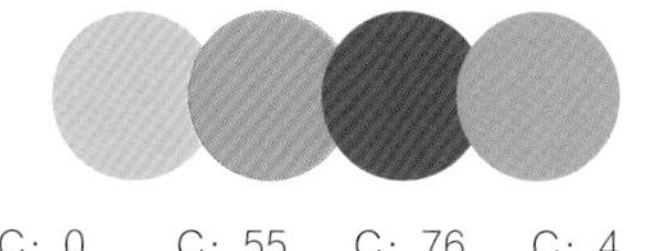

C：0	C：55	C：76	C：4
M：37	M：22	M：69	M：49
Y：17	Y：34	Y：52	Y：69
K：0	K：0	K：10	K：0

C：51	C：0	C：84	C：14
M：0	M：27	M：54	M：12
Y：29	Y：96	Y：85	Y：12
K：0	K：0	K：20	K：0

C：79	C：64	C：3	C：71
M：59	M：3	M：33	M：86
Y：36	Y：31	Y：70	Y：48
K：0	K：0	K：0	K：10

这是一款在线教育APP的UI设计。将文字以立体化的形式在版面顶部呈现，而且不同的摆放角度，为版面增添了些许活力和动感。

在界面中以骨骼型呈现的文字，将信息直接传达。在文字前方配置的小图案，为版面增添了趣味性。

色彩点评

- 界面以白色作为背景主色调，将各种信息清楚地凸显出来，为用户阅读与理解提供了便利。
- 少量蓝色的运用，给人理智、放心的印象，凸显出教育平台的认真与负责。

CMYK：11,9,0,0　　CMYK：78,61,0,0
CMYK：72,0,56,0

推荐色彩搭配

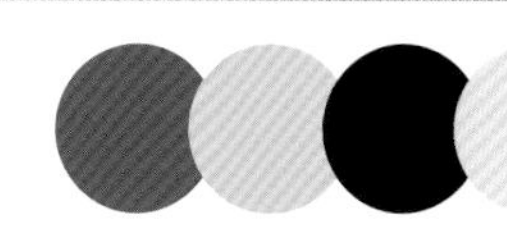

C：100	C：87	C：0	C：81
M：98	M：46	M：16	M：22
Y：48	Y：0	Y：34	Y：34
K：4	K：0	K：0	K：0

C：35	C：56	C：60	C：7
M：22	M：16	M：75	M：1
Y：12	Y：0	Y：0	Y：35
K：0	K：0	K：0	K：0

C：97	C：0	C：100	C：12
M：61	M：21	M：97	M：11
Y：0	Y：61	Y：71	Y：26
K：0	K：0	K：65	K：0

第7章

APP UI设计的经典技巧

在进行APP UI设计时，除了应遵循色彩的基本搭配原则之外，还应该注意运用很多技巧。如关于直角与圆角的选择、字体样式、图形图案、插画的运用等，只有全局考虑才能将设计表达得更清晰。在本章将为大家讲解一些常用的APP UI设计技巧。

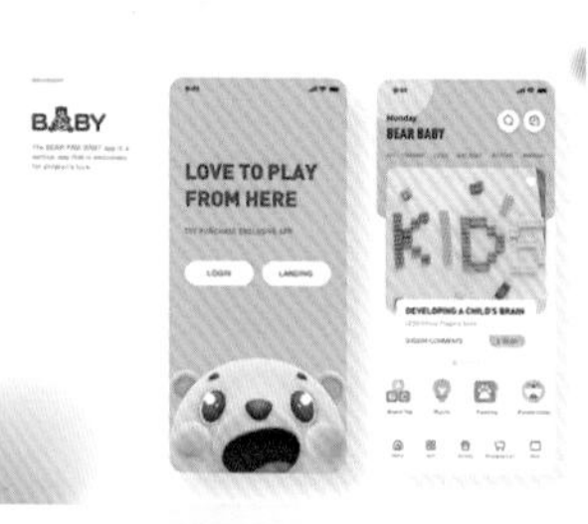

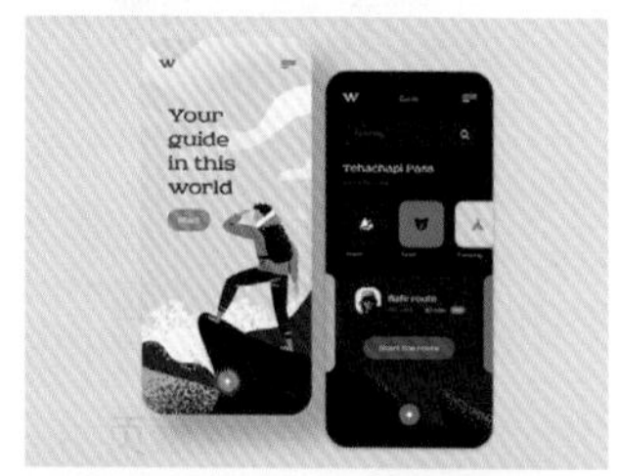

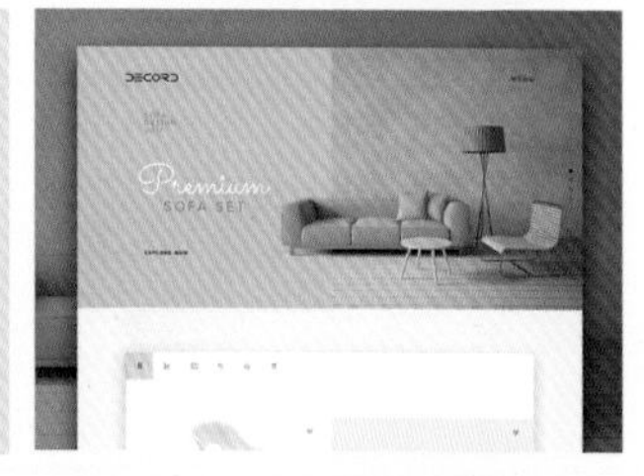

7.1 同一界面中圆角和直角的统一

在同一界面中，不管是圆角还是直角的选择都要以相同的尺寸呈现，不能出现混合运用的现象。这样不仅起不到标新立异的作用，反而会为信息传达造成障碍，非常不利于用户的阅读与操作。

这是一款注册登录UI的设计。将插画作为展示主图，为版面增添了些许的趣味性。将注册登录的提示文字，以相同尺寸的圆角矩形进行呈现，一方面对用户具有很好的引导作用；另一方面增强了界面的统一协调性。橙色和紫色的运用，在鲜明的颜色对比中给人醒目、直观的视觉印象。

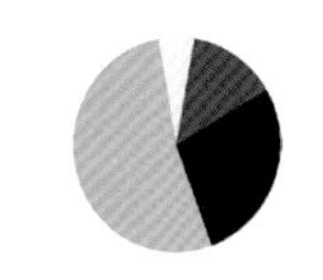

CMYK：0,36,75,0
CMYK：97,93,78,73
CMYK：84,71,0,0
CMYK：8,6,5,0

推荐配色方案

CMYK：88,76,0,0 CMYK：13,60,96,0
CMYK：18,15,18,0 CMYK：87,88,89,77

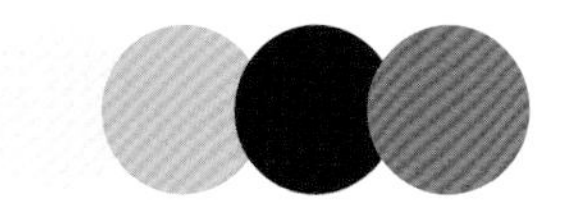

CMYK：11,5,0,0 CMYK：0,26,72,0
CMYK：84,100,61,42 CMYK：0,75,49,0

这是一款APP搜索页的UI设计。界面中的图像以及文字呈现载体，均以相同尺寸的圆角矩形进行呈现，给人统一有序的视觉印象。同时以不同大小呈现的图像，为界面增添了些许活跃气息。主次分明的文字，为用户阅读提供了便利。

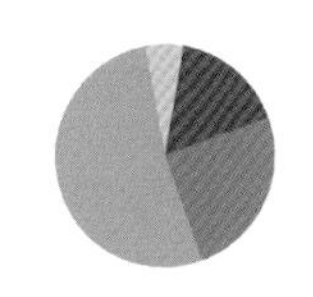

CMYK：0,53,29,0
CMYK：67,31,89,0
CMYK：53,77,1,0
CMYK：0,27,80,0

推荐配色方案

CMYK：8,12,8,0 CMYK：25,46,69,0
CMYK：74,26,100,0 CMYK：0,64,100,0

CMYK：51,31,5,0 CMYK：2,65,63,0
CMYK：67,0,51,0 CMYK：18,14,13,0

7.2 设计元素的表达要符合用户需求

UI中设计元素的添加，是为了更好地帮助用户对界面有一个清晰明了的认识。如果改变了原有的用户使用习惯，这样会导致该APP被用户抛弃。因此我们在进行设计时，要在一定的调研与测试基础上，确保新制定的规则符合用户需求。

这是一款旅游APP的UI设计。将旅游景点作为界面展示主图，对用户具有很强的视觉吸引力，而且也与用户的心理需求相吻合。界面中主次分明的文字可将信息直接传达出来，同时也为用户阅读提供了便利。一抹红色的点缀，为版面增添了些许活力。

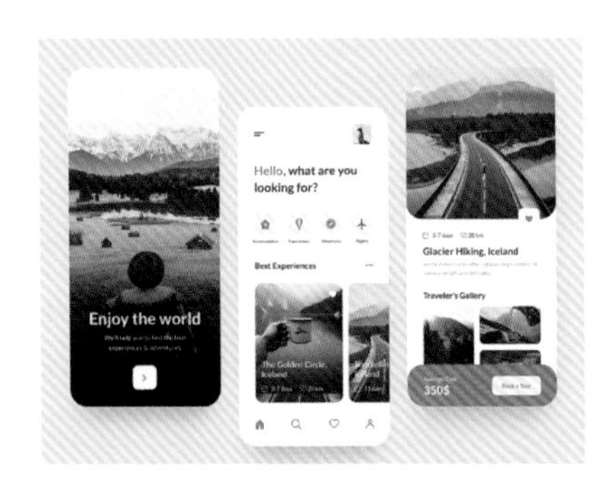

CMYK：0,15,6,0
CMYK：29,33,39,0
CMYK：73,47,38,0
CMYK：0,73,45,0

推荐配色方案

CMYK：80,75,76,51　CMYK：60,29,13,0
CMYK：0,73,45,0　CMYK：18,14,13,0

CMYK：0,29,40,0　CMYK：31,68,93,0
CMYK：78,44,46,0　CMYK：80,90,91,75

这是家具网页的UI设计。将家具作为界面展示主图，直接表明了该款APP的介绍主体对象。在底部以相同矩形呈现的家具搭配场景，为用户提供了参考。界面整体以产品本色作为主色调，营造了整洁、大方的视觉氛围。少量橙色的点缀，丰富了版面的色彩质感。

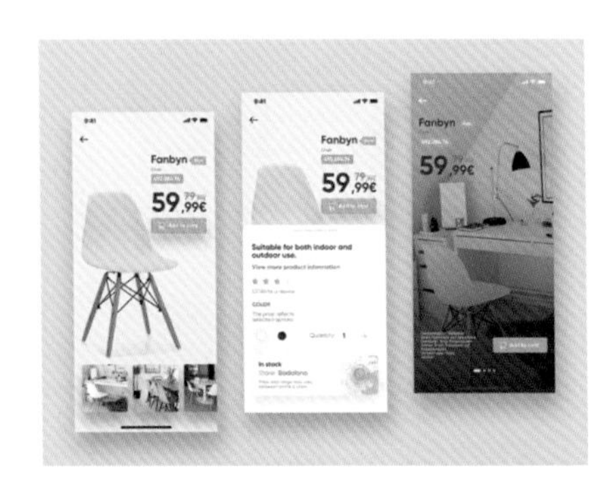

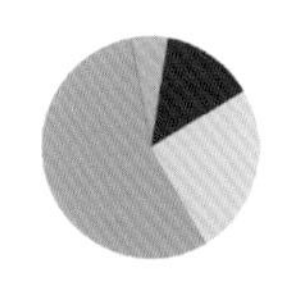

CMYK：37,25,21,0
CMYK：22,11,0,0
CMYK：83,78,60,30
CMYK：0,40,78,0

推荐配色方案

CMYK：18,10,7,0　CMYK：29,53,62,0
CMYK：82,75,67,39　CMYK：0,41,80,0

CMYK：77,46,93,7　CMYK：91,86,87,77
CMYK：11,8,8,0　CMYK：34,5,21,0

7.3 适当的留白减轻用户阅读压力

留白中最常见的误区就是认为留出白色，其实并非如此，它的真正含义是留出空间。背景可以是白色、黑色或者其他颜色。适当的留白，除了可以让界面紧密的节奏得到舒缓之外，还可以为用户营造一个良好的想象空间。

这是一款创新家具网页的UI设计。将家具作为展示主图在版面左侧呈现，直接表明了网页的宣传内容。版面以明度和纯度适中的青色为主，营造了清新、放松的视觉氛围，同时也从侧面凸显出产品特性。在版面右侧呈现的文字，将信息直接传达出来。界面中适当留白的运用，很好地缓解了用户的阅读压力。

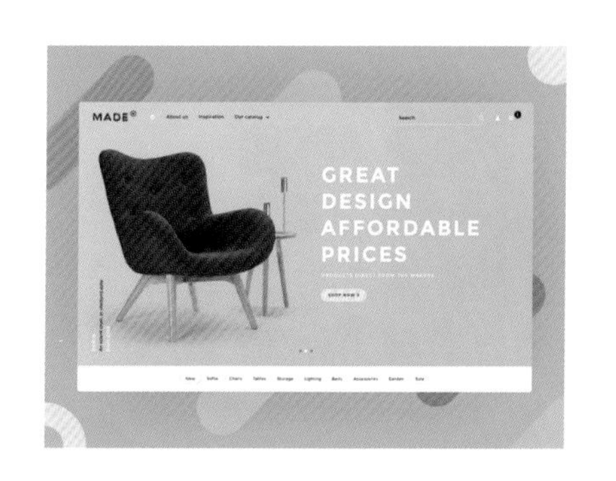

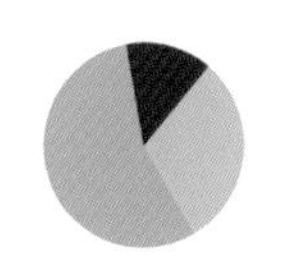

CMYK：62,0,36,0
CMYK：52,0,28,0
CMYK：82,77,75,55

推荐配色方案

CMYK：5,7,74,0　CMYK：69,62,58,10
CMYK：36,57,80,0　CMYK：61,0,35,0

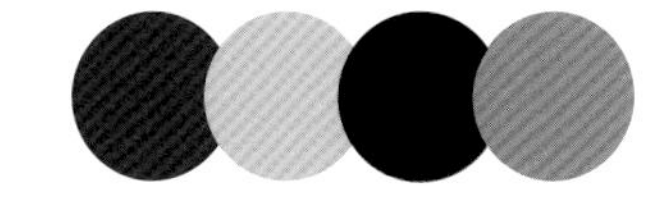

CMYK：100,87,7,0　CMYK：0,22,95,0
CMYK：93,89,87,79　CMYK：0,62,100,0

这是一款闹钟APP的界面设计。将闹钟造型的钟表在版面中间部位呈现，十分引人注目。周围大面积留白的运用，为用户在早上不清醒状态阅读提供了便利。界面以浅色为主，将版面对象进行清楚的凸显。适当蓝色的运用，给人理智、清醒的视觉印象。

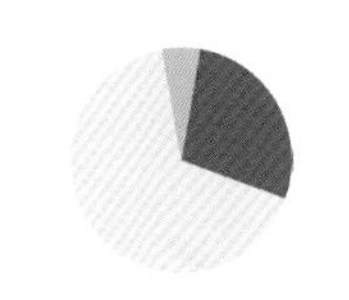

CMYK：13,9,7,0
CMYK：54,58,0,0
CMYK：56,0,20,0

推荐配色方案

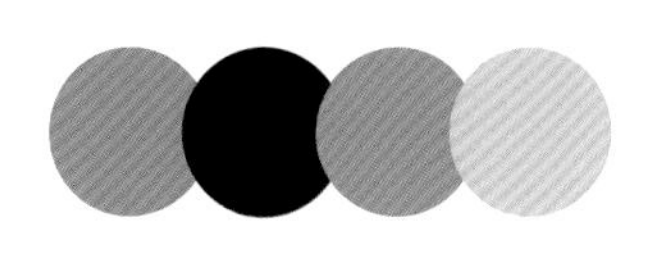

CMYK：71,19,0,0　CMYK：93,88,89,80
CMYK：76,5,39,0　CMYK：10,10,94,0

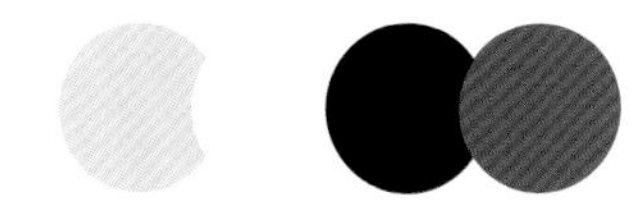

CMYK：25,4,13,0　CMYK：5,4,4,0
CMYK：93,88,89,80　CMYK：54,65,82,13

7.4 运用插画营造故事场景吸引用户注意力

相对于实物来说，通过简单抽象化的插画具有更强的视觉吸引力和代入感。在进行设计时，可以运用插画营造简单的故事场景，让用户有一种身临其境之感。这样不仅可以吸引更多用户的注意力，而且也可以为用户带来愉悦的使用体验。

这是一款注册登录UI的设计。将登录场景以插画的形式进行呈现，既为受众带来了愉悦的视觉体验，同时也具有很强的视觉吸引力。界面以浅色为背景色，可将版面内容进行清楚的凸显。特别是少量蓝色的使用，给人镇静、理智的视觉感受。

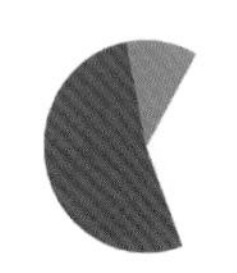

CMYK：80,62,0,0
CMYK：6,3,0,0
CMYK：57,42,0,0

推荐配色方案

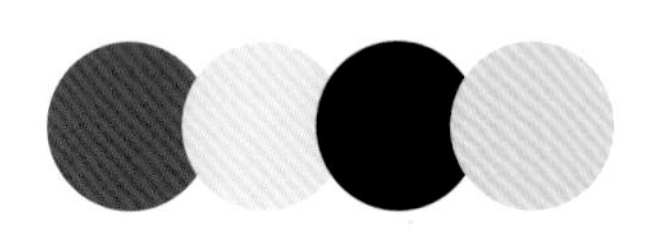

CMYK：86,68,0,0　CMYK：15,9,0,0
CMYK：93,88,89,80　CMYK：0,18,49,0

CMYK：0,24,20,0　CMYK：18,13,11,0
CMYK：73,56,0,0　CMYK：100,100,57,18

这是一款APP引导页的UI设计。将不同场景以简笔插画的形式进行呈现，给用户直观醒目的视觉印象。连贯性的展示界面，让用户具有很强的代入感。界面中橙色与青色的运用，在鲜明的颜色对比中给人活跃、舒畅的视觉感受。底部主次分明的文字，将信息直接传达出来，为用户阅读提供了便利。

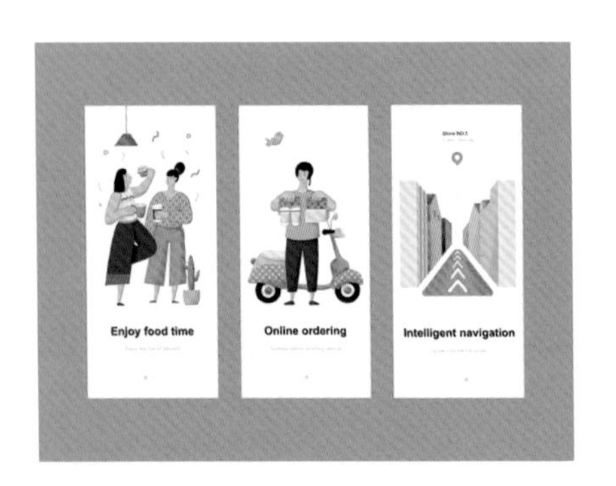

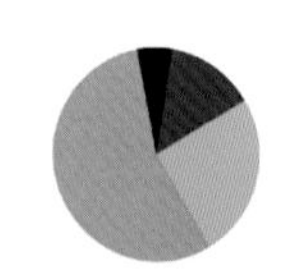

CMYK：0,58,49,0
CMYK：67,0,35,0
CMYK：100,67,59,21
CMYK：96,87,84,75

推荐配色方案

CMYK：0,81,91,0　CMYK：0,32,29,0
CMYK：77,67,62,22　CMYK：76,16,35,0

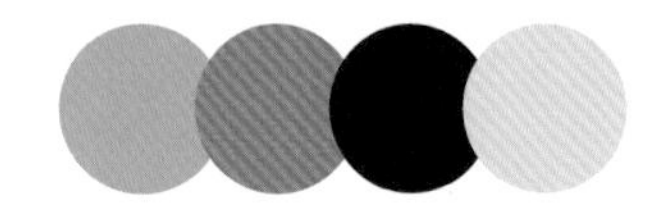

CMYK：0,50,45,0　CMYK：0,67,69,0
CMYK：100,100,57,18　CMYK：18,14,13,0

7.5 运用“撞色”增强视觉吸引力

我们都知道不同的颜色具有不同的色彩情感，将其进行合理搭配，可以产生不同的效果。特别是对比较强烈的色彩，极具视觉吸引力。在进行设计时，运用撞色虽然具有视觉冲击力，但在一定程度上也会让用户产生视觉疲劳。因此要根据实际情况，将颜色进行合理搭配。

这是一款银行APP的UI设计。将简笔插画人物作为展示主图，十分醒目。整个版面以黑色为背景色，给人稳重、成熟的视觉印象，刚好与APP的性质相吻合。同时少量蓝色以及红色的运用，在鲜明的颜色对比中，给人很强的视觉冲击力，十分引人注目。

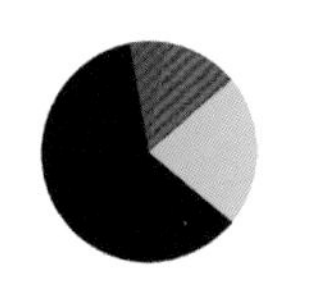

CMYK：97,93,79,73
CMYK：58,0,5,0
CMYK：0,93,42,0
CMYK：88,66,0,0

推荐配色方案

CMYK：25,20,10,0　CMYK：58,0,5,0
CMYK：18,63,96,0　CMYK：87,63,0,0

CMYK：86,70,0,0　CMYK：7,78,0,0
CMYK：1,25,75,0　CMYK：61,0,35,0

这是一款注册登录UI的设计。将正在办公的场景以插画的形式进行呈现，给人干练、端正的印象。在版面右侧整齐排列的注册登录文字，对用户具有很强的引导作用。界面以浅色为背景色，将版面内容进行清楚的凸显。黄色和紫色的运用，在互补色的对比中给人醒目、活跃的视觉感受。

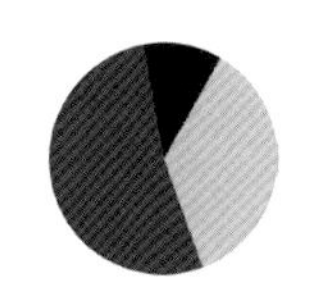

CMYK：77,83,0,0
CMYK：7,22,98,0
CMYK：97,93,79,73

推荐配色方案

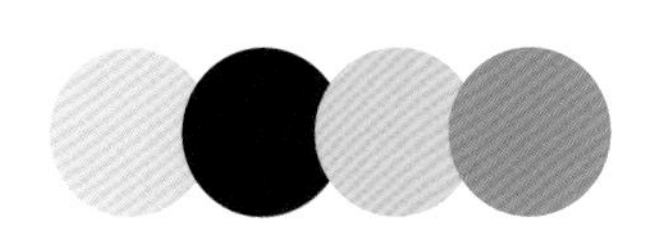

CMYK：19,15,6,0　CMYK：96,100,61,46
CMYK：0,20,95,0　CMYK：80,7,71,0

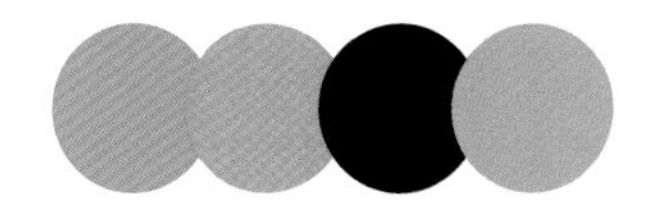

CMYK：75,1,36,0　CMYK：4,45,97,0
CMYK：93,89,87,79　CMYK：0,51,31,0

7.6 正确处理文字排版的层级关系

UI中的文字虽然少，但是其也有明确的主次关系。在进行文字排版时，要根据字体大小、颜色、层级分割等要求，将信息进行归类分级处理。甚至也可以通过适当的留白，让整个版面文字排列主次分明、层次清晰。

这是创新家具网页的UI设计。采用分割型的构图方式，将家具图像作为展示的主体对象，直接表明了宣传内容，使受众一目了然。将标题文字以较大字号的衬线字体进行呈现，给人古典、高端的印象。同时其他小文字的添加，让整个界面文字层次分明，同时也让细节效果更加丰富。

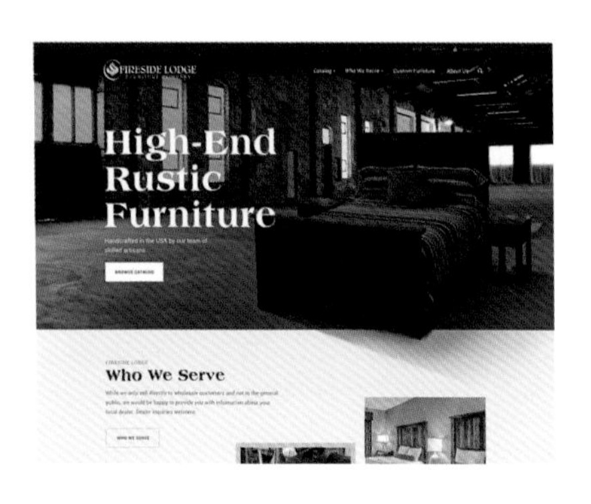

CMYK：75,69,65,26
CMYK：5,7,7,0
CMYK：84,80,84,67

推荐配色方案

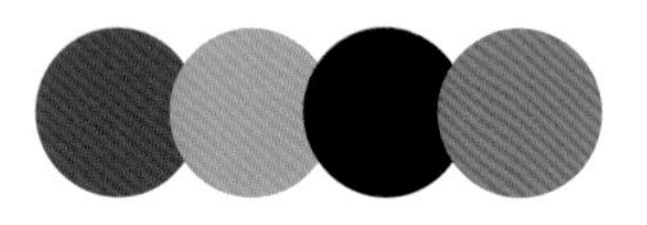

CMYK：69,68,59,15　CMYK：30,32,44,0
CMYK：93,89,87,79　CMYK：5,71,19,0

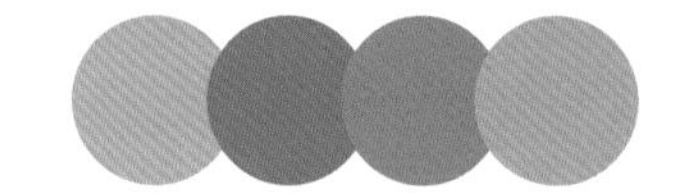

CMYK：33,22,37,0　CMYK：71,35,13,0
CMYK：16,56,64,0　CMYK：36,28,27,0

这是一款APP引导页的UI设计。采用弯曲的弧线将整个版面划分为不同大小的区域，同时在不同颜色的鲜明对比中，给人活跃、动感的视觉氛围。在界面底部主次分明的文字，将信息直接传达出来，对用户具有很好的引导作用。

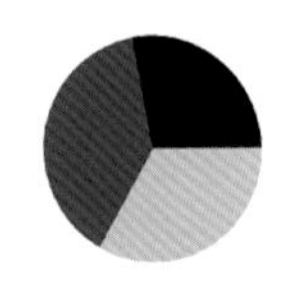

CMYK：93,72,0,0
CMYK：9,28,0,0
CMYK：93,88,89,80

推荐配色方案

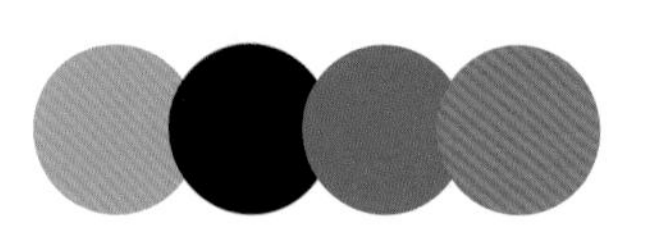

CMYK：24,28,95,0　CMYK：93,88,89,80
CMYK：82,47,0,0　CMYK：4,67,87,0

CMYK：7,97,44,0　CMYK：88,82,55,23
CMYK：15,45,36,0　CMYK：100,80,5,0

7.7 合理运用线条与色块对界面进行分割

APP UI的大小是固定的，那么如何在有限的版面中，尽可能更多地呈现内容和延展视线呢？此时就需要借助线条和色块，将界面进行合理的分割。在进行相关设计时，要根据呈现信息之间的关系作出明确表达，不可以为了追求炫目的视觉效果而进行随意的分割。

这是一款APP引导页的UI设计。运用不规则的图形将版面划分为不均等的两部分，同时少量绿色的运用，让版面瞬间鲜活起来。下方部位主次分明的文字，将信息直接传达，并以圆角矩形作为载体，呈现的文字对用户具有很强的引导作用。

CMYK：6,5,4,0
CMYK：47,0,54,0
CMYK：45,19,12,0

推荐配色方案

CMYK：52,13,53,0 CMYK：18,14,13,0
CMYK：45,53,52,0 CMYK：4,41,22,0

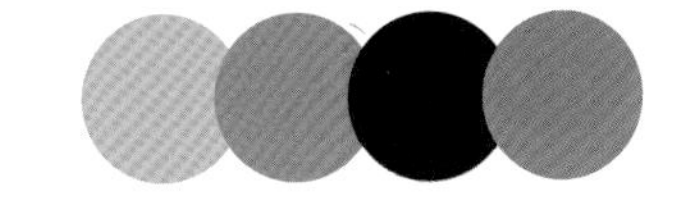

CMYK：0,27,95,0 CMYK：0,56,96,0
CMYK：98,93,62,45 CMYK：57,30,0,0

这是一款手机登录和注册UI的设计。将造型独特的少女作为展示主图，在周围适当留白的作用下，给人甜美、青春的印象。版面右侧以骨骼型呈现的登录与注册文字，在整齐有序的排列中十分醒目。不同大小色块的运用，将版面进行合理分割，为用户阅读与理解提供了便利。

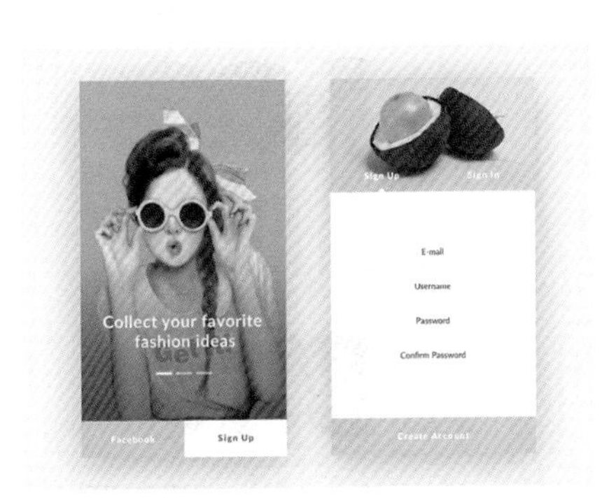

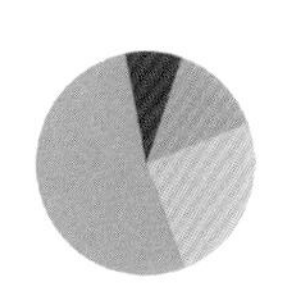

CMYK：7,42,19,0
CMYK：38,9,5,0
CMYK：32,30,27,0
CMYK：62,63,84,20

推荐配色方案

CMYK：79,67,64,25 CMYK：20,19,22,0
CMYK：49,69,53,2 CMYK：19,47,25,0

CMYK：9,18,78,0 CMYK：42,35,34,0
CMYK：72,65,57,11 CMYK：59,22,78,0

7.8 运用无彩色提升界面格调

无彩色虽然没有有彩色那么绚烂多彩，但其具有的稳重、雅致、成熟等特性，可以很好地提升界面格调。在进行设计时，对于无彩色的运用要慎重，大面积使用有时会给人压抑、郁闷之感。此时可以通过添加有彩色进行适当的中和，或者减少其在版面中的面积。

这是一款深色系的UI设计。整个界面以黑色为背景主色调，一方面将版面内容进行清楚的凸显；另一方面给人稳重、大气的视觉印象。少量黄色的点缀，很好地缓解了深色带来的压抑感。

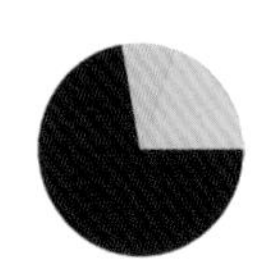

CMYK：87,83,83,71
CMYK：2,22,95,0
CMYK：27,21,14,0

推荐配色方案

CMYK：54,44,58,0　CMYK：90,40,82,2
CMYK：93,88,89,80　CMYK：22,12,0,0

CMYK：96,88,71,60　CMYK：16,74,99,0
CMYK：38,49,52,0　CMYK：71,40,77,1

这是一款创新家具网页的UI设计。界面以一个矩形作为产品展示载体，将受众注意力全部集中于此。将产品局部细节放大进行展示，尽显产品的高端与精致。整个界面以无彩色的灰色为主色调，在不同明纯度的变化中增强了版面的视觉层次感。

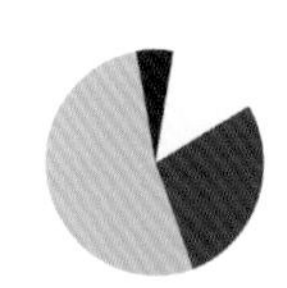

CMYK：27,21,20,0
CMYK：76,70,67,33
CMYK：5,4,4,0
CMYK：88,84,84,73

推荐配色方案

CMYK：87,77,71,50　CMYK：0,5,20,0
CMYK：0,15,56,0　CMYK：4,75,48,0

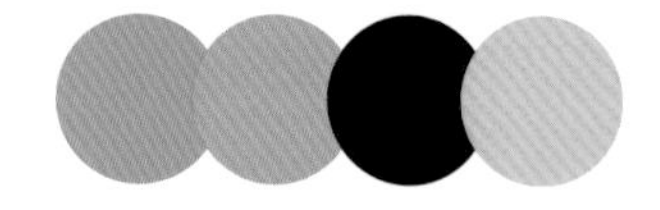

CMYK：71,9,20,77　CMYK：38,31,31,0
CMYK：93,88,89,80　CMYK：0,24,95,0

7.9 运用几何图形要重点突出

一个好的界面是为了引导用户进行阅读与操作，因此将重点着重突出是十分重要的。几何图形具有很强的视觉聚拢感，在进行设计时将重点对象以几何图形作为呈现载体，会非常引人注目。这样不仅可以加深用户对界面的理解，而且也会大大提升用户的操作效率。

这是一款银行APP的UI设计。将圆角矩形作为简笔插画的呈现载体，具有很强的视觉聚拢感。同时也为受众有重点地阅读指引了方向。界面中紫色的运用，以较高的纯度给人稳重、理智的印象，刚好与APP的特性相吻合。

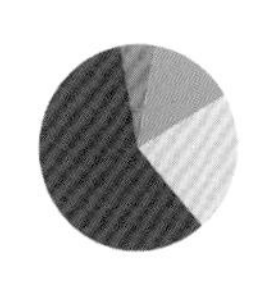

CMYK：64,80,9,0
CMYK：0,18,62,0
CMYK：75,0,64,0
CMYK：0,62,73,0

推荐配色方案

CMYK：14,10,7,0　CMYK：0,19,62,0
CMYK：87,36,53,0　CMYK：45,72,0,0

CMYK：31,31,0,0　CMYK：100,100,61,37
CMYK：73,36,0,0　CMYK：57,84,0,0

这是一款移动电商购物车的UI设计。以一个正圆作为椅子呈现载体，将受众注意力全部集中于此，极大限度地促进了品牌的宣传与推广。右侧整齐排列的文字，在主次分明之间将信息传达出来。整个版面以浅灰色作为主色调，尽显产品的极简与素雅。少量深色的点缀，增强了版面的视觉稳定性。

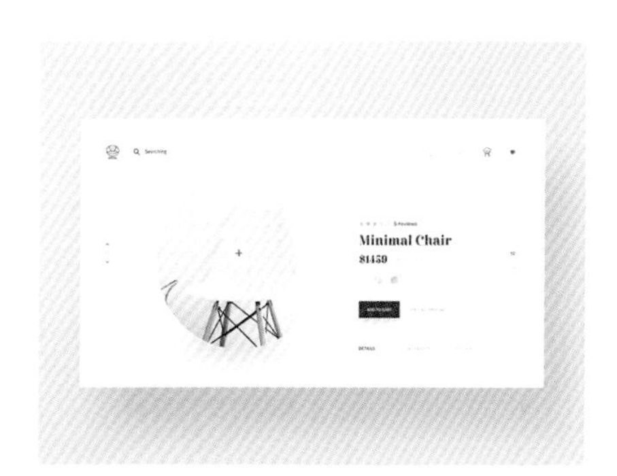

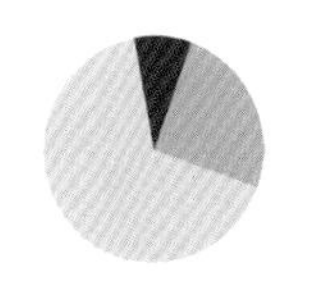

CMYK：24,15,14,0
CMYK：16,37,56,0
CMYK：81,75,67,41

推荐配色方案

CMYK：35,31,30,0　CMYK：95,91,84,76
CMYK：41,58,66,0　CMYK：3,42,22,0

CMYK：0,15,17,0　CMYK：25,58,54,0
CMYK：79,78,82,59　CMYK：7,10,9,0

7.10 巧用渐变色丰富界面色彩质感

相对于纯色来说，渐变色具有更强的色彩质感。随着不同颜色的渐变过渡，一方面可以让版面有较强的视觉动感，另一方面打破了纯色的枯燥与乏味。在进行设计时，可以根据实际情况选择合适的渐变色，以丰富整体的视觉效果。

这是一款注册登录UI的设计。采用分割型的构图方式，将插画图案和文字在左右两侧进行呈现，以直观醒目的方式将信息直接传达出来，使受众一目了然。界面中不规则曲线的添加，在不同颜色的渐变过渡中，让版面具有很强的视觉动感，尽显时尚与个性。

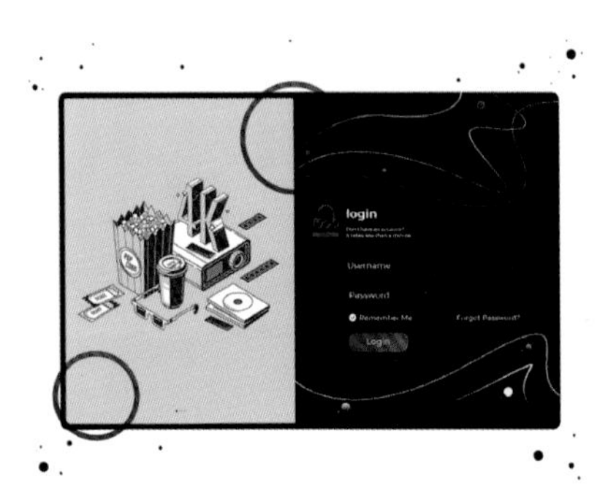

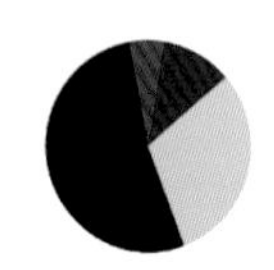

CMYK：93,88,89,80
CMYK：41,0,11,0
CMYK：100,85,0,0
CMYK：47,82,0,0

推荐配色方案

CMYK：0,38,91,0　CMYK：84,100,42,2
CMYK：91,71,0,0　CMYK：78,13,40,0

CMYK：23,24,0,0　CMYK：27,57,29,0
CMYK：36,7,0,0　CMYK：4,17,61,0

这是一款儿童APP的UI设计。将插画儿童图案作为登录注册界面的展示主图，尽显儿童的天真与活跃，同时为用户带去愉悦的视觉享受。不同明纯度蓝色的运用，在渐变过渡中让版面具有很强的层次感。少量橙色以及绿色的点缀，为儿童学习营造了一个良好的环境。

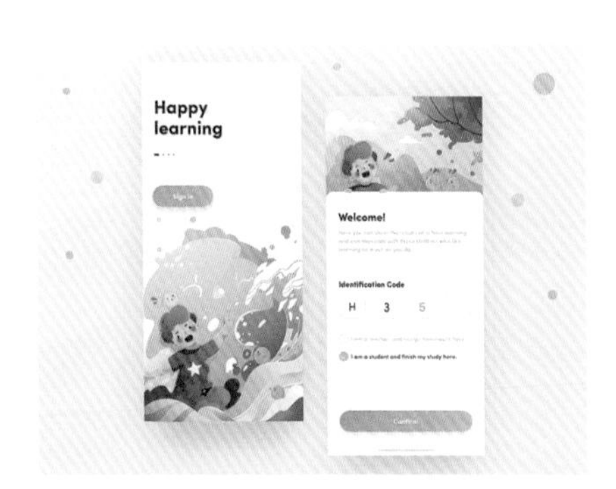

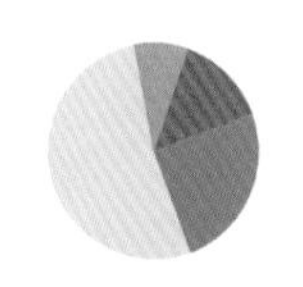

CMYK：20,7,0,0
CMYK：62,32,0,0
CMYK：8,66,64,0
CMYK：1,38,89,0

推荐配色方案

CMYK：3,17,64,0　CMYK：84,53,24,0
CMYK：35,17,11,0　CMYK：76,29,49,0

CMYK：57,5,22,0　CMYK：34,5,26,0
CMYK：9,39,57,0　CMYK：18,52,22,0

7.11 运用较大字号的无衬线字体

由于UI的面积是有限的，为了让用户以最快、最直接的方式接收到信息，此时就需要将文字以较大字号的无衬线字体进行呈现。这样不仅可以节省用户阅读与理解的时间，同时也可以提升整个版面的空间利用率。

这是一款APP搜索页的UI设计。将图像以圆角矩形作为载体进行呈现，这样既可给用户留下清晰直观的直觉印象，同时也让整个版面十分整洁、统一。主标题文字以较大字号的无衬线字体在版面顶部呈现，将信息直接传达出来。主体文字下方以骨骼型呈现的小文字，具有解释说明与丰富细节效果的双重作用。

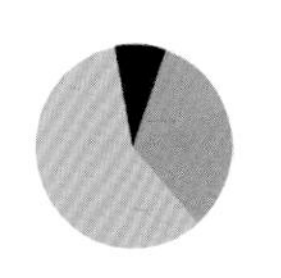

CMYK：0,35,53,0
CMYK：14,53,0,0
CMYK：0,55,41,0
CMYK：93,88,89,80

推荐配色方案

CMYK：52,47,0,0　CMYK：5,95,85,0
CMYK：5,26,26,0　CMYK：40,32,29,0

CMYK：58,58,56,2　CMYK：33,53,100,0
CMYK：96,85,84,73　CMYK：60,45,94,2

这是一款创新家具网页的UI设计。采用分割型的构图方式，将版面进行合理划分，增强了整体的层次性和视觉动感。在中间偏右部位呈现的家具是视觉焦点所在，十分引人注目。整个界面以明度偏低的灰色和橙色作为主色调，在对比中尽显产品的简约与雅致。

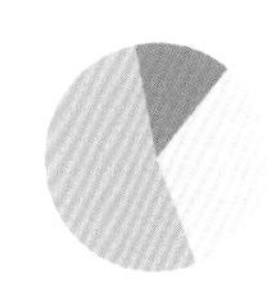

CMYK：6,25,20,0
CMYK：9,7,7,0
CMYK：38,40,49,0

推荐配色方案

CMYK：55,66,73,11　CMYK：5,25,20,0
CMYK：83,33,16,0　CMYK：36,27,0,0

CMYK：61,27,75,0　CMYK：7,31,22,0
CMYK：0,55,75,0　CMYK：93,88,89,80

7.12 注重图标大小的视觉平衡

当同一个界面中出现多个图标时，我们需要保持整体的视觉平衡。但并不是说，要将所有的图标采用相同的尺寸。由于图标的体量不同，相同尺寸下不同体量的图标视觉效果也不相同。因此，在进行设计时要根据具体情况，对图标大小进行相应的调整。

这是一款美食快餐APP的UI设计。采用圆角矩形作为美食的呈现载体，具有很强的视觉吸引力。在界面顶部呈现的图标，当切换到相应图标界面时是橙色，为用户阅读提供了便利。相同尺寸的图形，让版面整齐、统一，在视觉上达到一个平衡的状态。

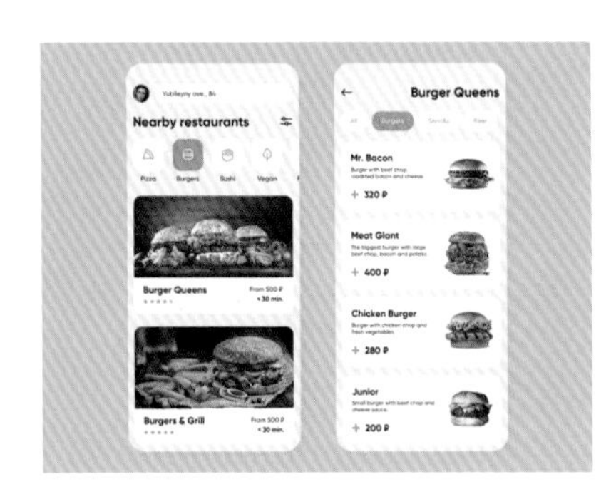

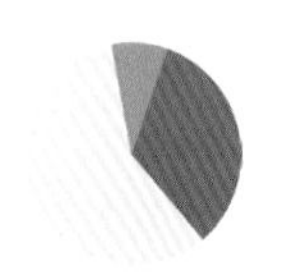

CMYK：0,7,13,0
CMYK：44,64,74,2
CMYK：8,52,65,0

推荐配色方案

CMYK：47,78,100,13　CMYK：0,30,29,0
CMYK：49,41,82,0　CMYK：22,20,17,0

CMYK：0,34,69,0　CMYK：64,90,100,60
CMYK：0,76,64,0　CMYK：52,18,54,0

这是闹钟APP的UI设计。在界面左侧呈现的图标，以相同的大小与外形，对用户具有积极的引导效果，而且在横竖之间形成视觉上的平衡状态。不同渐变颜色呈现的闹钟时间显示版面，丰富了整体的色彩感，同时对用户视力也有很好的保护作用。

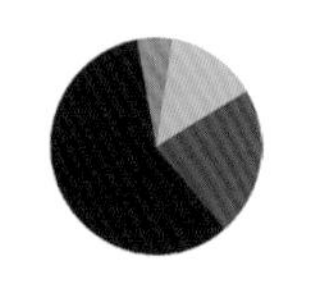

CMYK：93,94,62,45
CMYK：78,69,0,0
CMYK：57,5,0,0
CMYK：0,62,38,0

推荐配色方案

CMYK：0,42,62,0　CMYK：73,38,0,0
CMYK：87,84,38,3　CMYK：18,14,13,0

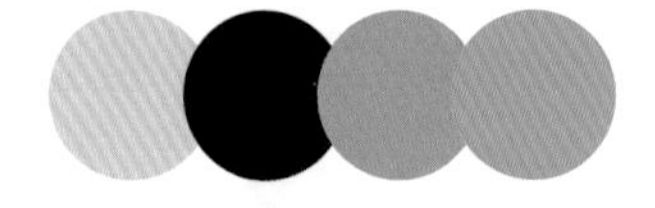

CMYK：14,20,28,0　CMYK：93,88,89,80
CMYK：11,48,61,0　CMYK：75,1,36,0

7.13 合理运用投影，增强层次感与立体感

通过对按钮、背景图形等进行投影，可以增强立体感与层次感。在进行设计时，要根据不同背景来对投影的颜色、透明度进行调整。要注意的一点是，投影的添加要符合整体的氛围与格调，以获得整个页面的视觉平衡效果。

这是一款创新家具的网页UI设计。以一个浅灰色矩形作为对象呈现载体，极具视觉聚拢感。特别是底部阴影的添加，增强了界面的层次感与立体感。将家具作为展示主图，直接表明了网页的宣传内容。左侧主次分明的文字将信息直接传达出来，而且整齐有序的排列，增强了界面的节奏韵律感。

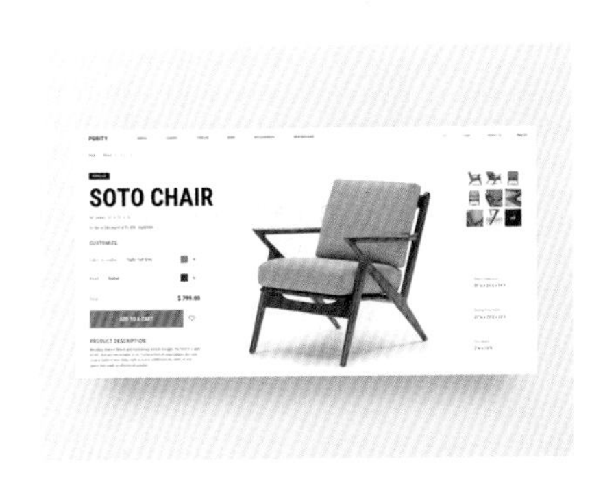

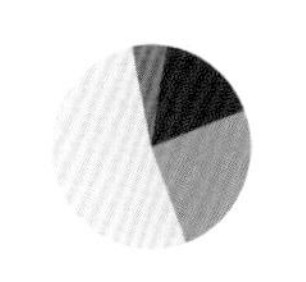

CMYK：13,11,13,0
CMYK：44,36,37,0
CMYK：62,83,100,51
CMYK：0,76,100,0

推荐配色方案

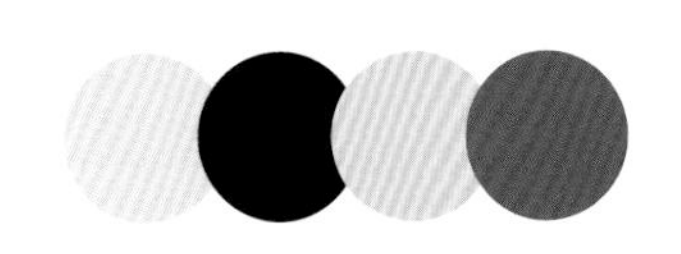

CMYK：17,10,7,0　CMYK：93,88,89,80
CMYK：0,18,49,0　CMYK：85,58,0,0

CMYK：20,63,35,0　CMYK：68,69,0,0
CMYK：26,17,13,0　CMYK：93,88,89,80

这是一款产品支付页面的UI设计。采用分割型的构图方式，将产品在左侧页面呈现，这样在支付时可以看到产品状态与型号，为用户提供了便利。灰色背景矩形阴影的添加，让其具有一定的层次立体感，瞬间提升了产品的格调与档次，对于产品宣传与推广具有积极的推动作用。

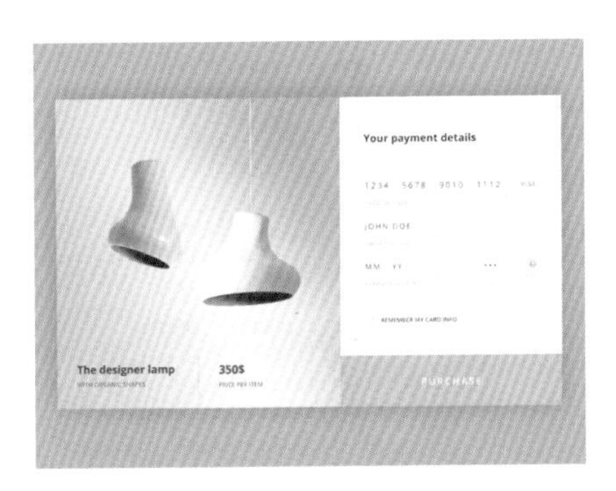

CMYK：31,25,26,0
CMYK：9,19,93,0
CMYK：53,44,41,0

推荐配色方案

CMYK：62,80,100,47　CMYK：33,26,27,0
CMYK：26,40,100,0　CMYK：71,34,20,0

CMYK：0,44,20,0　CMYK：78,58,78,20
CMYK：49,55,0,0　CMYK：22,16,16,0

7.14 巧妙运用对比，增强界面节奏感

在设计时运用对比，不是简单的色彩对比，其中还包括图像、文字、图形等大小的对比。比如，较大字号的文字具有很强的视觉吸引力，而小一些的文字则具有补充说明与丰富细节效果的双重作用。在文字大小对比中，可以增强界面的节奏韵律感，为用户阅读与理解提供方便。

这是一款旅游APP的UI设计。将风景图像作为界面展示主图，给受众直观醒目的视觉印象。将图像以大小不同的尺寸进行呈现，在对比中既将信息进行清楚的传达，同时也让界面富于变化，具有一定的节奏感。

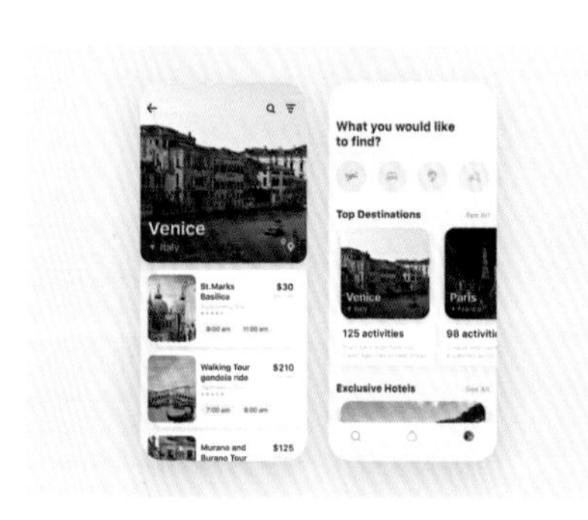

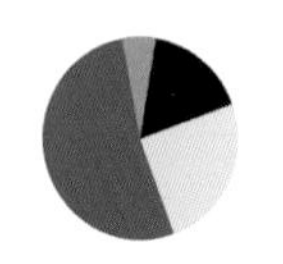

CMYK：80,55,51,3
CMYK：32,0,0,0
CMYK：93,89,87,79
CMYK：5,49,64,0

推荐配色方案

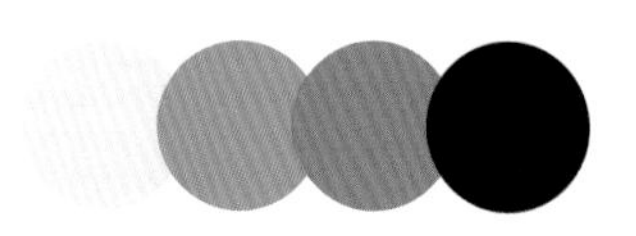

CMYK：10,5,4,0　CMYK：70,5,20,0
CMYK：13,60,42,0　CMYK：93,88,89,80

CMYK：69,58,100,21　CMYK：4,17,38,0
CMYK：96,84,61,39　CMYK：0,31,95,0

这是一款绿植APP的UI设计。将以圆角矩形呈现的绿色植物作为展示主图，给人清新、活力的印象。底部小一些绿植图像的添加，在大小对比中丰富了界面的视觉效果。少量橙色的点缀，尽显植物满满的生机感。

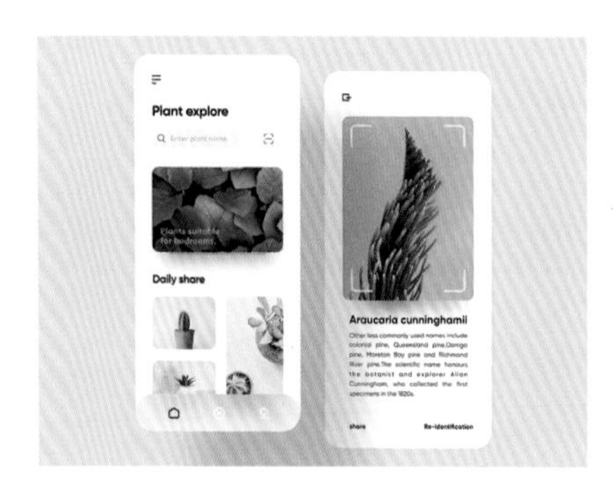

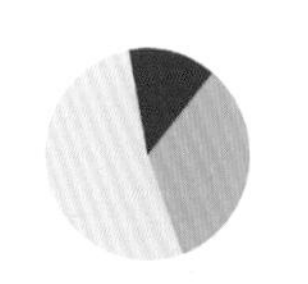

CMYK：11,9,11,0
CMYK：0,40,38,0
CMYK：95,53,100,23

推荐配色方案

CMYK：15,11,7,0　CMYK：7,24,51,0
CMYK：75,44,100,5　CMYK：61,11,31,0

CMYK：66,25,64,0　CMYK：0,40,38,0
CMYK：19,11,32,0　CMYK：93,88,89,80

7.13 合理运用投影，增强层次感与立体感

通过对按钮、背景图形等进行投影，可以增强立体感与层次感。在进行设计时，要根据不同背景来对投影的颜色、透明度进行调整。要注意的一点是，投影的添加要符合整体的氛围与格调，以获得整个页面的视觉平衡效果。

这是一款创新家具的网页UI设计。以一个浅灰色矩形作为对象呈现载体，极具视觉聚拢感。特别是底部阴影的添加，增强了界面的层次感与立体感。将家具作为展示主图，直接表明了网页的宣传内容。左侧主次分明的文字将信息直接传达出来，而且整齐有序的排列，增强了界面的节奏韵律感。

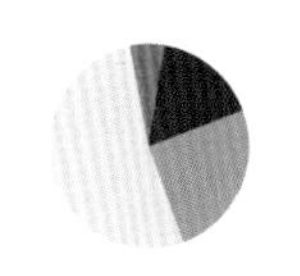

CMYK：13,11,13,0
CMYK：44,36,37,0
CMYK：62,83,100,51
CMYK：0,76,100,0

推荐配色方案

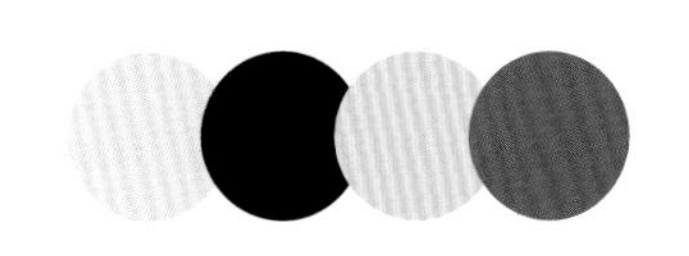

CMYK：17,10,7,0　CMYK：93,88,89,80
CMYK：0,18,49,0　CMYK：85,58,0,0

CMYK：20,63,35,0　CMYK：68,69,0,0
CMYK：26,17,13,0　CMYK：93,88,89,80

这是一款产品支付页面的UI设计。采用分割型的构图方式，将产品在左侧页面呈现，这样在支付时可以看到产品状态与型号，为用户提供了便利。灰色背景矩形阴影的添加，让其具有一定的层次立体感，瞬间提升了产品的格调与档次，对于产品宣传与推广具有积极的推动作用。

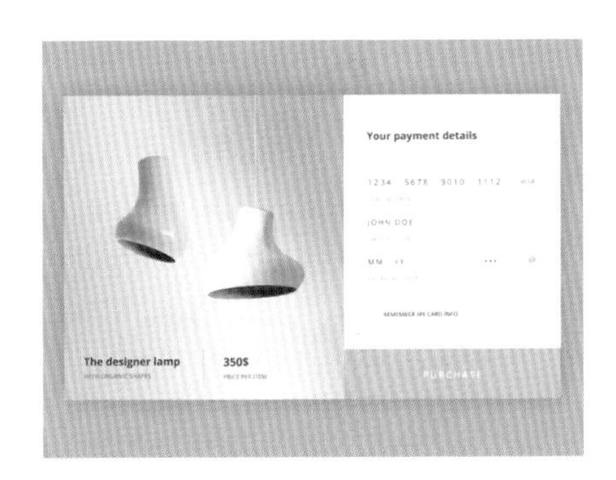

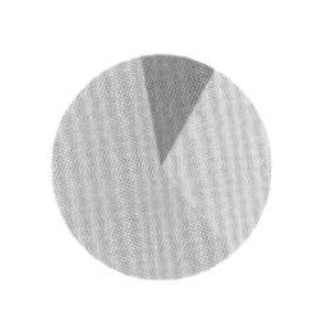

CMYK：31,25,26,0
CMYK：9,19,93,0
CMYK：53,44,41,0

推荐配色方案

CMYK：62,80,100,47　CMYK：33,26,27,0
CMYK：26,40,100,0　CMYK：71,34,20,0

CMYK：0,44,20,0　CMYK：78,58,78,20
CMYK：49,55,0,0　CMYK：22,16,16,0

7.14 巧妙运用对比，增强界面节奏感

在设计时运用对比，不是简单的色彩对比，其中还包括图像、文字、图形等大小的对比。比如，较大字号的文字具有很强的视觉吸引力，而小一些的文字则具有补充说明与丰富细节效果的双重作用。在文字大小对比中，可以增强界面的节奏韵律感，为用户阅读与理解提供方便。

这是一款旅游APP的UI设计。将风景图像作为界面展示主图，给受众直观醒目的视觉印象。将图像以大小不同的尺寸进行呈现，在对比中既将信息进行清楚的传达，同时也让界面富于变化，具有一定的节奏感。

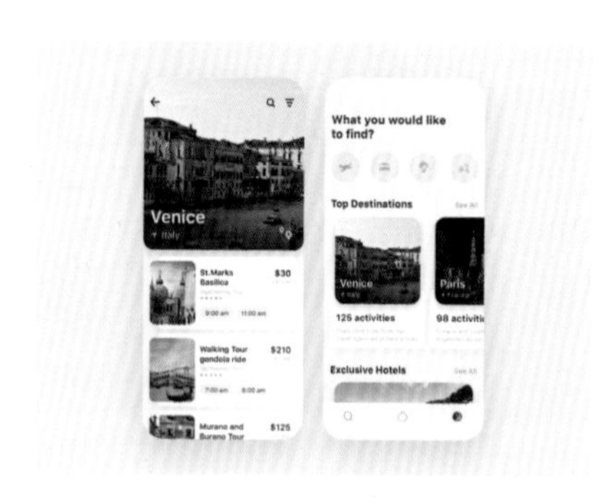

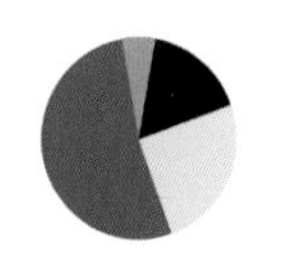

CMYK：80,55,51,3
CMYK：32,0,0,0
CMYK：93,89,87,79
CMYK：5,49,64,0

推荐配色方案

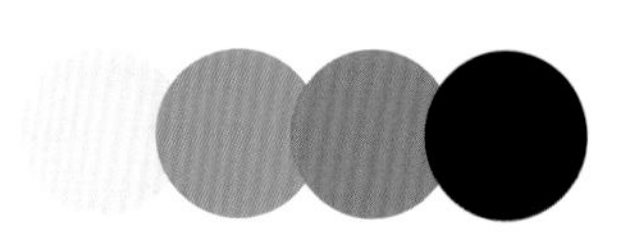

CMYK：10,5,4,0 CMYK：70,5,20,0
CMYK：13,60,42,0 CMYK：93,88,89,80

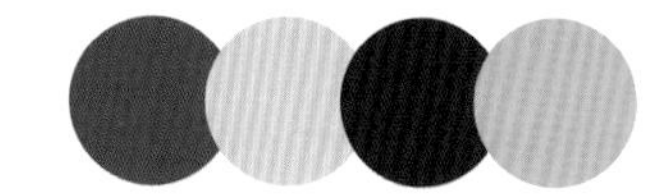

CMYK：69,58,100,21 CMYK：4,17,38,0
CMYK：96,84,61,39 CMYK：0,31,95,0

这是一款绿植APP的UI设计。将以圆角矩形呈现的绿色植物作为展示主图，给人清新、活力的印象。底部小一些绿植图像的添加，在大小对比中丰富了界面的视觉效果。少量橙色的点缀，尽显植物满满的生机感。

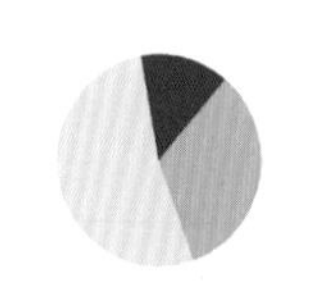

CMYK：11,9,11,0
CMYK：0,40,38,0
CMYK：95,53,100,23

推荐配色方案

CMYK：15,11,7,0 CMYK：7,24,51,0
CMYK：75,44,100,5 CMYK：61,11,31,0

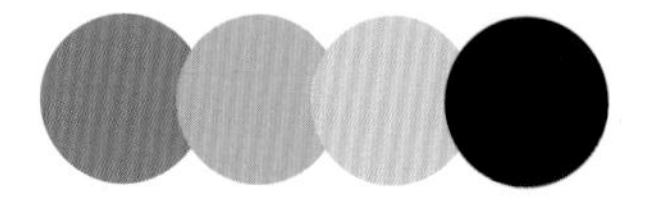

CMYK：66,25,64,0 CMYK：0,40,38,0
CMYK：19,11,32,0 CMYK：93,88,89,80

7.15 运用简单柔和的色调

随着社会的不断发展，人们的生活节奏也逐步加快，因此一些具有柔和、舒缓效果的设计越来越受到用户的青睐。在进行设计时，运用简单柔和的色调，不仅可以让用户在一天的工作之后得到放松，同时也可以很好地缓解视觉疲劳。

这是一款移动APP的UI设计。将简笔插画图案作为界面展示主图，直接表明了APP的宣传内容。整个版面以白色作为主色调，给人纯净、整洁的印象。同时不同明纯度橙色的运用，在对比之中给人温馨、柔和的视觉感受，很好地缓解了人们工作的疲劳与压力。

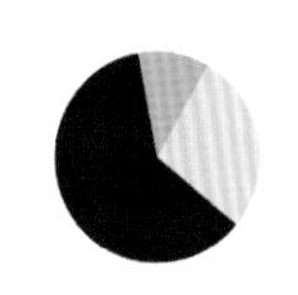

CMYK：71,100,73,60
CMYK：0,16,35,0
CMYK：0,42,85,0

推荐配色方案

CMYK：8,6,5,0　　CMYK：0,32,11,0
CMYK：22,2,7,0　　CMYK：26,40,52,0

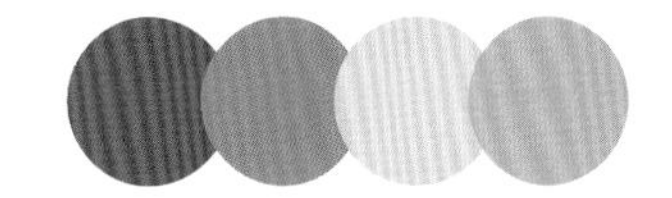

CMYK：18,82,56,0　　CMYK：47,37,39,0
CMYK：11,14,25,0　　CMYK：5,33,67,0

这是一款手机登录和注册UI的设计。将产品在界面底部呈现，直接表明了该款APP针对的人群。整个界面以柔和的粉色为主，刚好与宝宝产品的特性相吻合。少量蓝色的点缀，在对比中对版面具有一定的稳定效果。

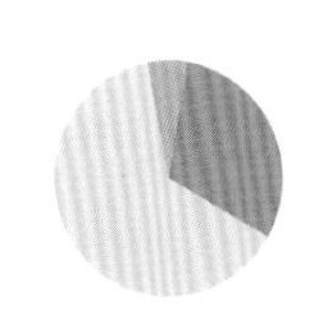

CMYK：7,19,5,0
CMYK：0,62,12,0
CMYK：51,12,0,0

推荐配色方案

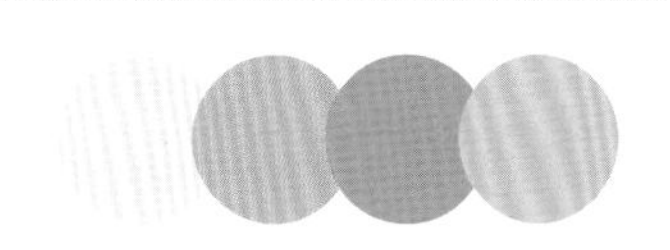

CMYK：1,8,14,0　　CMYK：13,27,38,0
CMYK：0,50,99,0　　CMYK：0,33,0,0

CMYK：18,29,18,0　　CMYK：44,32,30,0
CMYK：0,62,12,0　　CMYK：55,12,15,0

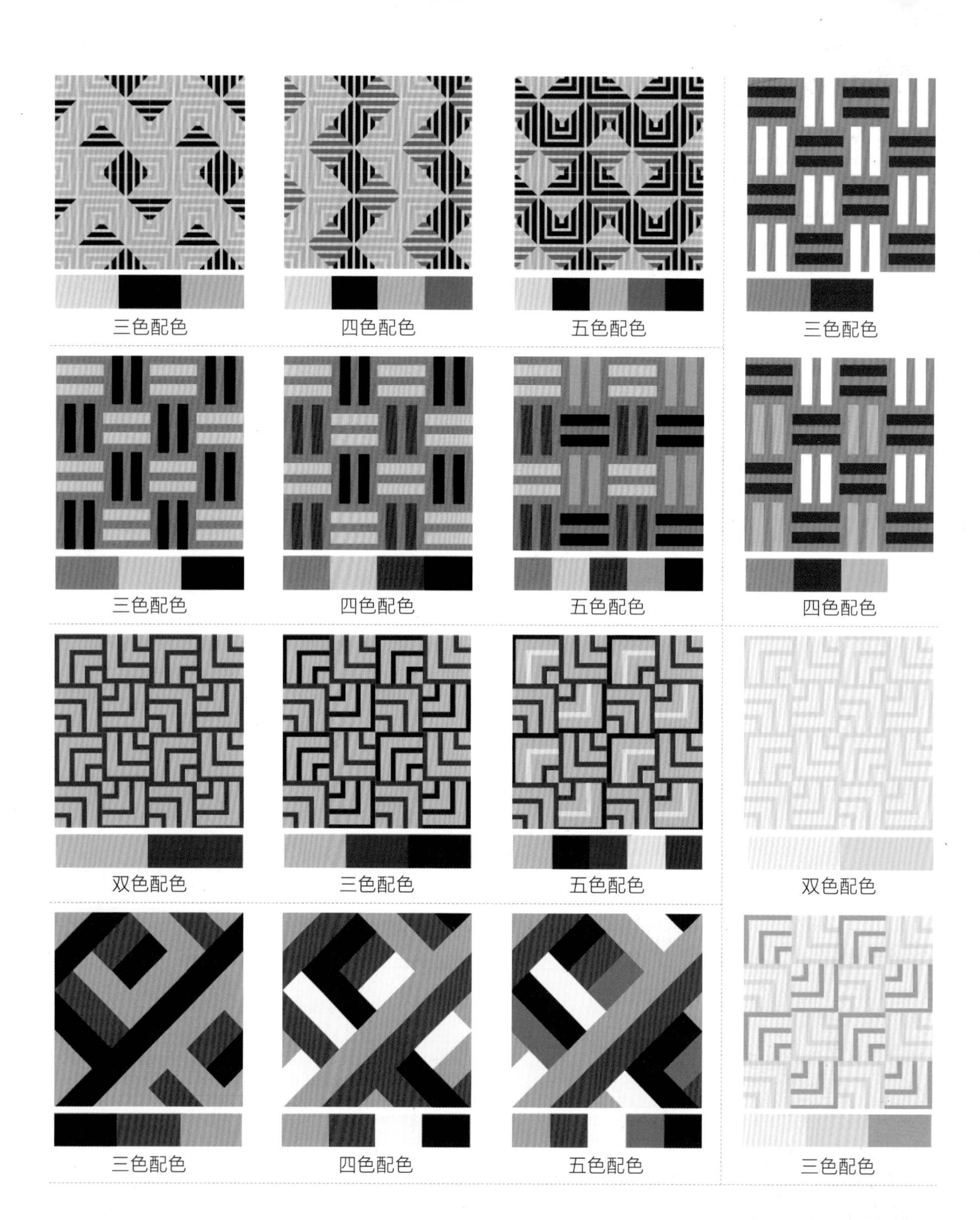
三色配色
四色配色
五色配色
三色配色
三色配色
四色配色
五色配色
四色配色
双色配色
三色配色
五色配色
双色配色
三色配色
四色配色
五色配色
三色配色